高等学校通识教育选修课教材

中国轻工业“十三五”规划教材

食品文化概论

李文钊　主编

中国轻工业出版社

图书在版编目（CIP）数据

食品文化概论/李文钊主编．—北京：中国轻工业出版社，2024.8

高等学校通识教育选修课教材

中国轻工业“十三五”规划教材

ISBN 978-7-5184-3037-6

Ⅰ.①食…　Ⅱ.①李…　Ⅲ.①饮食—文化—概论—高等学校—教材　Ⅳ.①TS971

中国版本图书馆 CIP 数据核字（2020）第 100942 号

责任编辑：马　妍

策划编辑：马　妍　　　责任终审：劳国强　　　封面设计：锋尚设计

版式设计：砚祥志远　　　责任校对：燕　杰　　　责任监印：张　可

出版发行：中国轻工业出版社（北京鲁谷东街 5 号，邮编：100040）

印　　刷：河北鑫兆源印刷有限公司

经　　销：各地新华书店

版　　次：2024 年 8 月第 1 版第 2 次印刷

开　　本：787×1092　1/16　印张：14.5

字　　数：340 千字

书　　号：ISBN 978-7-5184-3037-6　定价：45.00 元

邮购电话：010-85119873

发行电话：010-85119832　010-85119912

网　　址：http://www.chlip.com.cn

Email：club@chlip.com.cn

241450J1C102ZBQ

本书编写人员

主　　编　李文钊（天津科技大学）

副 主 编　张　民（天津农学院）

参编人员　（以姓氏笔画为序）

于景华（天津科技大学）
王田心（天津科技大学）
王稳航（天津科技大学）
刘　锐（天津科技大学）
李书红（天津科技大学）
李红娟（天津科技大学）
吴　涛（天津科技大学）
陈　野（天津科技大学）
杨　晨（天津科技大学）
张晓维（天津科技大学）
孟德梅（天津科技大学）
胡爱军（天津科技大学）
赵国忠（天津科技大学）

前言 | Preface

食品文化是人类在饮食方面的创造性行为及其成果，是关于饮食生产与消费的科学、技术、习俗和艺术等的文化综合体。最初的食品，仅仅是为维持生命，后来人类开始用火制熟食食用，进入了文明时期。食品成为人类智慧和技艺的凝聚物，人类食物与动物食物开始有了本质的区别。

“食品与文化”是天津科技大学食品学院多名教师精心建设打造的一门精品在线课程，经过多年的努力，在各位编者的积极努力下，组织编写配套教材《食品文化概论》。本教材是食品科学与工程类专业本科层次教材，也是国家精品视频公开课“食品与文化”的配套教材。

该在线课程从食品科学与工程的专业视角，以丰富的课程专题，激发学习者对食品领域的兴趣爱好。本教材以面食、乳品、咖啡、茶、肉制品、酒及分子美食等专题，描述食品主要技术、发展历史和文化特点，激发读者对食品与文化的兴趣爱好，了解主要食品的历史渊源、文化背景、民间风俗。走进食品领域，领略丰富多彩的古今中外食品文化，拓展国际视野，提高文化自信，引导学生思考并理解食品文化与技术和经济的相互关系。我们有责任、有义务认真研究中华食品文化，在营养学、食品学、农学、经济学、社会学、历史学等多方面学科的专家合作和共同努力下，全面、系统、科学地调查，保护优秀、合理的内容，积极吸收、融合外来先进的文化，借鉴西方食品科技和文化的方法，用科学技术指导传统食品的改善和开发，更加深刻和深入地理解、发掘中华食品蕴藏的魅力，使其重新焕发青春，以弘扬中华文化、推动人类食品文化进步。

为了便于学生开展自主学习，本教材每章开始都提供了学习指导，指出需要掌握的主要内容；每章后附有思考题、拓展阅读文献及参考文献，以便于学生把握知识要点、思考问题、拓展思维。

本教材第一章、第三章、第四章及第十二章由李文钊编写，第二章由李书红编写，第五章由孟德梅编写，第六章由赵国忠编写，第七章由陈野编写，第八章由张晓维编写，第九章由王稳航编写，第十章由于景华编写，第十一章由杨晨编写，第十三章由胡爱军编写，第十四章由刘锐编写，第十五章由李红娟编写，第十六章由吴涛编写，第十七章由王田心编写，全书由李文钊统稿。

在本教材的编写过程中，得到了各位编者所在单位的大力支持，特别是得到赵征教授和阮美娟教授的关怀和支持，在此一并表示衷心的感谢。

由于编者水平所限，教材中难免会有不妥之处，恳请读者给予指正。

编者

2020. 1

目录 Contents

第一章 绪论——舌尖上的食品文化

CHAPTER 1

[学习指导]

通过本章的学习，了解食品文化的概念与特征，学习食品加工技术发展历程及中华食品文化发展简史，思考食品加工技术与经济、文化的关系，明确发掘和弘扬中华食品文化的责任与义务。

第一节　食品文化概述

一、食品的概念

食物是人类生长发育、更新与修补身体组织、调节身体机能必不可少的营养物质，也是产热保持体温、进行体力活动的能量来源，食物是人体营养必需品。没有食物，人类就不能生存。马克思说：“人们为了能够创造历史，必须能够生活，但为了生活，首先需要衣、食、住、行以及其他东西，因此，第一个历史活动就是满足这些需要的资料”。即“马克思把满足人们衣、食、住、行的物质需要视为人类的第一个历史活动”。我国自古就有“民以食为天”之说。国家标准《食品工业基本术语》对食品的定义是指可供人类食用或饮用的物质，包括加工食品、半成品和未加工食品，不包括烟草或只作药品用的物质。

作为食品应对人体无害，且必须含有足量的蛋白质、脂肪、糖等营养素，满足人体营养需要，还应具备人们所喜好的色、香、味、形等感官性状。对于保健食品，国家卫健委批准要求其具备包括免疫调节功能、延缓衰老功能、改善记忆功能、调节血脂功能、调节血糖功能等 27 项食品保健功能。

从食品科学与工程专业的角度来看，食品要能大规模工业化生产并进入商业流通领域，应具备安全性、保藏性与方便性，区别于烹饪和餐饮的食品。

二、 食品文化的概念

文化（culture）是一个非常广泛的概念，笼统地说，文化是一种社会现象，是人们长期创造形成的产物，同时又是一种历史现象，是社会历史的积淀物。确切地说，文化是凝结在物质之中又游离于物质之外的，能够被传承的国家或民族的历史、地理、风土人情、传统习俗、生活方式、文学艺术、行为规范、思维方式、价值观念等，是人类之间进行交流的普遍认可的一种能够传承的意识形态。《现代汉语词典》上的解释为“文化指人类在社会历史发展过程中所创造的物质财富和精神财富的总和，特指精神财富，如文学、艺术、教育、科学等”。《辞海》对文化的定义为“广义指人类在社会实践过程中所获得的物质、精神的生产能力和创造的物质、精神财富的总和。狭义指精神生产能力和精神产品，包括一切社会意识形态：自然科学、技术科学、社会意识形态。”

不同的学科对文化有着不同的理解。哲学角度认为文化从本质上讲是哲学思想的表现形式。从存在主义的角度，文化是对一个人或一群人的存在方式的描述。人们存在于自然中，同时也存在于历史和时代中；时间是这种存在的一个重要平台；社会、国家和民族（家族）是另一个重要平台；文化是指人们在这种存在过程中的言说或表述方式、交往或行为方式、意识或认知方式。文化不仅用于描述一群人的外在行为，还包括作为个体的人的自我心灵意识和感知方式。文化的核心是其符号系统，如文字。

恩格斯指出文化作为意识形态，借助于意识和语言而存在，文化是人类特有的现象和符号系统，文化就是人化，即人的对象化或对象的人化，起源于人类劳动。

由文化的概念出发，食品是人类在社会实践过程中所获得的最重要的物质，它是重要的物质文化的组成部分。同时食品也对文化的精神财富具有重要的影响。

食品文化定义为食品相关的生活方式的整体，它包括观念形态和行为方式，提供道德的和理智的规范。它是学习而得的行为方式，并非源于生物学，而且为社会成员所共有。食品文化作为食品相关的信息、知识和工具的载体，它是食品相关的社会生活环境的映照，是人类食品领域社会实践的一切成果。

民以食为天，食品文化在发展的过程中，保留了现实生活中原始的食品分配方式和仪式以及获取食品与加工食品的方式。不同地域，获取收获资料不同，积累不同的饮食习惯，形成了多种饮食文化。食品文化因民族而异，主要有食物摄取、烹制，食品风味特色，饮食习惯和礼仪等的差别。食品感官性质就是审美性的体现。随着经济、战争、文化、人员交流，不同食品文化流动，互相融合。随着经济文化的发展，食品文化不断获得新的生命力，如快餐文化、咖啡文化等。

有些学者把饮食文化和食品文化综合在一起，称为“食文化”，食文化是指食物原料开发利用、食品制作和食品消费过程中的技术、科学、艺术，以及以食品为基础的习俗、传统、思想和哲学。食品文化作为文化的一部分，包含物质文化和精神文化两方面的内容，具有自然属性与人文社会属性。

为此，我们将从食品文化的自然属性与人文属性相结合的角度，探讨食品文化与食品技术的关系，以及食品文化如何促进传统食品加工技术的现代化。

第二节 食品加工技术与文化

食品加工技术是指应用化学、物理学、生物学和工程学等科学知识，全面地开发和制造食品，并使其在世界范围销售的技术。

食品加工起源于原始社会的明火加热，熟制肉类、果实等以便食用。当时的食物不足，没有剩余，因而没有任何形式的保藏。进入农耕社会，食物有余，开始需要储存和保藏。公元前3000—公元前1500年，埃及人开始使用干藏鱼类和禽类、酿造酒类、磨面及烘焙面包等一些食物加工方法。公元前1500年，世界各地种植了至今都在食用的作物。公元2世纪，罗马出现了第一台水磨和最早的商业烘焙作坊。

公元1000年开始，欧洲迅速发展的贸易和连绵不断的战争促进了食品加工技术的交流。例如，奥斯曼帝国的征战把咖啡带到欧洲大陆。食品加工技术出现了专业化分工，出现了磨面作坊、干酪制造作坊、酿造作坊和蒸馏酒作坊等。许多加工业成为今日食品工业的前驱。在这个阶段，水力和畜力驱动的机械设备缩短了生产时间，减少了人力需求。城镇和城市的增加和扩展，促使食品保藏技术的发展，延长了食品的储存寿命，保证食品从乡村地区运输到城市，满足城市居民的需求。

食品加工的规模由于18世纪的工业革命而迅速扩大。1700年，氯净化水，柠檬酸调味和保藏食品成为早期的科学发现。1795年法国人第一次用热空气干燥食品。1795年，尼古拉·阿佩尔（Appert Nicolas）发明了罐头加工方法，给前线征战的法国军队提供了不易变质的食品。1842年美国注册了鱼的商业化冷冻专利。20世纪20年代，美国人柏宰（Clarence Birdseye）开发了将食品温度迅速降低到冰点以下的冷冻技术，开启了速冻食品的先河。19世纪60年代，路易斯·巴斯德（Louis Pasteur）在研究啤酒和葡萄酒时发明了巴氏消毒法。美国人鲍尔（Charles Olin Ball）在1923年提出了罐头杀菌的计算法，瑞典人鲁本（Ruben Rausing）在20世纪50年代开发无菌包装，显著提高了预包装食品的安全性和方便性。在19世纪末，科学发现改变了小规模技艺型食品加工业的面貌，20世纪已在世界范围内建立了今天所知道的食品工业，到了21世纪，食品产业链一体化成为行业发展的大趋势，产业链一体化进入规模化整合、均衡性发展的新阶段。

发展至今，现代食品技术的特征在于系统的科学研究和技术开发、大规模的工业化生产和商业运营，以及无处不在的标准化。欧美的食品经过多年科学的研究，从营养到风味，从创意到标准，从原料到加工、流通及市场都形成了系统的理论和技术。许多国家保护和发扬自己的食品文化，如：日本对其传统食品——“纳豆”和“和牛”的食用；韩国大力弘扬泡菜文化，实现泡菜的产业化。

第三节 中华食品文化发展简史

中国食品文化历史悠久，有几个历史阶段是食品文化发展的高峰时期，在中国食品史上占据重要的历史阶段。

今天从考古发掘得知，大约 1 万年前新石器时代开始，我们的祖先经历了大约 50 个世纪，逐渐告别了单纯依赖自然的生活方式，发展了种植业、养殖业和制陶业，将六畜入馔，陆续培植出小米、大米、麦子等粮食作物和少量蔬菜、水果、坚果及药用作物，酿酒业也已出现，创造出相当灿烂的原始食品文化。

约在 4000 多年前，在中原地区出现了第一个统一的奴隶制王朝——夏朝，后经历商朝和周朝，统称“三代”，约延续了 16 个世纪，成为古代东方鼎盛的奴隶制国家。三代在原始社会丰厚的食料生活的基础上，又前进了一大步：开始进行国土开发，在黄土高原、黄淮流域和长江流域的一些地区，先后出现了一片片以犁耕农业和沟渠工程相结合的井田，那时大抵能亩产一石，成为中国最早出现的一批稳产高产田，初步奠定了大农业的基础，到了三代后期，养活了约 2000 万人口。三代的养殖业除了继承原始社会的牛、马、羊、鸡、猫、狗、猪、鹿以外，从殷代妇女墓的玉雕家禽、家畜形象中又透露出一个信息：鹅、鸭、鸽、兔、龟等也早已驯养。先秦古籍又记载，挖池塘养鱼也已开始。粮食作物又多了青稞、糜子、荞麦、薯类、豆类和芋头等等。蔬菜和水果增加到数十种，香料作物和药用作物也越来越多。三代的中国，是古代世界最繁盛的农业中心之一。在火的文化中，又出现了辉煌的青铜铸造业和原始瓷器。尤其突出的是开辟了大豆蛋白资源和掌握了发酵工艺产生的酿造业，使烹调业插上了翅膀。三代出现了较系统的烹调理论，反映了认识食料的一定深度和广度，以及膳食制造业的成熟；对饮食卫生、保鲜与食疗等，都已积累了成套经验，并用文字记录下来，形成了中国饮食文化发展的第一个高峰。

从战国到南北朝，约经历了 10 个世纪，是中国封建社会向上发展时期。在这段历史最繁盛的汉代，除了保持黄河流域的垦区外，较大规模开垦了长江流域，并开展对周边国土开发。到西汉末年，全国开垦田地已达 8 亿多亩，养活约 6000 万人口。这段历史的园艺业、养殖业、粮食加工业、食品制造业和食器、炊具制造业比三代都有了长足的进展。虽然在这段历史的后期，黄河流域战乱频繁，中原地区的农业生产和生态环境都受到一定程度的破坏，但加速了对长江以南的移民和开发，也加速了许多少数民族的封建化，从总体上仍加速了中国社会经济的发展。由于开发周边田地和对外开放，食品资源大大丰富起来。由于地域交流和民族融合的加速进行，使中国旱地农业区、稻作农业区和游牧区三类食品资源和食品方式得以互补和交融，大大提高了中国食品文化的水平。在这段历史的后期，涌现了数十种有关食品文化的专门著作，虽然这些文献的大部分都已丢失，但通过学术界仅存的《齐民要术》和这段历史各朝代的地理志、食货志，以及一些文化作品和出土文物，仍可以从侧面看到这段历史包含着丰富的社会经济内容和食品文化的辉煌成就，这是中国食品文化的第二个高峰。

从隋唐到明清，是中国封建社会从旺盛到极盛的时期，包括半殖民地半封建时代，共约

13 个世纪。这段历史，是中国经济中心南移和对长江、珠江、辽河流域进一步开发的时期。到了解放前夕，全国开垦田地约达 14 亿亩，养活约 5 亿人口。1000 多年来，由于商品经济、交通和中外交往的不断发展，涌现了许多海港、河港城市和一些边贸城市，促进了地域食品文化的发展，孕育出 7 大类别的菜系：粤菜、苏菜、川菜、鲁菜、素食菜、清真菜、食疗菜（细分不止此数），形成了中国食品文化的第三个高峰。

中华人民共和国成立以后中国食品文化开始向第四个高峰进军。震撼世界的土地改革运动彻底改变了维持 2000 多年的封建土地制度，广大农民和土地都得到了彻底的解放。全国人民经过 70 多年的艰苦奋斗，虽然受过一些挫折，但社会主义建设事业仍取得了举世瞩目的成就。尤其是改革开放四十年，进一步解放了生产力，加快了经济发展，大大提高了综合国力。20 世纪 80 年代中期，在约 16 亿亩的耕地上，年产粮食已稳定达到 4 亿吨左右，养活了近 12 亿人口，基本上解决了过去历代未能解决的全民温饱问题。这是中国食品文化迈向第四个高峰的首要物质基础。人民政权采取了许多政策措施，如大兴水利，农业机械化、化肥化、良种化，开发荒山，改造草原，改造沙漠，开拓海上牧场，发挥各地传统的农业生产优势，建立一批批粮油、禽畜、蔬菜、水果、药材等的生产基地，引进动、植物优良品种，运用现代科技发展农业的“星火计划”，改善生态环境的系列措施，开展生物工程业务，推进食品工业现代化等。中国的食料开发和食品生产跨上一个崭新的台阶，中国食品资源的潜力和食品文化传统的能量正在一步步释放出来，这是孕育着中国食品文化大发展的另一层次的物质基础。新中国成立以来，有关烹调和食品制造领域出版的专著和报刊有数百种，各类食品学会如雨后春笋般涌现，各种养殖和种植能手，各菜系的厨师、点心师，各类食品的技师和食品业务的设计师及管理人才一批批涌现出来。各地崛起的优质特产和多姿多彩的地方风情相结合的食品节，如豆腐节、名酒节、名茶节、葡萄节、荔枝节、苹果节、西瓜节、芒果节等，层出不穷的各地特产推销与食品民俗结合的庙会节庆活动，蓬勃发展的各地名胜古迹和美食相结合的旅游等，都是食品文化随着新中国的发展步伐日益隆盛的表现，呈现着中国历史上食品文化第四个高峰的雄厚基础和后劲。历史在这里树起了两根醒目的标尺：新中国用仅占世界 7%的耕地，养活了占世界 22%的人口；在 50 多年内，全国平均寿命从 35 岁上升至 75 岁。这两根与食品文化发展关系密切的历史标尺涵盖着巨大的社会经济内容，需要全世界的社会学家、政治家和史学家进一步揣摩。然而，这些还仅是个高峰的起跑点，随着中国的经济发展和国际地位的提高，中国的食品文化必将再次掀起高潮。

第四节　食品文化的启示

我国春秋战国时期就提出了“五谷为养、五果为助、五畜为益、五菜为充”的说法。但是历史经验不能满足现代食品对嗜好性、安全性、营养功能、生理功能和文化功能的要求。虽然通过罐藏、速冻、油炸、发酵等技术也实现了多种传统食品的大规模生产，但是我国传统食品加工技术与现代食品的诸多要求还有差距。此外，我国还有多种国外不了解的传统食品。

食品文化关系到一个民族的自信心和凝聚力，影响到我国在世界经济、科学、技术领域中竞争的实力。振兴中华食品，重视文化背景的研究迫在眉睫。

我们有责任、有义务认真研究中华食品文化，在营养学、食品学、农学、经济学、社会学、历史学等多方面学科的专家合作和共同努力下，全面、系统、科学地调查，保护优秀、合理的内容，积极吸收、融合外来先进的文化，借鉴西方食品科技和文化的方法，用科学技术指导传统食品的改善和开发，更加深刻和深入地理解，发掘中华食品蕴藏的魅力，使其重新焕发青春，以弘扬中华文化、推动人类食品文化进步。

思考题

1. 利用网络引擎搜索下列词组或短语：食品，文化，食品技术及食品文化以获取更多的相关信息。

2. 思考并理解食品文化与技术、经济的相互关系。

拓展阅读文献

[1] 赵征，张民．食品技术原理［M］．北京：中国轻工业出版社，2014.8：6-20.

[2] 庞杰．食品文化概论［M］．北京：化学工业出版社，2009.2：1-21.

第二章 稻米文化

CHAPTER 2

[学习指导]

通过本章的学习，了解稻米的历史，掌握稻米的分类、营养和稻米制品的加工方法，思考稻米文化在中国风俗中的重要作用。

第一节　稻米概述

一、稻米的历史

稻米又称稻或水稻（图 2-1），是一种可食用的谷物，全世界有一半的人口食用它。稻米为一年生草本植物，性喜温湿，中国南方俗称其为“稻谷”或“谷子”，脱壳的粮食是大米。煮熟后称米饭（中国北方讲法）或白饭（中国南方讲法）。稻米是我国的主要粮食作物之一，耕种与食用的历史都相当悠久。稻米不仅是食粮，同时还可以作为酿酒、制造饴糖的原料。目前稻米种植主要在亚洲、欧洲南部和热带美洲及非洲部分地区。稻的总产量占世界粮食作物产量第三位，仅低于玉米和小麦，但能维持较多人口的生活，所以联合国将 2004 年定为“国际稻米年”。我国每年稻米消耗量近 2 亿吨，约 60%的人口以稻米为主食。大米之所以受到人们的青睐，是因为其具有很高的营养价值。作为主食，每人每天可从大米及大米产品中摄取 60%~70%的热量和 20%的蛋白质。

稻的栽培起源于中国，其历史可追溯到西元前 12000—16000 年前的中国湖南。在 1993 年，中美联合考古队在道县玉蟾岩发现了世界最早的古栽培稻，距今 14000~18000 年。水稻在中国广为栽种后，逐渐向西传播到印度，中世纪引入欧洲南部。我国稻产量和种植面积均居世界第一位，总产量占世界总产量的 30%左右。我国稻产区主要集中在东北地区、长江流域和珠江流域。

图 2-1 水稻

稻生长的地区最北可达中国的黑龙江省呼玛，最高可达 2500 多米的澜沧江高原，日本、朝鲜半岛、东南亚、南亚、欧洲南部地中海沿岸、美国东南部、中美洲、大洋洲和非洲部分地区也种植稻。也就是说，除了南极洲之外，几乎大部分地方都有稻米生长。

二、 稻米的分类

由于稻是人类的主要粮食作物，据了解，目前世界上的稻属植物可能超过 14 万种，而且科学家还在不停地研发新稻种，因此稻的品种究竟有多少，是很难估算的。作为粮食品种的主要有非洲米（即光稃稻）和亚洲米种；我国国家标准规定，稻谷按它的生长期、粒形和粒质分为早籼稻谷、晚籼稻谷、粳稻谷、籼糯稻谷、粳糯稻谷五类。不过较简明的分类是依照稻谷的淀粉的成分（直链淀粉和支链淀粉）粗分，主要分为籼稻、粳稻和糯稻。

籼稻有 20%左右为直链淀粉，属中黏性。籼稻起源于亚热带，种植于热带和亚热带地区，生长期短，在无霜期长的地方一年可多次成熟。去壳成为籼米后，外观细长、透明度低。有的品种表皮发红，如中国江西出产的红米，煮熟后米饭较干、松。通常用于萝卜糕、米粉、炒饭，广东人爱吃的丝苗米是籼稻的一种。

粳稻的直链淀粉较少，低于 15%。种植于温带和寒带地区，生长期长，一般一年只能成熟一次。去壳成为粳米后，外观圆短、透明（部分品种米粒有局部白粉质）。煮食特性介于糯米与籼米之间。用途为一般食用米。

糯稻的支链淀粉含量接近 100%，黏性最高。又分粳糯及籼糯，粳糯外观圆短，籼糯外观细长，颜色均为白色不透明。煮熟后米饭较软、黏。通常粳糯用于酿酒、米糕，籼糯用于八宝粥、粽子。

根据稻生长所需要的条件——水分灌溉来区分，稻又可分为水稻和旱稻。但多数研究稻作的机构都针对于水稻研究，旱稻研究的比例较少。

旱稻又称陆稻，它与水稻的主要品种其实大同小异，一样有籼、粳两个亚种。有些水稻可在旱地直接栽种（但产量较少），也能在水田中栽种。旱稻具有很强的抗旱性，就算缺少水分灌溉，也能在贫瘠的土地上结出穗来。旱稻多种在降雨稀少的山区，也因地域不同，演化出许多特别的山地稻种。目前旱稻已成为人工杂交稻米的重要研究方向，可帮助农民节省灌溉用水。

人工水稻也有悠久的历史。中国现代水稻育种起始于赵连芳；1959年黄耀祥培育了中国第一个矮秆良种“广场矮”；1973年中国杂交水稻育种专家袁隆平成功用科学方法生产出世界上首例的杂交水稻，因此被称为杂交水稻之父。他经过四年的研究，带领团队从世界上几百个稻种中探索，并在稻种的自花授粉上有了自己的心得。袁隆平认为野稻并不一定全为自花授粉，他在海南岛找寻到一种野稻称为“野粺”，并成功的与现有水稻配种出一些组合稻种。这些组合稻种无法自体授粉，需仰赖旁株稻种的雄蕊授粉，但产量比原水稻多一倍。不过最初的几年，培育出的新稻虽然稻量增加，而且多数没有花粉，符合新品种的需求，但也存在有花粉、能产出下一代且稻量不丰的植株；但袁隆平并没有放弃，一直到了第九年，上万株的新稻都没有花粉，达成了新品种的要求，也就是袁隆平的三系法杂交水稻。

三、 稻米的营养

稻米是天赐的营养宝库，主要含有水分、碳水化合物、蛋白质、脂类、矿物质和维生素等。

水分是稻谷的重要化学成分，它对稻谷的生长有重大影响，与稻谷的储存和加工关系也很密切。稻谷的水分在14%左右。

碳水化合物（包括淀粉、纤维素、半纤维素和可溶性糖等）是稻谷的主要成分，占稻谷的65%左右，其中最多的是淀粉。淀粉主要分直链淀粉和支链淀粉两类。支链淀粉是稻谷淀粉的主要组成部分，糯稻含直链淀粉仅1%~2%，粳稻和籼稻含直链淀粉8%~28%。

蛋白质是构成生命的重要物质基础，在人体和生物的营养方面占有极其重要的地位。稻谷的蛋白质含量一般为8%~10%。谷蛋白是糙米的主要蛋白质（占蛋白质的2/3~4/5），谷蛋白的分布规律是米粒中心部分含量最高，越向外层含量越低。

脂类包括脂肪和类脂，脂肪由甘油和脂肪酸组成，脂肪在生物上的最主要功能是供给热量；而类脂对新陈代谢的调节起主要作用，类脂主要包括蜡、磷脂、固醇等物质。稻谷的脂肪含量约2%，蜡主要存在于皮层脂肪（米糠油）中，含量为米糠油的3%~9%，磷脂占稻谷全脂的3%~12%。

稻谷中的矿物质和维生素主要因生产时土壤成分的不同以及品种的不同而有差异。稻谷的矿物质主要存在于稻壳、胚和皮层中，胚乳中含量极少。因此，大米加工的精度越高，矿物质含量就越低。稻谷的维生素主要分布于糊粉层和胚中。

稻米各种营养成分的数值因品种和加工程度不同而存在较大变化。一般精白的大米由于富含蛋白、脂肪的糠层部分被除去，因此含淀粉比例增大。从营养角度讲，精白米的蛋白、脂肪和其他微量成分较少。

中医认为籼米具有补脾、利胃、清肺等功能；粳米、糯米具有补中益气、温暖脾胃等功效；黑米的营养成分比普通稻米高，有开胃益中、滑涩补盘、补肺补肝、活血化瘀等功效；香米具有活血益气、补肾健身等作用。

第二节　稻米制品及加工

一、稻米制品

（一）稻米加工

稻米加工是脱去稻谷谷壳（颖壳）和皮层（糠层）的过程，根据加工程度的不同，稻米加工后的产品可以分为以下几种。

①糙米：稻谷脱壳后的稻米，保留了八成的产物比例；营养价值较胚芽米和白米更高，但浸水和煮食时间也较长。

②胚芽米：糙米加工后去除糠层保留胚及胚乳，保留了七成半的产物比例，是糙米和白米的中间产物。

③白米：糙米加工后去除糠层，去除胚，保留胚乳，保留了七成的产物比例。市场上最主要的类别。

④预熟米（改造米）：将食米经浸润、蒸煮、干燥等处理。

⑤发芽米：由糙米发芽而成，稻谷去谷，经超音波洗净，去除表面杂质，再以温水发芽18~22h，以低温烘焙而成。

⑥营养强化米：食米添加一种或多种营养素形成。

⑦速食米：食米经加工处理，可以开水浸泡或经短时间煮沸，即可食用。

⑧有机米：水稻栽种过程中，不施用化学合成农药及化学肥料，采有机式（以天然萃取物或浸泡汁液防治病虫害、施用有机肥料等）管理种植生产的稻米，经加工所得的食米。

⑨免淘洗米：不用淘洗就可以直接煮成米饭的食米。

（二）稻米加工制品

1. 条类米制品

一般由米磨成粉再加工制作成面条或面线的形状。部分于制作过程已煮熟，所以煮食时以滚水烫熟即可食用。

（1）米粉　历史悠久，可追溯至魏晋南北朝的食品。当时中国南方盛产稻米，而米粉因携带、食用方便而流行，有汤米粉及炒米粉等吃法。

（2）米线　与米粉相似，但做法不同。以中国云南的过桥米线为源，也最为著名。

（3）饵丝　中国云南食品，没有米线的滑溜口感。一般滇西和滇西北人比较爱好吃饵丝，而滇东滇中一带比较喜欢米线。著名的饵丝是腾冲饵丝。

（4）金边粉　金边是柬埔寨首都的名称，现时金边粉也成为越南菜和泰国菜的一部分。

（5）檬粉　檬粉形状与中国的米线一样，在越南语中是米粉的意思。以捞檬粉较为著名。

（6）宾海　越南美食之一，鲜银丝米粉绕成薄片形状，用生菜、香菜草、花生米、烤肉、甘蔗虾等包起来蘸鱼露吃，著名宾海拼盘有烤肉、烤海鲜、蔗虾、春卷，一次可以品尝多种越式美食。

(7) 酹粉（俗写作濑粉） 中国广东地区的食品，经常伴叉烧和烧鸭等烧味，如：叉烧濑、宾巾（banhcanh）在越南语中是濑粉的意思。

(8) 河粉（又称沙河粉） 源自中国广州沙河，最著名的为干炒牛河及生牛肉沙河粉。河粉也在东南亚相当普遍。

(9) 粿条（又称粄条或粿仔条） 泰国米制品，与河粉相似。

2. 糕点和小吃

此外，还有加工成各种糕点或小吃食用的稻米制品。

(1) 锅巴 煮饭时锅底微焦、全干的部分。炸锅巴来做菜也很有名，四川菜中就有一道锅巴肉片。

(2) 米香（华南地区称米通，又称爆米花） 不加水，只用高温使米膨胀。一般以混合糖的制法为主，近年也有朱古力、花生等口味。一般以棒状或条状售卖。

(3) 米糕 参看南方澳庙口米糕。

(4) 米饼 包括雪米饼、香米饼、仙贝及婴儿吃的牙饼等。

(5) 米果 日式米饼，把米搓成块状油炸后加上海苔粉食用。

(6) 肠粉（又称拉肠、布拉肠、猪肠粉） 广东小吃，传统以碎肉、鱼片、虾仁为馅。也是港式酒楼常见的点心，一般常见的以鲜虾肠粉、牛肉肠粉和叉烧肠粉为主。香港传统粥店则会提供炸两滑肠粉，是在肠粉内包上油条；粥店也有净肠粉，也是一种街头小吃，经常配以甜酱、辣酱、芝麻食用。

(7) 萝卜糕 中国南方的菜品。将萝卜切丝后混入米浆蒸制成的料理。

(8) 粿 甜粿、芋粿、红龟粿、草仔粿、菜头粿、碗粿、发粿，常为民俗祭祀食品。

(9) 寿司（日语平假名：すし，sushi，也作“鮨”或“鲊”） 传统日本食品，主要材料是用醋调味过的冷饭（简称醋饭），再加上鱼肉、海鲜、蔬菜或鸡蛋等作配料做成的食品。

3. 饮料

用米做成的饮料有很多种，将米炒制后做成的米茶和糙米茶很有名，而当中米酒可能最为大众所知，中国广西壮族自治区出产的三花酒、浙江省出产的加饭酒、黄酒、女儿红、四川甜米酒都是用稻米酿制的，部分酒类也有以糯米酿成的。此外，属日本米酒类的清酒，其国际知名度也相当高。米浆则是一种冷热皆可的饮料，制法与豆浆相似，一般是将米浸泡5~6h，将米炒过与芝麻等再加水及糖煮沸而成，米浆也是河粉、肠粉等的制作程序之一。此外，有些啤酒的副原料中也有米。

二、 稻米的加工关键技术

稻米制品加工关键技术是以淀粉的糊化和回生现象为基础进行的，而最主要的是大米中淀粉的糊化。

糊化是指淀粉与水共热后，在一定条件下变成半透明状胶体的现象。淀粉乳受热后，在一定温度范围内，淀粉粒开头破坏，晶体结构消失，体积膨大，黏度急剧上升，呈黏稠的糊状，即成为非结晶性的淀粉。各种淀粉的糊化温度随原料种类、淀粉粒大小等的不同而异。

“老化”是“糊化”的逆过程，“老化”过程的实质是：在糊化过程中已经溶解膨胀的淀粉分子重新排列组合，形成一种类似天然淀粉结构的物质，淀粉老化的过程是不可逆的，比如生米煮成熟饭后，不可能再恢复成原来的生米，此外，老化后的淀粉，不仅口感变差，消化吸收率也随之降低。

淀粉的老化首先与淀粉的组成密切相关，含直链淀粉多的淀粉易老化，不易糊化；含支链淀粉多的淀粉易糊化，不易老化。比如玉米淀粉、小麦淀粉含直链淀粉多，易老化；糯米淀粉含支链淀粉多，老化速度缓慢。

第三节　稻米与中国文化

一、稻米与成语及谚语

中国人最常打招呼的方式是“你吃饭了吗?”，这可能就是稻米文明的最佳代表话。自古便有开门七件事之说：“柴、米、油、盐、酱、醋、茶”，足见中国人视米为主食的重视程度。而唐朝诗人李绅所写的悯农诗：“锄禾日当午，汗滴禾下土；谁知盘中餐，粒粒皆辛苦。”今日也成为最朗朗上口的唐诗之一。

其他与稻米相关的谚语：

（1）“巧妇难为无米之炊”　即使是灵巧能干的妇女，没米也是做不出饭来的。比喻做事缺少必要条件，很难做成。

（2）“一样米养百样人”　是指吃同样的米却养活了不同性格、不同际遇、不同身份的人。比喻社会上各形各色的人都有或指家庭里各人的吃的都一样，却性格各异。

（3）“一物治一物，糯米治木虱”　以糯米能沾著木虱来喻意万物相生相克。

（4）“食盐多过你食米”　意喻经验比他人丰富。

（5）“吃米不知米贵（价）”　比喻一个人对周遭事物的不了解。

（6）“偷鸡不成蚀把米”　意喻贪心得不到好处还要受害其中。

二、稻米与节日

中国自古以“农”立国，先秦时期即以稻为饭食，还将稻米用来酿酒，是祭神不可或缺的贡品，此外各式各样慧心巧手精致的米，在传统节庆中扮演着极为重要的角色。

（1）春节的年糕、发糕　米饭是中国人赖以维系生命的主食，所以在岁末年初，时序交接的最重要时刻中，用日常食用的米饭制作具有象征意味和祈福意义的年饭。春节家家制备年糕、发糕，取“糕”与“高”谐声之义，祈求年年高升，岁岁丰稔。用米制的各类甜、咸糕点是年节时重要供品和应节食物，也和年饭一样，祈祷来年年顺利，发财、如意的象征。

年糕的制作工艺为：①除杂清洗；②浸泡：清水浸泡 12~24h，带米粒发胀，含水为 35%~40%；③磨粉；④揉粉；⑤配料；⑥气蒸约 30min；⑦冷却或干燥；⑧分割；⑨包装，得到成品。

（2）元宵节的元宵、汤圆　农历正月十五，各地有吃圆子的习俗。圆子是以糯米粉为原料的元宵应节食品，北方称“元宵”，南方称“汤圆”。不论是哪种圆子，在新春的第一个月圆之日，吃圆子是取“团团如月”的吉祥之义，祈求新的一年，诸事圆满如意。

（3）端午节的粽子 农历五月初五有食粽子的传统。有关粽子的记载最早出现在东汉许慎《说文解字》中的“粽，芦叶裹米也”。在晋朝，周处风土记指出粽子又称“角黍”，至于端午粽是为祭拜屈原的说法是出自南朝时梁吴均的《续斋谐记》由于人们对屈原的崇敬和怀念，此说很自然的被大众所接受，并代代相传。

（4）重阳糕 农历九月初九还有吃“重阳糕”的习惯，因在重阳节食用而得名，南朝时便已出现，多用米粉、果料等作原料，制法因地而异，主要有烙、蒸两种方式。传说是由于没有山的地方无高可登，有人就由登高想到了吃糕，以吃糕代替登高，表示步步升高。

（5）腊八粥 农历十二月初八是我国传统的腊八节。从先秦起，人们都会在腊八节祭祀祖先和神灵，祈求丰收和吉祥。相传佛教创始人释迦牟尼也在这天悟道成佛，因而当日也为“佛成道节”。这天我国人民喜吃腊八粥。在清朝，皇帝这天要向文武大臣赐腊八粥，并向寺院发放米、果等供僧侣食用。在民间，家家户户也要做腊八粥，合家团聚在一起食用，还要馈赠亲朋好友（图2-2）。

图2-2 腊八粥

长久的历史积淀，造就了我国丰富多彩的节日食俗，体现了中华民族追求幸福、崇尚自然的淳朴民风。在食用这些特定的节日米食的同时，遥想古人的传说、缅怀先祖，这些优秀的中国文化精髓在这样的过程中得以传承。

思考题

1. 稻米有哪些分类方法，其分类依据是什么？
2. 请查阅文献，简述稻米最新的加工技术有哪些？
3. 简述稻米在中国风俗中的重要作用。

拓展阅读文献

［1］ Wei X L, Liu S P, Yu J S, *et al*. Innovation Chinese rice wine brewing technology by bi-acidification to exclude rice soaking process ［J］. Journal of Bioscience and Bioengineering, 2017, 123 (4): 460-465.

［2］ Dalbhagat C G, Mahato D K, Mishra H N. Effect of extrusion processing on physicochemical, functional and nutritional characteristics of rice and rice-based products: A review. ［J］. Trends in Food Science & Technology, 2019.

［3］ Yu L, Stokes J R, Fitzgerald M, *et al*. Review of the effects of different processing technologies on cooked and convenience rice quality ［J］. Trends in Food Science & Technology, 2017, 59: 124-138.

第三章 面包文化

CHAPTER 3

[学习指导]

通过本章的学习，了解面包的定义、加工与分类，掌握面包发展历史与文化，熟悉面包制作技术发展历程。思考面包文化与技术和经济的相互关系。

面包，大家都不陌生。世界上绝大多数的小麦生产国家都以面包为主食。作为全人类的一种极富营养的主食，面包被誉为“人造果实”。面包这种延续生命的食粮，在世界各地传播，并随着时代变迁而变迁，以至如今衍生出品种繁多的食品，可以说面包代表了一个国家的食文化，也深深地融入了当地的风土，反映了各国各地的民族性和国民性。

第一节　面包概述

一、 面包定义

在我国相关标准（GB/T 20981—2007《面包》及 GB 7099—2015《食品安全国家标准 糕点、面包》）中是这样定义面包的：以小麦粉、酵母、食盐、水为主要原料，加入适量辅料，经搅拌面团、发酵、整形、醒发、烘烤或油炸等工艺制成的松软多孔的食品，以及烤制成熟前或后在面包坯表面或内部添加奶油、人造黄油、蛋白、可可、果酱等的制品（图 3-1）。

从这一定义中可以获得两个主要信息：

一是面包加工所用的主要原料有小麦粉、酵母、盐和水，也可以根据需要添加牛乳、果酱、坚果等辅料；二是面包加工的主要加工过程包括搅拌面团、发酵、整形、醒发、烘烤，而其中关键的工序有三个。

图3-1　各色面包

①面团调制：使面粉吸水而形成面筋；形成能包裹气体的黏弹性面团；将各组分混合均匀。

②面团发酵：产生二氧化碳使面团膨胀；带来浓郁发酵香味；面团柔软、易于伸展。

③面包烘焙：面团变得松软并熟化；形成金黄至棕黄色焙烤色泽；产生面包焙烤香味。

二、面包分类

面包按用途可以分为主食面包和点心面包两类；按质感可以分为软质面包、脆质面包、松质面包和硬质面包四类；按原料可以分为白面包、全麦面包和杂粮面包三类。由于所用原辅料及加工方式的差异，面包的营养组分也大不相同，如主食面包中油、糖含量均较低，全麦面包和杂粮面包富含膳食纤维等。

三、面包品味方法

面包可以搭配汤，或抹黄油、乳酪、果酱等食用，或用面包夹带或包裹着其他食物进食。

吃面包要讲究吃法与吃相。在俄罗斯吃面包时讲究餐具专备。就餐时，每个人面前都有一个专盛面包用的餐盘。大圆面包必须先切成薄片，小圆面包要用手掰成小块送入口中，面包圈要用餐叉吃。如果想往面包上抹黄油、肉酱、果酱等食材，那么首先应该用刀从食品罐里取出一小块放到自己的面包盘里，然后在自己的餐盘里完成在面包片上涂抹过程。另外，若在面包片里夹上奶酪、香肠、鱼、肉、蔬菜等做成的三明治食用，那么这个制作过程也要在自己的餐盘里完成。面包就汤吃时，一般不用面包去蘸汤。吃面包时要闭嘴细嚼，忌讳出声音。在他们看来，狼吞虎咽和乱扔面包屑都是不雅也是不文明的举止。

第二节　面包的起源与发展

一、面包的起源

1万多年前，西亚一带的古代民族利用石板碾压谷物成粉，用水调和后在烧热的石板上烘烤。这就是面包的起源，但它是未发酵的“死面饼”。古埃及是发酵面包公认的诞生地。传说在公元前2600年，古埃及人已经会用谷物制作各种食品，例如将捣碎的小麦与水、土豆及盐拌在一起调制成面团，然后放在土窑内烘烤。纯属偶然，有一些面团剩余下来，利用了空气中的野生酵母发酵，当用这些发酵面团制作食品时，人们惊奇地发现面包变得松软而有特殊香味。但发酵的奥秘直到19世纪中叶才由法国科学家巴斯德揭开。图3-2是大约公元前1000年时的殉葬品，展示了发酵面包制作过程。

图3-2　大约公元前1000年时的殉葬品

二、面包历史点滴

古埃及人发明的发酵面包后来传到了希腊。古希腊人最早发明了用酿制酸啤酒滤下来的酒渣，也就是新鲜啤酒酵母来发酵面包。希腊人改进了面包烤炉，面包师受到严格的训练，制作的面包质量似乎比埃及人提高了许多。公元2世纪末，罗马面包师行会统一了制作面包的技术，并规定只有专业磨坊才能碾磨面粉，面包师必须经过培训，持有执照方可经营面包房，出售面包。图3-3是从庞贝遗址发掘的面包店，有石臼和烤炉，原理与今日几乎一样。

图3-3　庞贝遗址发掘的面包店

19世纪，面粉加工机械发展，小麦品种改良，面包变得软滑洁白，出现化学发酵方法。图3-4是19~20世纪之交的欧美面包房。图3-5是一条当代的制造面包生产线，自动化程度高。今天的主食面包多数由工厂的自动化生产线生产。

图 3-4　19~20 世纪之交的欧美面包房

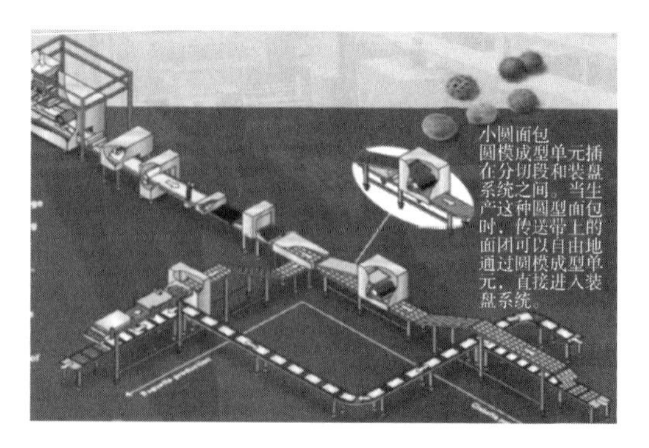

图 3-5　面包自动化生产线

20 世纪 50 年代末期发展起来的冷冻面团工艺，目前在许多国家和地区已经相当普及。国内外面包行业正流行连锁店经营方式，图 3-6 是等待冷冻的面包面团。冷冻面团技术使人们能够在规模制造的面包商品之外选择多样化、更新鲜的面包。冷冻面团技术正在我国兴起。

图 3-6　等待冷冻的面包面团

面包制作技术从国外传入我国有两条路线：一是在明朝万历年间由意大利传教士利马窦和明末清初德国传教士汤若望将面包制法传入我国东南沿海城市广州、上海等地，继而传入内地。第二条路线是 1867 年沙皇俄国修建中东铁路时，将面包制作技术传入我国东北。至今在我国东北的哈尔滨、长春、沈阳等地还有许多传统的俄式风味面包。20 世纪初，俄国爆发十月革命，流亡者来到东北和上海建立许多面包作坊，进一步推广了面包制造技术。

第三节 面包加工

一、 面包加工工艺流程

面包加工主要包括和面（面团调制）、发酵及烘烤三个基本工序，面包加工方法大多以发酵方式进行分类。传统而经典方法包括一次发酵法、二次发酵法。一次发酵法又称直捏法（图 3-7）。该法将所有原辅料一次混合成成熟的面团，然后进行发酵（在发酵期间翻揉面团一次或数次），再将发酵好的面团分块，揉圆，成形，醒发，达到所要求的尺寸后进行烘烤。具体的操作过程因品种和原料而异，如标准一次发酵法、后加盐法等。

通常一次发酵法制成的面包具有良好的咀嚼感，风味好，但蜂窝壁厚，结构较粗糙，易老化。该工艺对时间相当敏感，大批量生产时，其敏感性可能会使生产过程难以处理，因为同一批面团先烤制的发酵很合适，而后烤制的容易发酵过度。此方法多用于花色面包、法式面包，以及油炸面包圈等产品。

规模加工面包常用二次发酵法，又称中种法、预发酵法或分醪法（图 3-8），该方法几乎适用于所有的面包品种。它是先将部分面粉（30%~70%）、部分水和全部酵母调成的面团（酵头，sponge），在 28~30℃发酵 3~5h，然后将其与剩下的配方原辅料混合，调制成成熟面团后，静置醒发 30min，使面团松弛，再像直捏法那样分块、成型和醒发。中种法生产的面包柔软、蜂窝壁薄，面包体积大，老化速度慢，其最大的优点是不大受时间和其他条件的影响，缺点是生产所需时间较长。

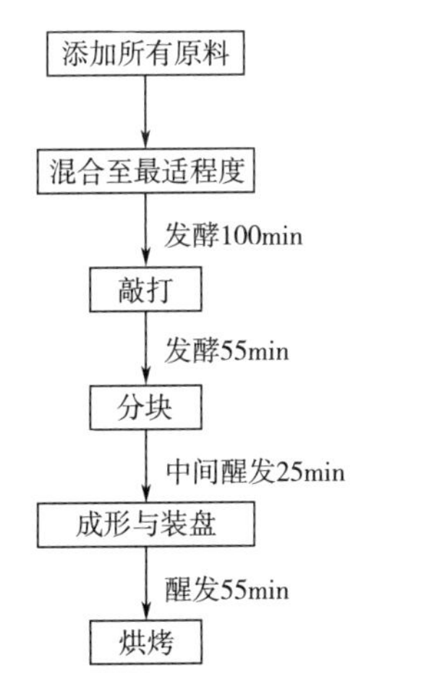

图 3-7 一次发酵法面包烘焙工艺流程

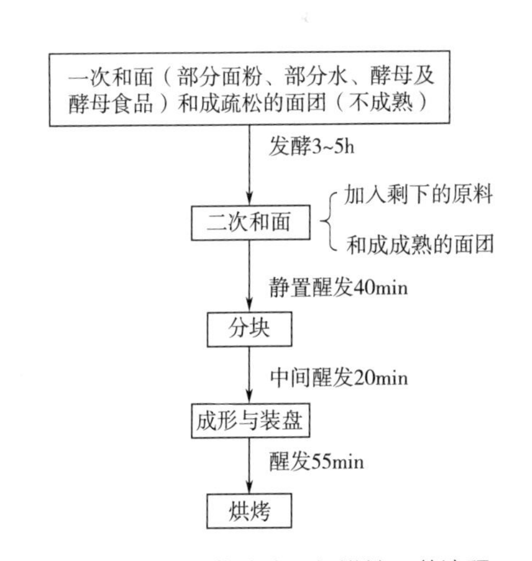

图 3-8 二次发酵法面包烘焙工艺流程

二、 面包加工要点

（一） 配料

面包配方中最基本原料是面粉、酵母、水和食盐，辅料有油脂、糖、乳及乳制品、蛋及蛋品、氧化剂和各种酶制剂（包括发芽谷物粉）、表面活性剂和预防霉菌的添加剂等。配方中每一种成分在面包生产中都起一定的功用。

磨制的小麦面粉加水调制能形成具有持气性的黏弹性面团。酵母主要作用是通过其生命活动产生二氧化碳气体使面团发起，生产出柔软膨松的面包，同时还可以赋予面包特殊的风味，增加面包的营养价值。酵母菌分鲜酵母和干酵母两类，若用干酵母替代配方中鲜酵母，则用量约为鲜酵母量的40%。此外，淀粉吸水糊化而有利于人体消化吸收。水是一种增塑剂和溶剂，无水就无法形成面团，水还可作为传热介质和化学、生物反应的介质，并且可调节和控制面团的温度和软硬度。食盐可以增强筋力，改善面包风味。

油脂是面包生产中的重要辅料，使面包瓤心的蜂窝结构更为均匀细密而且疏松，并使面包外皮光亮美观而增加食欲，还可延长面包保鲜期，增加面包体积，调节面包风味，改良烘烤特性。糖在面包加工中可供给酵母食料，改善发酵条件，使外皮色泽美观。乳及乳制品、蛋及蛋品是面包中常用的营养辅料，可补充植物蛋白质中所缺乏的营养物质，并可提高风味和改善色泽，并使面包瓤心组织细腻、柔软、疏松而富有弹性。过氧化钙等氧化剂能改善面团的筋力，使面包具有较好的体积和组织。正常小麦粉中，α-淀粉酶含量很低，通常添加真菌 α-淀粉酶来改善面包组织。为促进酵母生长添加酵母的营养剂（铵盐）。添加表面活性剂可延缓面包老化，最常用的有 α-甘油一酸酯，一般用量为面粉重量的0.5%。其他表面活性剂如硬脂酰乳酸钠（SSL）、羟乙基甘油一酸酯（EMG）等可用作面团增强剂，有助于面团在生产实践中经受住机械作用，用量也约为面粉重量的0.5%。目前这些添加剂常以复配形式添加，方便使用。面包加工使用最普遍的霉菌抑制剂是丙酸及丙酸盐。

面包配方关系到产品的营养价值和工艺性能。在拟定面包配方时，各种原辅材料都要有一定的比例，这些比例又因面包品种规格、各地区气候、农作物、饮食习惯等不同而有很大差异。

（二） 原辅料处理

在面包生产中，原辅料处理是一个重要工序。为了使原辅料符合工艺和产品质量要求，面包生产中除了使用合格的原辅料外，还必须对它们进行处理。原则上凡属于液体的原辅料，都要过滤后使用；凡属于粉质的原辅料，不需要加水溶解的都要过筛后使用。凡需溶解（或溶化）的固态原料，溶解所用水量均需从配料总水量中扣除。

（三） 面团调制

面团调制又称调粉，和面或搅拌等，即将处理好的原辅料按配方的用量，根据一定的投料顺序，调制成适合加工性能的面团。调粉是面包生产中不可缺少的一道工序，与面包成品的质量以及出品率都有着密切关系。面团的形成并不是一个面粉与水的简单混合过程。

面包面团调制与面团发酵是互相紧密联系的两道工序。一般是将处理好的原辅材料，根据面团发酵方法确定投料次序，调制成适合加工性能的面团。为得到工艺性能较佳的面团，调制时应注意以下几点：

1. 调粉设备

面包面团搅拌过程中，必须使面团伸展、折叠、卷起、压延、揉打，如此反复不断地进行，使原辅料充分揉匀并与空气接触，发生氧化，应尽量避免对面团有拉裂、切断、摩擦的动作。根据这样的要求，可设计和选择搅拌机械。调粉机有立式、卧式之分，卧式以曲臂直辊、三向直辊以及双桨卧式调粉机最适宜调制面包面团，它们有利于面筋的形成；立式以推动缸桶的立式调粉机（又称象鼻子调粉机）最适宜，其搅拌桨对面团具有翻揉功能。搅拌中为控制面团的温度，多采用夹层调粉缸，用水浴保温。此外，有条件可选用部分真空的调粉设备，使产品组织细软。

不论立式、卧式调粉机，调粉缸大小要适当，一般以面团体积占调粉缸容积的30%～65%为适当。调粉机速度可调：低速25～50 r/min，中速50～80 r/min，高速100～300 r/min，超高速1000～3000 r/min。调制面包面团一般采用低速和中速。

2. 投料次序

投料时应设法避开糖、油脂不良的影响，让水直接与面粉接触，使蛋白质充分吸水形成面筋。尤其是油脂的影响，故一般是在面粉吸水成团后加入油脂。

3. 加水适量

面团加水量要根据面粉吸水能力和面粉中蛋白质含量而定。一般为面粉量的45%～55%（其中包括液体辅料）。加水量多会造成面团过软，给工艺操作带来困难；加水量过少，造成面团发硬，延迟发酵时间，并使制品内部组织粗糙。

4. 搅拌适度

搅拌不足，面筋没有充分形成，面团的工艺性能不良；搅拌过度，会破坏面团的工艺性能。

（四）　面团发酵

1. 面团发酵的机理——气体的产生与存留

（1）气体的产生　面团发酵主要是利用酵母的生命活动产生的二氧化碳和其他物质，同时发生一系列复杂的变化，使面包蓬松富有弹性，并赋予制品特有的色、香、味、形。生产面包用的酵母是一种典型的兼性厌氧微生物，它在有氧和无氧条件下都能够存活。

面团发酵初期，酵母在养分和氧气供应充足的条件下，生命活动旺盛，进行着有氧呼吸，能迅速将糖分解成CO_2和H_2O，并放出一定的能量，即呼吸热。

呼吸热是酵母所需热能的主要来源。随着呼吸作用的进行，二氧化碳逐渐增多，面团的体积逐渐增大，面团中氧气逐渐稀薄，于是酵母由有氧呼吸逐渐转变为无氧呼吸——酒精发酵，产生酒精和少部分能量，同时，也产生少量二氧化碳，这是使面团膨胀所需气体的另一来源。

在整个发酵过程中，酵母代谢是一个复杂的生化反应过程。从理论上讲，在面团发酵过程中发生的有氧呼吸和酒精发酵是有严格区别的，但在实际生产中，这两个生化过程往往同时进行，即氧气充足时以有氧呼吸为主，当面团内氧气不足时则以发酵为主。在生产实践中，为了使面团充分发起，要有意识创造条件使酵母进行有氧呼吸，产生大量二氧化碳，如在发酵后期要进行多次揿粉，排除二氧化碳，增加氧气。但是也要适当创造缺氧条件，使之生成少量的乙醇、乳酸等，来提高面包特有的风味。注意，发酵过程中，酵母的生命活动除使面团蓬起之外，还影响面团的流变学特性。

（2）气体的存留　气泡产生机制表明，在一个气泡内的压力（P）与该气泡的半径（r）和表面张力（γ）的关系为：$P=2\gamma/r$。因此，在一个表面张力不变的面团系统中，如果r趋于零，则产生新气泡所需的压力是无穷大的，即酵母在面团系统中不能产生新气泡。在调粉期间必定会将空气混入面团，从而使面团还未进行发酵时就有气泡存在。

在混合好的面包面团中，不溶水但高度水化的面筋蛋白质系统构成连续相，而淀粉和气泡则为非连续相，酵母的分布遍及液相，它发酵产生二氧化碳及其他物质。二氧化碳在液相中产生，并使水饱和。水一旦饱和，二氧化碳便进入面团预先就存在的空气泡中使气泡压力增大。由于面团具有黏滞流动性，所以可使气泡扩大以使压力平衡，从而使面团的总体积增大。正是由于包围气泡的液相包裹着二氧化碳，而且还由酵母不断产生，以使其饱和，故气体存留是一种简单的扩散作用。

2. 影响面团发酵的因素

(1) 糖类（碳水化合物） 在发酵过程中，酵母只能利用单糖、双糖等小分子糖类。一般情况下，面粉中的小分子糖含量很少。酵母发酵糖类主要来自两方面，一是面粉中淀粉水解，二是配方中添加的蔗糖、麦芽糖等。

在发酵过程中，淀粉在淀粉酶的作用下水解成麦芽糖：

$$(C_6H_{10}O_5)_n + nH_2O \xrightarrow{\text{淀粉酶}} \frac{n}{2}(C_{12}H_{22}O_{11})$$

淀粉　　　水　　　　　　麦芽糖

酵母木身可分泌麦芽糖酶和蔗糖酶，使麦芽糖和蔗糖水解：

$$C_{12}H_{22}O_{11} + H_2O \xrightarrow{\text{麦芽糖酶}} 2C_6H_{12}O_6$$

麦芽糖　　　　　　葡萄糖

$$C_{12}H_{22}O_{11} + H_2O \xrightarrow{\text{蔗糖转化酶}} C_6H_{12}O_6 + C_6H_{12}O_6$$

蔗糖　　　　　　葡萄糖　果糖

在面团发酵中，各种糖被利用的次序是不同的。当葡萄糖与果糖共存时，酵母首先利用葡萄糖，只有葡萄糖被大量消耗后，果糖才被利用。当葡萄糖、果糖、蔗糖三者共存时，葡萄糖先被利用，然后利用蔗糖转化生成的葡萄糖，这样，随发酵的进行，葡萄糖、蔗糖量降低，而果糖的浓度则有所增加。但随发酵的进行，最终果糖的含量也会减少。麦芽糖与上述三种糖共存时，大约需 1h 后才能被利用发酵。因此，可以说麦芽糖是发酵后期才起作用的糖。

面粉中不含乳糖，只有加入乳及乳制品时才含有乳糖。酵母不能分解乳糖，故发酵过程中，乳糖保持不变，但它对面包的着色起着良好的作用。只有在面团中含有乳酸菌引起乳酸发酵时，乳糖含量才有减少。

(2) 酵母 酵母发酵力对面团发酵有着很大的影响，它也是酵母质量的重要指标。在酵母用量相同情况下，用发酵力高的酵母发酵速度快，否则发酵速度慢。所以一般要求鲜酵母发酵力在 650mL 以上，活性干酵母的发酵力在 600mL 以上。

在酵母发酵力相同的情况下，适当增加酵母的用量可以加快发酵速度，并且酵母用量与面粉质量有一定关系，用标准粉制造面包时，酵母用量在 0.8%~1.0%，用精粉生产面包时，酵母用量在 1%~2%。需注意一点：酵母用量并非越多越好，若酵母量太高，则酵母的繁殖率反而下降；只有酵母数量恰当时，其繁殖率才最高。

(3) 水分 酵母的芽孢增长率，随面团中水分多少而异。在一定范围内，面团内含水量越多，酵母芽孢增殖越快，反之越慢。

正常情况下，含水量多的面团容易被二氧化碳气体所膨胀，从而加快了面团的发酵速度；含水量少的面团对气体的抵抗力较强，从而抑制了面团的发酵速度，所以面团适当调得软些，对发酵是有利的。

（4）温度　温度是酵母生命活动的重要因素。面包酵母的最适温度为25~28℃。如果发酵温度低于25℃，会影响发酵速度，而延长生产周期。如果提高温度，虽能缩短发酵时间，但温度过高会给杂菌生长创造有利条件，而影响产品质量。例如，醋酸菌最适温度是35℃，乳酸菌最适温度是37℃，这两种菌生长繁殖会提高面包酸度，降低制品质量。另考虑到面团发酵过程中，酵母菌代谢活动也会产生一定的热量而提高面团温度。故发酵温度应控制在25~28℃为宜，最高不超过35℃。

（5）酸度　面包的酸度是衡量面包成品质量优劣的一个重要指标，而面团pH与其持气性的关系见图3-9所示。

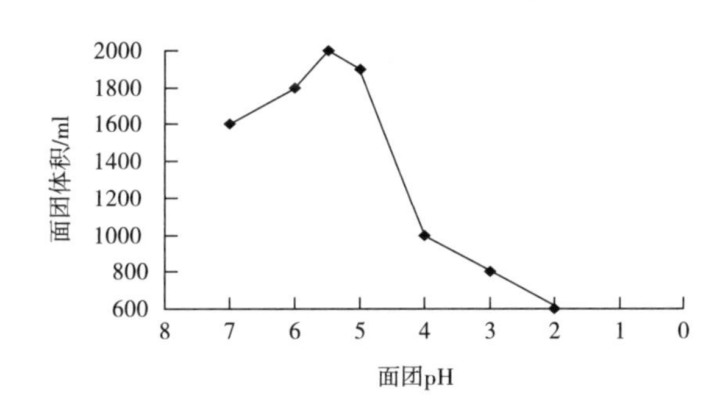

图3-9　面团pH与面团体积的关系

由图3-9可见，pH在小麦蛋白质等电点（5.5）附近时面包体积最大。当pH低于5时，其持气性显著恶化，面包体积变小。这是因为在强酸性环境中，盐基和羧基状态发生变化，不利于蛋白质分子互相结合形成面筋网络。所以，在面团发酵管理上，一定要控制面团的酸度，其pH不得低于5.0。

面团在发酵过程中酸度增高是由乳酸菌、醋酸菌及丁酸菌这些杂菌作用引起的，而它们主要混杂于鲜酵母中，故保持酵母的纯洁非常重要；另外，这些产酸菌主要是嗜温性菌，故需严格控制面团发酵温度以防止产酸菌的生长和繁殖。

面团中酵母用量也影响面团酸度。实验证明，面团酸度随着酵母用量的增加而升高。还有作为酵母营养液而加入的氯化铵分解后，氨被酵母所利用，而残存的盐酸也提高面团的酸度。

（6）面粉　一方面，面包生产时要选择面筋含量高且筋力强的面粉，以形成持气性强的面筋网络，包裹发酵过程中产生的气体，使面团膨胀而形成海绵状结构。另一方面，还要考虑小麦粉α-淀粉酶活力（降落数值为250~350s），以便将淀粉不断水解供酵母利用，保证面团正常发酵。通常，加工面粉厂家已经在制粉过程中进行了调节，通过添加真菌α-淀粉酶来弥补上述不足，但其用量不能过多，否则面团变软、面包发黏。

除上述影响因素外，配方中油、糖、食盐等辅料与面团发酵也有密切的关系，尤其是生产高级面包时，由于加入的数量较多，必须十分注意，以免影响发酵速度。

3. 面团发酵技术

（1）控制温湿度　面团发酵时，主要控制温度、湿度，以利酵母的正常生命活动。因为酵母的最适生长温度是28~30℃，故发酵温度一般也控制在此温度范围；为防止面团表面水分蒸发结皮而影响发酵，需控制相对湿度在80%~90%。

（2）翻揉（揿粉） 随发酵进行，气体产生量增多，面团中的气泡越来越大，翻揉（揿粉）能将大气泡分成许多更小的气泡。虽有大量的二氧化碳释放到大气中去，但重要的是产生了新的小气泡。同时，可以补充新鲜空气，有利于有氧呼吸；另酵母细胞在面团中没有流动性，翻揉（揿粉）使酵母和可发酵物质再次接触，使各物料混合均匀，并使各部位温度一致。

翻揉（揿粉）的时间一般选择在面团总发酵时间的60%～70%或2/3～3/4时为宜。如总发酵时间为2h，发酵进行至1.5h翻揉为宜。总发酵时间为3h，则发酵2h后翻揉为宜。

（3）发酵时间（发酵终点） 多数是凭经验确定的。一般是视面团起发到一定高度后，面团的表面向下塌陷时即表示发酵成熟。也有的将手插入面团的顶端，待手拔出后被压凹的面团不立即膨起，仅是坑的四周略微下落，则表示面团发酵成熟；如果立即弹回原形，则发酵不足；如果四周都塌下去，则发酵过度。还有用手将面团撕开，如果内部是丝瓜瓤状，则说明面团已成熟。或用手握面团，如手感发硬、黏手是面团嫩；如果手感柔软且不黏手是成熟适度；如果面团表面有裂纹或很多气孔，说明面团发酵过度了。

（五）成形

将发酵成熟的面团作成一定形状的面团坯称为成形。成形包括切块、称量、搓圆、静置、压片、整形、入模或装盘等工序。在成形期间，面团仍继续着发酵过程，因此，操作室最好设空调，控制温度25～28℃，相对湿度65%～70%。

1. 分块和称量

一般是在自动定量称量机上来完成的，按照成品的重量要求，将面团分块和称重，由于面包坯经过烘烤后有7%～13%重量损耗，故在分块称量时要把烘烤重量损耗考虑在内。同时，由于面团中的气体含量、比重和面筋的结合状态等都在发生变化，因此最初的面团和分块完成后时的面团的物理性质是有差异的，即应在尽量短的时间内完成分块工序。

2. 搓圆和静置

搓圆是使不规则的小面块搓成圆形，排出部分二氧化碳，使其结构均匀，芯子结实，表面光滑。搓圆一般由搓圆机完成，我国常用伞形、锥形和圆桶形三种形式搓圆机。

静置又称中间醒发，目的是使面筋恢复弹性，使酵母适应新的环境恢复活力，使面包坯外形端正，表面光亮。中间醒发时间一般为12～18min，温度27～29℃，相对湿度75%，在中间醒发机中进行。中间醒发机有带式、箱式和盘式等几种。

3. 压片和整形

压片是把面团中原来的不均匀大气泡排除掉，使中间醒发时产生的新气体在面团中均匀分布，使面包内部组织均匀细密。它是提高面包质量，改善面包纹理结构的重要手段。可采用擀面棒、手压和压片机完成压片工序，大型面包加工厂采用机械压片，中小型面包厂多采用手工与压片机结合的方法进行。

整形是把压片后的面团薄块做成产品所需要的形状，使面包外观一致、式样整齐，分为手工或机械两种方式。我国大多数面包厂采用手工或半手工半机械化整型方法。一般情况，花色和特殊形状面包的制作多用手工成型，主食面包形状简单，产量大的品种多用机械成型。

4. 入模或装盘

入模及装盘是指把整形后的面团装入烤盘或模具内，然后送去醒发室醒发。

面包坯在烤盘或模具中的摆放方法有许多种，无论何种方法都要注意面团之间的间距以及烤盘和模具的预处理（刷油、预冷等）。装盘装模方法分为手工和机械两种。

（六） 醒发

成形好的面包坯，要经过醒发才能烘烤。醒发目的是清除在成形中产生的内应力，增强面筋的延伸性；使酵母进行最后一次发酵，使面坯膨胀到所要求的体积，以达到制品松软多孔的目的。

醒发时，一般控制温度36~38℃，最高不超过40℃，温度过高，会使面包皮干燥，并且影响酵母的发酵作用；相对湿度在80%~90%，以85%为最佳，不能低于80%，湿度过低易使面包表皮过硬，面包坯不易膨起；时间在40~60min。醒发程度的判断一般也靠经验，当面包坯膨胀到原来体积的2~3倍即可。

入炉前在面包坯上刷一层蛋液或葡萄糖浆。这样烤出的面包表皮光亮，丰润美观。

（七） 面包的烘烤

烘烤是保证面包质量的关键工序，俗语说："三分作，七分烤"，说明了烘烤的重要性。面包坯在烘烤过程中，受炉内高温作用由生变熟，并使组织膨松，富有弹性，表面呈金黄色，产生发酵制品特有香味。

面包烘烤是一个复杂的变化过程。在烤制过程中，随着温度的上升，发生物理、化学及生物化学的变化。在入烤炉的开始几分钟，面团体积膨胀迅速，这被称为烤炉最佳期（oven-spring）。若干因素是形成烤炉最佳期的原因：气体受热，体积增大；由于温度上升，二氧化碳可溶性降低；由于温度升高（只要不是太高），酵母变得相当活跃；其他物质（例如酒精和水的混合物）的汽化。一般情况下，烤炉最佳期不超过10min。

烘烤中，热交换是辐射、传导及对流综合效应结果，面团非良导热体，面包坯各层温度、水分变化是不同的。面包皮温度很快超过100℃，面包皮与面包瓤分界层的温度，在烘烤将近结束时达100℃，面包瓤中心部分温度最低。烘烤过程中，面包坯温度变化主要是由于面包瓤中心部分温度低、面包皮温度高形成的温度差而产生的。一方面受面包瓤内水分不断蒸发影响；另一方面受到面包表皮的形成与加厚的影响。

入炉初期，由于"露滴"现象虽使面包表层水分有所增加，但表皮的水分降低很快，并与炉内湿度迅速达到平衡状态。烘烤中，原来水分均匀的面包坯发生水分重新再分配，面包瓤各层水分在烘烤时稍有所下降，随后，比原来的水分增高，且增高幅度不同，在1.5%~2.5%，靠近表皮的面包瓤增加的多，而面包瓤中心部位则增加少。这是由于面包坯水分在以汽态方式向炉内扩散同时，又以液态方式由表层向面包中心部位转移的结果。

烘烤速率实际上是由热量向面团内渗透的速度决定的，提高炉温可提供较大的温度梯度（ΔT），但那仅能稍微加快烘烤速率。较高的炉温可在面包中产生较大的温、湿梯度，但不能有效地改变面包中心达到理想温度所需的时间。

面包全面发生褐变即为烘烤后期，这是因为褐变在脱水物中才能快速进行，主要是由美拉德反应所引起的，而焦糖化作用是次要的。

（八） 面包的冷却与包装

经过烘烤的面包，要进行冷却与包装，才能作为成品出售。

刚出炉的面包温度很高，其中心温度约为98℃，皮硬瓤软没有弹性，经不起压，如果立即进行包装，受到挤压，面包容易破碎或变形；并且，由于热蒸汽不易散发，遇冷产生的冷凝水便吸附在面包或包装纸上，给微生物的繁殖提供了条件，使面包容易霉坏变质。故面包必须进行冷却后才能包装。

冷却方法有自然冷却法和吹风冷却法。自然冷却法需时较长，对环境卫生条件要求高；吹风冷却法一般在面包冷却后期使用，如果面包出炉后马上强制吹风冷却，会使面包变形，并且会使面包底部吸附冷凝水，包装后容易发霉变质。不论采用哪种方法冷却，都要使面包的中心冷至接近室温才可进行包装。包装材料一般用蜡纸或塑料袋，要注意包装材料必须无毒。包装环境为：温度 22~26℃，相对湿度 75%~80%。

第四节 面包对文化的影响

“面包会有的，牛奶也会有的……”是电影《列宁在 1918》中征粮队长瓦西里安慰妻子的一句著名的台词。125g 黑面包几乎可以和列宁格勒保卫战划上等号——在德军重兵围困列宁格勒的日子里，按最大的供应能力，列宁格勒的平民每天所能得到的唯一食物就是这 125g 黑面包。然而，就是靠着这 125g 黑面包，英勇的列宁格勒人民度过了艰难的 900 个日日夜夜，打败了希特勒。

面包与人民生活息息相关，在长期的劳动生活中形成了各民族所特有的“面包文化”。在古罗马时期，面包是各种节庆仪式上不可或缺的食品，在结婚典礼上，面包所起的作用就和现今的结婚戒指一样。在欧洲，有许多面包与风格习惯相关。如图 3-10（1）中法式圆面包是一种为九月收割节制作的面包，人们将坚果或秋天采摘下来的水果装饰在奶油面包上，用来庆祝一年的丰收；图 3-10（2）中所显示法式面包与法国圆面包一样，也是九月收割节制作的面包，在面包做成的篮子里盛满了小面包。素雅温馨，常佐以葡萄酒等享用；图 3-10（3）是法国在 1 月 6 日时品味的面包，据说如果吃到面包中藏着的小人偶，全年都会幸福。图 3-11（1）中施特伦面包是德国有名的圣诞节面包，传说它的形状有两种起源，一是说它模仿英国的摇篮而成的，二是说它从襁褓的形状转变而来。一般将它切成薄片，慢慢地品味，一直吃到圣诞节来临。图 3-11（2）中是德国春天庆祝节日上食用的一种经过发酵的小圆面包，常佐以咖啡品味。图 3-12（1）中为意大利在复活节大餐最后品味的鸽形面包，形状如同鸽子，象征和平。图 3-12（2）为意大利圣诞节食用的节日果子面包，常被作为圣诞节礼物馈赠给亲朋好友，面包中加入了许多干果。这是丹麦的生日面包，为庆祝自己的生日，购买面包分送给前来祝贺的亲朋好友，也有的专在圣诞节时品味。

(1) 法式圆面包

(2)（法）九月收割节

(3)（法）主显日品味的面包

图 3-10 与宗教相关的法国面包

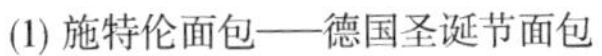
(1) 施特伦面包——德国圣诞节面包　　(2) 德国小圆面包

图 3-11　与宗教相关的德国面包

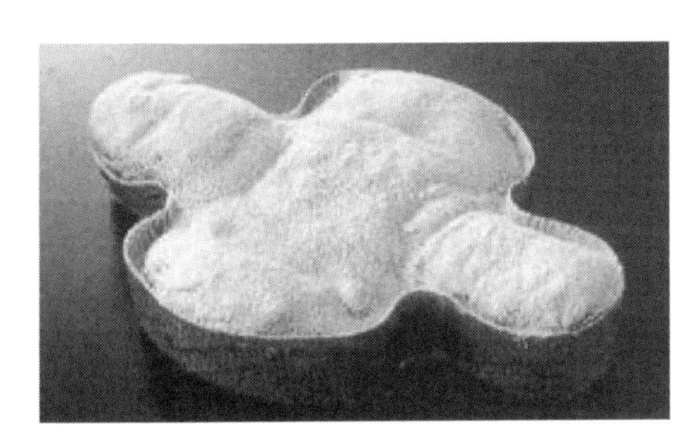

(1) 意大利鸽形面包　　(2) 意大利节日果子面包

图 3-12　与宗教相关的意大利面包

面包在西方作为主食，所以在西方文学上常以面包表示食粮。在伦敦俚语中，有 bread and honey，意味金钱；bread-winner 直译为获得面包的人，指养家糊口的人。俄国和东欧国家在国宾抵达时献上面包和盐，表示对于尊贵的客人的盛情迎接。图 3-13 展示墨西哥面包工业商会在墨西哥城举行制作大面包活动。

图 3-13　墨西哥城制作大面包活动

每年 8 月 20 日为匈牙利的“面包节”，举国上下用新小麦烤出第一炉面包来欢度这个节日、招待贵宾、回顾一年来的辛勤劳动、祈望来年五谷丰登。塞尔维亚面包博物馆号称搜集了最完整的有关世界各地的面包档案。德国为传统烘焙手工艺申遗。20 世纪 90 年代初，德国有 2.6 万家采用手工烘焙方式的面包房，目前仅剩约 1.45 万家，这种现状让热爱面包文化的德国人深感紧迫。德国目前正在积极准备申请加入联合国教科文组织《保护非物质文化国际公约》，希望借此为面包文化开辟传承的道路。

第五节　各具特色的面包

法国面包：瘦长形法棍面包为代表，其名称因其面包的长度、重量和形状等不同而各不相同。漂亮的羊角面包和奶油鸡蛋卷筒，还有农夫面包都是法国有代表性的面包。

意大利面包：意大利国土狭长，在这个国度诞生了地区特色浓郁的面食文化：其主食面包多为较硬而细长的面包；也有放入水果的美观诱人的面包，形状各异，口味多样。

德国面包：据说受到欧洲面包发源地——奥地利面包的影响，特点是小麦面粉和黑麦面粉混合比例不同，制作的面包口味丰富多彩。其中纽结型椒盐脆饼耐保存，早餐、点心都可以食用。

俄罗斯面包：俄罗斯得惠于出产丰富的黑土地带，是最大的小麦生产国，黑麦产量也很高。使用黑麦面粉制作的面包，特点是分量较重，有一股独特的酸味。

丹麦面包：丹麦乳业发达，丹麦人喜欢将面包与本国特产奶酪、酸奶等一起品味。酥皮果子饼闻名遐迩，既是平时品尝的点心，也是一家团圆时小吃的食物，又可以作为简便早餐。

芬兰面包：气候寒冷的北欧，面包大都使用黑麦来制作，尤其是在芬兰，面包更多是采用未经粉碎的粗粒黑麦面粉，所以植物纤维和矿物质含量丰富，是有益健康的食品。船形创意面包是用黑麦面粉制作的，是北欧特色的脆面包，富含植物纤维，吃法一般如单片三明治。

英国面包：英国地理气候适合小麦生长，因而出现了许多用优质小麦制成的面包。英国的三明治以及品味午后茶点的习惯都闻名遐迩。“司康”是午后茶点必有的一种面包，侧面有裂口，看上去就像狼张开嘴巴，可涂上果酱或奶油进食。

美国面包：在美国，面包主要有“bread”大型面包以及“roll”小圆面包。美国是一个移民国家，在城市里可以吃到各种面包，而有益健康的面包深受欢迎。热狗小面包正如其名字所示，从面包上方或侧面划开一条长口子，夹入熏红肠等做成热狗进食。百吉圈是由犹太人推广的面包，做成三明治或者用作早餐都很受欢迎。

世界上面包品种极其繁多，形状、味道各具特色。在此难以穷尽，还需大家慢慢品味。

思考题

1. 利用网络引擎搜索下列词组或短语：小麦，面包，发酵等词语以获取更多的相关信息。
2. 思考并理解面包的发展历史与文化。
3. 熟悉面包加工技术要点。

拓展阅读文献

［1］刘仲敬．面包的故事［J］．小康，2016. 3. 1：108.
［2］刘汉江．焙烤工业实用手册［M］．北京：中国轻工业出版社，2003.

第四章 馒头文化

CHAPTER 4

[学习指导]

通过本章的学习，了解馒头的发展历史与文化，熟悉馒头制作技术发展历程，分析馒头与面包的异同点。思考馒头文化与技术和经济的相互关系。

通常情况下，馒头是指以小麦粉为主要原料，将小麦粉加水、酵母或面肥等和成面团，经发酵、揉制、成型、醒发等处理，然后经蒸制而成的产品。馒头是中国最著名的发酵面团汽蒸食品，现代人常常拿它同西方的面包相媲美。上一章我们学习了面包文化。二者的确有许多相似之处，首先，用料相似，主料均为面粉、水和酵母；其次，加工工艺相似，都是将酵母加少量水活化后，加入到面粉中，搅拌成面团，发酵。同是面粉，为何欧洲人做面包，中国人做馒头？这是值得探讨的话题。

第一节　馒头的起源与发展

一、馒头的起源

小麦在中国的栽培历史可以追溯到新石器时代，那时的人们已有石磨，可将小麦磨成粉来制作食品。1979 年，新疆罗布泊西北约 70 千米的孔雀河下游发现一个随葬的草篓内有 4000 多年前小麦粒；天山东部土墩遗址发现已经炭化的小麦粒，还有大型马鞍形磨谷器及双耳罐，说明当时新疆的农业已相当发达，小麦可能已是主要粮食作物之一。

战国时期的“面起饼”是馒头的始祖。明代黄一正《事物绀珠》书中有“秦昭王作蒸饼”的记载。梁朝萧子显在《齐书》中有言，朝廷规定太庙祭祀时用“面起饼”。

“馒头”一词的来源可以追溯到三国时代。北宋开封人高承所撰《事物纪原》（图 4-1）

以及明朝郎英所著《七修类稿》（图 4–2）中均记载三国时代，诸葛亮南征孟获，渡泸水时，下令用麦面裹牛羊猪肉，象人头以祭，始称“馒头”。

图 4–1 《事物纪原》

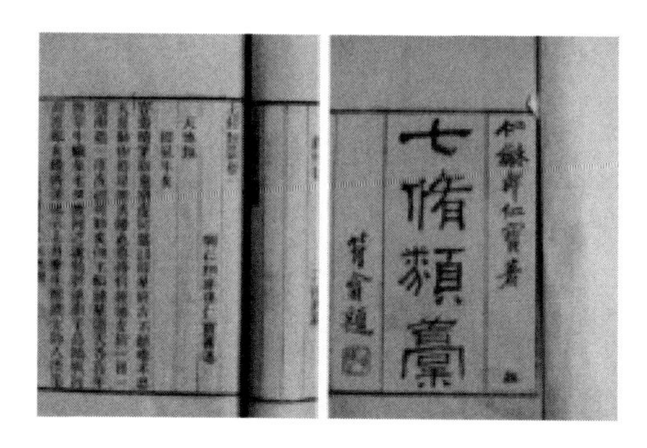

图 4–2 《七修类稿》

晋朝之后，馒头一度回归“饼”的称谓，《名义考》书中写道：“凡以面揉水而剂，中间有馅者，都称谓‘饼’。以面蒸而食者曰‘蒸饼’又曰‘笼饼’。”“饼”是用以指一切面食品的古义。我国最早的面食统称为“饼”，早期是没有经过发酵的，相当于我们现在的“死面”做的食品。

二、 馒头的发展

馒头早期的主要文化功能是用于祭祀。西晋人卢湛的《祭法》中有“春祀用馒头”的记载。《事物纪原》卷中《酒酸饮食 · 馒头》的记述。诸葛亮也是为了祭祀，才下令制作馒头的。类似的古文献记载还有很多。由此可见，当时馒头的主要功用是祭祀、供奉神灵。使用馒头进行祭祀的习俗，在今天北方的许多农村仍很流行。比如，春节要供神，供品中一般少不了馒头；在一些特殊的节日，也仍然互相赠送馒头，以示祝愿。用来祭祀的面制食品，往往在制作时更加精心、讲究，有的还赋予了一定艺术造型。

古代的馒头作为一种祭祀食品，是以发酵面团为皮儿的包馅蒸食，相当于现在的包子，但其形状却又与包子不同，颇似人头，形状浑圆，无口。不过，馒头由祭品变成食品、成为民间食用点心之后，它的人头形象就跟着改变了。例如，唐朝后的馒头变小，有了“玉柱”“灌浆”等多种形态，而“玉柱”“灌浆”也成为馒头的别名。元朝时，“剪花馒头”问世，被古人忽思慧写入《饮膳正要》。后来的庄户人家盖房，常用“上梁小馒头”庆贺，敬请神鬼保佑。馒头的大个头、人头形、包肉馅向着小型化、多样化、实心化演变。

到明清，开始有“实心馒头”的记载。清代的《儒林外史》第二回中有“厨下捧出汤点来，一大盘实心馒头，一大盘油煎的杠子火烧”的叙述，可谓佐证。

馒头发展到今天，在日常生活用语中，北方人通常称为馒头的食品是不包馅的、实心的。在有些地方也将馒头称为“馍”或“馍馍”，如河南、陕西，在有的地区称为“馒首”还有的地方称为“卷子”，如河北博野、播县。北方将内包有馅的称为包子。在江苏、浙江吴语地区无论有馅、无馅均称为馒头。

第二节　馒头加工技术

一、馒头加工技术的演变

馒头与面包一样，都属于以小麦为主要原料的发酵面制品。据考证到秦汉时期，在中原和长江流域小麦已作为主食作物大量种植。安徽亳州钓鱼台出土的炭化小麦粒，经测定为公元前642—公元前366年。有文献记载，西汉时期董仲舒进谏汉武帝下令关中农民大力种植小麦。有考古学者认为从西汉中叶到南北朝，黄河两岸已经过渡到以粟、麦为主食，原因是冬小麦冬种夏收，正与当时的主要农作物粟等轮作，从而解决青黄不接时节的口粮问题。

考古发现，西汉时期已普遍使用石转磨，到东汉、三国时期更为多见，这为面粉制作提供了研磨器具，对小麦由“粒食”演进为“粉食”起了决定性作用。秦汉时期，筛分工具已经出现，到西晋初年已普遍使用。可见，面粉加工技术在西汉时期也已基本成熟。至于用于蒸制的工具“甗”早在西周时期就已具备。

有学者指出，西周时期的“酏食”就是一种酵面食品，这为馒头的产生提供了萌芽条件。秦汉后，饼增多，并在西汉末出现了“酒溲饼”和“蒸饼”。宋代程大昌在《演繁录》中解释说，“面起饼”是“入酵面中，令松松然也”，说明面团发酵技术基本成熟。两宋之间出现“酵面发面法”为现代的馒头面团发酵技术奠定了基础。至元代，馒头的制作方法基本上与现代相同了。

二、馒头加工技术

馒头加工技术要点与面包加工类似，相比而言，馒头的配料更简单，基本工序也有三个，即面团调制、面团发酵及馒头蒸制。基本原理可参考面包加工，在此不作赘述。下面以红糖开花馒头为例说明馒头加工基本步骤。

红糖开花馒头配料：中筋面粉500g、红糖100g、乳粉50g、酵母5g、水适量。

红糖开花馒头加工基本步骤：

①用开水溶化红糖，加入乳粉搅拌均匀，冷却至室温时加入酵母，搅拌至酵母混匀。然后，倒入称量好的面粉中，揉搓成光滑的面团，放置38±2℃条件下发酵；

②发酵至两倍大即可，取出揉匀，可加少许干面粉，揉到感觉有劲；

③分成80g一个的小面团，揉匀定形，用刀在表面划上十字；

④蒸锅里已先放好凉水，放上蒸笼，加盖，加热并关火，利用蒸锅里的热气再发酵10~15min；

⑤开大火，水开上汽后蒸15min；

⑥蒸好了，出锅即得到红糖开花馒头了。

第三节　馒头对文化的影响

一、 馒头在我国文学留下自己的标记

冬天麦盖三层被，
来年枕着馒头睡（图 4-3）。
秋播百亩田，夏收堆满仓，
蜕皮流白粉，蒸馍万里香。

图 4-3　来年枕着馒头睡

二、 馒头和民俗

“二十八，把面发；二十九，蒸馒头……”农历春节每家每户都要蒸上几锅香喷喷的大白馒头，意喻日子过得蒸蒸日上（图 4-4）。

图 4-4　过年蒸馒头

筑新屋上梁时，要抛馒头，馒头是“发”出来的，馒头中间有一红印，抛馒头寄寓日子“红红发发”。

馒头点红点代表喜庆，免灾，祝福，镇邪，或雅或俗，依地而异。当然，这些民俗也会

与时俱进，例如城市人不会有人过年蒸馒头了，代之以速冻的馒头制品，而点红点的色素也很可能受到食品安全的质疑。

三、 馒头的传播与文化交流

馒头作为一种物质文化促进了文化交流。“馒头”这一词汇不仅在中原内地汉语言中存在，而且在其他边远少数民族语言中也可以发现其踪迹。如维吾尔语和乌孜别克语中有“manta”的词汇，柯尔克孜语有“mantu”的词汇，哈萨克语有“manti”的词汇，意为“包子”。许多少数民族学者都认为这些词来源于汉语。就其音义考之，当为汉语“馒头”的音译。这与前述的三国时代的“馒头”内包有馅，有相似之处。同时，也反映了馒头作为一种食品的文化传播作用。

馒头不仅传播到了国内边远少数民族地区，而且也传播到了其他国家和地区，如日本和韩国。在日本，就有“中华馒头”，不过，并非是我国北方的“馒头”，而是内中包有各种馅料的“包子”。据说馒头在元代由林净因传入日本，林净因在日本被称为馒头之父，在奈良有林净因纪念神殿。林净因的后代族规“发扬林氏馒头”，建立发展“盐懒”馒头店，产品遍及日本超市（图4-5）。

图4-5 几款日本点心化的馒头

四、 馒头的译文问题

馒头最早起源于中国，经过千百年的演化、发展，现已深深地融入了中国人的日常生活，成为中国人，特别是北方人的主食食品，是中国传统食品文化的宝贵遗产。

馒头英语翻译为 steamed bread 或者 steamed bun，饺子翻译为 dumping，我们的国家标准也是这样翻译的。但是日本和韩国对于他们的传统食品名称就没有采取意译，而是直接使用本国语言的发音，如泡菜，没有称 pickled cabbage，而是 kimchi，日本的寿司没有成为 rice with sea food，而是 sushi，这些民族化的术语已经被世界广泛接受，成为他们传播本国食品文化的重要工具，我国广东的一些食品如炒面、馄饨等译音名称也登入了国外的餐厅和词典。我们国家的经济和文化建设不断发展，从增加民族自信心和弘扬中华食品文化的角度，以及从保护传统文化的角度，我国应该重视馒头加工技术申报联合国非物质文化遗产。

第四节　馒头文化的启示

一、 馒头与面包的对比

回到最初的问题，同是面粉，为何欧洲人做面包，中国人做馒头呢？从上文中可以看到馒头和面包的出现和发展有多方面原因。有专家考证提出差异的原因在“蒸制”工具上，也就是“蒸屉”。蒸屉即“蒸笼”，起源于汉代，是具有汉族饮食文化特色的炊具。可以用什么材料来制作“蒸笼”呢？一是金属，二是竹子，三是木头，四是陶土。金属蒸屉由于其高昂的制作成本和较差的实用价值，无论在古代，还是现代都不是主流。陶土材料易碎，木制蒸屉制作工艺复杂，耐久性差。可见，用这三种材料制作“蒸屉”的共同特点是实用性不高，难以普及。因此，直到今天，最常用的制作“蒸屉”的材料还是竹子，“竹蒸笼”制作简单，成本低廉，方便实用，自古以来就是汉族传统的炊具。竹子这种东西，无论是古代埃及、美索不达米亚，还是古代欧洲都是没有的。但是，竹子在古代中国的分布是极为广泛的。西汉时期，为堵塞决口的黄河，汉武帝曾下令编制大竹笼，内装石块，沉到决口的黄河堤坝中。可见，当时黄河流域的竹子是多么茂盛。正是由竹子来制作“蒸屉”，不仅制作工艺简单、材料来源广泛、加工制作方便，而且蒸制出来的食品风味还和所使用的竹材品种密切相关，这更使它受到中国人的喜爱。

馒头在水蒸气的作用下蒸熟，温度不超过100℃。而面包是用烤炉在约200℃高温下烘烤而成，温度高虽然使面包风味更好，但是高温会破坏部分营养成分，并且，含有微量的丙烯酰胺。科学家发现丙烯酰胺具有致癌的作用。从安全和健康的角度看，馒头更胜一筹。

面包水分含量低，添加稳定剂，经过深入的科学研究，生产过程稳定，保存期较长，具有深入的科学研究、技术开发和市场开发的积累，这是馒头加工技术应该借鉴之处。

二、 馒头的产业化

馒头对于我国人民生活和经济发展具有重要的意义，它已深深地融入我国人民的生活和文化中。由图4-6可知馒头在我国面粉中的消费比例占30%，而面包只占3%，我国主要种植中筋小麦，中筋面粉适合制造馒头和面条等中式主食，开发馒头产业与我国农业的发展息息相关。

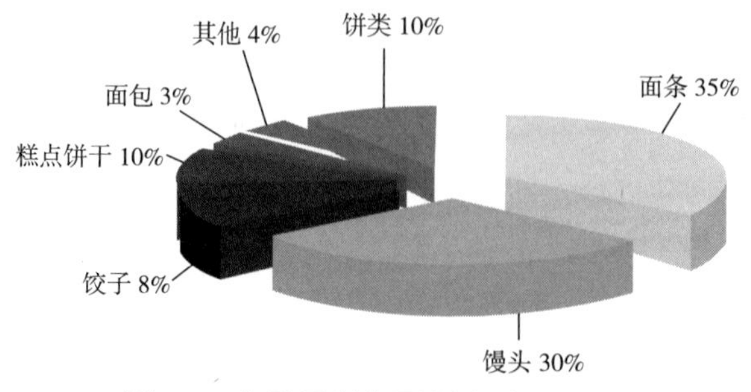

图4-6　各种面制食品消耗面粉的比例

我国大学和研究所针对馒头进行了大量的科学研究和技术开发，发表了大量的学术论文。河南省建立了主食（馒头）工程中心，开发了智能化仿生馒头生产线。河南省 2015 年形成年产值超过 10 亿元的主食产业集群 20 个。2018 年春节期间，天津馒头厂一天生产 50 万个馒头供应节日市场。

开发工业化制造馒头主要解决一个“机制馒头不如手工馒头好吃”的问题，速冻技术促进了我国馒头产品的多样化和储存期的延长。冷冻面团技术的发展和普及，使我国的馒头产业将会在点心馒头上运用冷冻技术，为消费者带来标准化，多样化的馒头制品。

对馒头以及面包加工感兴趣的同学可以查看网络上相关的视频，通过学习，大家可以对于面包和馒头的加工技术和文化建立起基本的形象思维。

三、面包、馒头文化的启示

面包和馒头在我国都有巨大的发展空间。我国的主食以馒头为主。面包和馒头需要在科学技术上互相学习，互相融合。面包和馒头的文化应在科学技术进步和经济发展的基础上保持传统、与时俱进。在我国传统食品发展中需要保护文化遗产，彰显民族自信心。

思考题

1. 利用网络引擎搜索下列词组或短语：蒸煮，馒头等词语以获取更多的相关信息。
2. 思考并理解馒头的发展历史与文化。
3. 熟悉馒头加工技术要点。

拓展阅读文献

[1] 卢茁，杨宁．浅析中国人吃馒头欧洲人吃面包的原因［J］．现代面粉工业，2017，5：9-11.

[2] 苏东民．中国馒头分类及主食馒头品质评价研究［D］．中国农业大学博士学位论文，2005，6：1-53.

CHAPTER 5

第五章 茶文化

[学习指导]

通过本章的学习，了解茶的起源和发展过程，掌握茶的分类特征、加工方法及品鉴方法，思考茶文化与经济技术的相互关系。

中国既是茶的故乡，也是茶文化的发源地。茶叶伴随着古老的中华民族走过了漫长的岁月，打开中华文明五千年的发展书卷，几乎从每一页中都可以嗅到茶的清香。中国人民历来就有“客来敬茶”的习惯，这充分反映出中华民族的文明和礼仪。不仅中国人喜欢饮茶，全世界有一百多个国家和地区的人民也都喜爱品茗，各国的饮茶方法也各有千秋，有的地方把饮茶品茗作为一种艺术享受来推广。

茶文化作为我国古老文化的传承，在我国经济文化高速发展的今天，越来越得到社会的普遍关注和欢迎。面对越来越多的茶文化从业者，如何提高其素质，更好地推动中国茶文化向世界的传播，已经成为茶学界面临的重要问题。在这种背景下，茶文化学作为中国茶学的分支学科，已得到广泛认同。本章涵盖中国茶文化的起源发展、分类、营养价值、加工制作、健康品饮、茶文化形式等方面的内容，对广大茶文化从业者以及爱好茶学之人能起到基本的文化普及和推广作用。

第一节　茶的起源与发展

一、 茶的起源

茶被人类发现，相传是在炎帝神农时期。据现存最早的中药学专著《神农本草经》记载：“神农遍尝百草，一日遇七十二毒，得茶而解之。”这个故事说的是：神农为了替民众治病，亲自了解各类草药的特性，在一日之内遇到七十二种毒物，后来无意间得到了茶叶，神农吃了之后，解除了身上的毒性。原文的“荼”就是指“茶”。自此，人类发现了茶叶的药用价值。茶，可食用、解百毒，长品易健康、长寿。茶品顺为最佳，所以就有“茶乃天地之精华，顺乃人生之根本”一说。

二、 茶的发展过程

茶的药用价值是从人类直接含嚼茶树新鲜枝叶汲取茶汁开始的。久之，茶的含嚼成为人们的一种嗜好。所以，在追溯饮茶习俗的发展与传播历史时，茶的含嚼阶段，应该说是茶之为饮的前奏。随着人类生活的进步，人们逐渐改变生嚼茶叶的习惯，将茶叶盛放在陶罐中加水生煮羹饮或烤饮。这样制成的茶，虽然苦涩，但滋味浓郁，令人陶醉、回味。日久，人们自然地养成了煮煎品饮的习俗，这是茶作为饮料的开端。

“秦人取蜀，始知茗饮之事。”巴蜀一带是我国较早传播饮茶的地区。秦“取蜀”后，茶叶的用途变得多样化，开始作为药材、食物之用。西汉时，饮茶之风兴起。茶被奉为珍贵的贡品、礼品和祭品，并且宫廷及官宦之家视饮茶为一种高雅的消遣。到了两晋、南北朝，饮茶相效成风，茶叶从原来珍贵的奢侈品逐渐成为人们的普通饮料。尚茶品饮习以为常，客来敬茶、以茶会友、以茶遣兴，已成为社交上的待客礼仪，并被视为象征养廉、雅志、修身的美德。唐宋时期，茶事兴旺，饮茶之风大盛，茶圣陆羽的贡献卓越，更迎来了“比屋皆饮”“投钱取饮”的饮茶黄金时代。茶叶成为我国各族人民生活的必需品，进入了“琴棋书画诗酒茶”的行列。社会上“斗茶”“茗饮”及茶馆文化崛起，被誉为“盛世之清尚”。同时，煮茶开始向泡茶演变（图 5-1）。元、明、清至今，饮茶之风，久兴不衰。不仅饮茶区域、人口日益扩大，而且烹茶与品茶方法日臻完善。烹茶方法由原来的煮煎逐步向沸水冲泡发展。茶叶冲以开水，细品缓啜，茶香清正、袭人，茶味甘洌、酽醇，茶汤清澈，令人回味无穷。

图 5-1　煮茶图

早在公元 6 世纪和 7 世纪，中国的茶文化就开始向世界各地传播。时至今日，全世界五大洲有 50 多个国家种植茶，有 120 多个国家的 20 亿人有饮茶习惯，但是各个国家、地区的饮茶习俗、茶文化又有各自的特点。世界各国的种茶和饮茶习俗，最早都是直接或间接从中国传播去的，茶和瓷器、丝绸都是中国人民对全世界的伟大贡献。同时，世界各地茶文化的进步也推动着中国茶文化的发展。

第二节　茶的分类与加工

一、 茶的成分及营养价值

中国明代李时珍（公元1518—1593）所撰药物学专著《本草纲目》成书于明万历六年（公元1578年）。李时珍自己也喜欢饮茶，说自己“每饮新茗，必至数碗”，故书中论茶甚详。言茶部分，分释名、集解、茶、茶子四部，对茶树生态，各地茶产，栽培方法等均有记述，对茶的药理作用记载也很详细，曰：“茶苦而寒，阴中之阴，沉也，降也，最能降火。火为百病，火降则上清矣。然火有五次，有虚实。若少壮胃健之人，心肺脾胃之火多盛，故与茶相宜”，认为茶有清火去疾的功能。

经过现代科学的分离和鉴定，茶叶中确实含有与人体健康密切相关的生化成分。其中含有机化学成分达五百余种，主要包括茶多酚、糖类、蛋白质、氨基酸、生物碱、有机酸、脂肪、色素、芳香物质、维生素和无机化合物等。茶叶中有机物质占干物质总质量的93.0%~96.5%，是决定茶叶气味和汤色品质特征、营养及保健效应的主要物质。干茶叶中无机物质成分的含量只占总干物质量的3.5%~7.0%，但对人体的营养和健康以及茶叶的品质有着重要作用。

1. 生物碱

茶叶中的生物碱，主要包括咖啡碱、茶碱和可可碱。三者都属于甲基嘌呤类化合物，是一类重要的生理活性物质。

由于茶叶中茶碱的含量较低，而可可碱在水中的溶解度不高，因此，在茶叶生物碱中，起主要药效作用的是咖啡碱。咖啡碱是茶叶中含量很高的生物碱，一般含量为2%~5%。每150mL的茶汤中含有40mg左右的咖啡碱。咖啡碱具有弱碱性，能溶于水（尤其是热水，通常在80℃水温中即能溶解）。咖啡碱还常和茶多酚成络合状态存在，故与游离状态的咖啡碱在生理机能上有所不同，不能单纯从含量来看其作用。

2. 多酚类

茶叶中多酚类物质有30多种，主要由儿茶素类、黄酮类化合物、花青素和酚酸组成，以儿茶素类化合物含量最高，约占茶多酚总量的70%。茶多酚含量可因茶的品种、制作方法等不同而波动较大。绿茶中一般含量为干重的15%~35%，甚至有的品种超过40%。而红茶，因发酵使茶多酚大部分氧化，故含量低于绿茶，一般为10%~20%。茶多酚的药理作用有：降低血脂、血糖；抑制动脉硬化，增强毛细血管功能；抗氧化，抗衰老，抗辐射，抗癌；杀菌，消炎等。

3. 维生素

茶叶中含有丰富的维生素，是维持人体健康及新陈代谢不可缺少的物质。一般分为水溶性维生素（以维生素B、维生素C最为重要）与脂溶性维生素（以维生素A、维生素E最为重要）两类。

B族维生素的含量一般为茶叶干重的100~150mg/kg。维生素B_5（菸酸）的含量是B族维生素中最高的，约占B族维生素含量的一半。维生素B_5在人体内以烟酰胺起作用，是辅酶Ⅰ和辅酶Ⅱ的重要组成成分。缺乏维生素B_5，会使肝脏和肌肉中辅酶含量显著减少，引起癞皮病。所以，茶叶由于含有较多的维生素B_5，有利于预防和治疗癞皮病等皮肤病。

茶叶中维生素C含量很高，高级绿茶中维生素C的含量可高达0.5%。维生素C对人体有多种好处，能防治坏血病、增加机体抵抗力、促进创口愈合；能促使脂肪氧化、排出胆固醇，从而对由血脂升高而引起的动脉硬化有防治功效；还参与人体内物质的氧化还原反应，促进解毒作用，有助于将人体内有毒的重金属离子排出体外；此外，维生素C还有抑制致癌物质亚硝胺的形成和抑制癌细胞增殖的作用，具有明显的抗癌效应。

茶叶中的维生素A原（胡萝卜素）的含量比胡萝卜还高，它能维持人体正常发育，能维持上皮细胞正常机能状态，防止角化，并参与视网膜内视紫质的合成。

维生素E（生育酚）的含量为茶叶干重的300~800mg/kg，主要存在于脂质组分中。它是一种著名的抗氧化剂，可以阻止人体中脂质的过氧化过程，因此具有防衰老的功效。

4. 矿物质

茶叶中含有多种矿物质元素，其中以磷和钾含量最高；其次为钙、镁、铁、锰、铝；此外还含有微量的铜、锌、钠、硫、氟、硒等。这些矿物质元素中的大多数对人体健康是有益的。微量元素氟在茶叶中含量远高于其他植物。

5. 氨基酸及其他

茶叶中的氨基酸种类已报道的有25种，其中茶氨酸的含量最高，占氨基酸总量的50%以上。

有的氨基酸和人体健康有密切关系，如：谷氨酸、精氨酸能降低血氨，治疗肝昏迷；蛋氨酸能调节脂肪代谢，参与机体内物质的甲基运转过程，防止动物实验性营养缺乏所导致的肝坏死；胱氨酸有促进毛发生长与防止早衰的功效；半胱氨酸能抗辐射性损伤，参与机体的氧化还原生化过程，调节脂肪代谢，防止动物实验性肝坏死；精氨酸、苏氨酸、组氨酸对促进人体生长发育以及智力发育有效，又可增加钙与铁的吸收，预防老年性骨质疏松。

除了上述这些主要组分外，茶叶中还有一些活性组分，它们的含量虽然不高，但却具有独特的药效。如茶叶中的脂多糖具有抗辐射和增加白细胞数量的功效；茶叶中几种多糖的复合物和茶叶脂质组分中的二苯胺，具有降血糖的功效；茶叶在厌氧条件下加工形成的α-氨基丁酸具有降血压的作用。

茶叶中的化学成分不仅决定着茶叶的质量，而且与饮茶的某些药理功效也有着密切的关系。但茶叶品质的形成与保健功效并不是基于某一种成分，而是在于多种成分的协调作用。

二、茶的分类

在漫长的茶叶历史发展过程中，我国历代茶人富有创造地开发了各种各样的茶类。茶区分布广泛，茶树品种繁多，制茶工艺不断革新，形成了丰富多彩的茶类。而目前世界上还没有统一规范的分类方法，有的根据制造方法不同划分，有的根据茶叶外形来划分，有的按粗、精制情况划分。

陈宗懋主编的《中国茶经》将中国茶分为基本茶类和再加工茶类。其中基本茶根据发酵程度不同又分为绿茶、黄茶、白茶、青茶、红茶、黑茶。用这些基本茶类的茶叶进行再加工，如窨花后形成花茶，蒸压后形成紧压茶，浸提萃取后制成速溶茶，加入果汁形成果味茶，加入中草药形成保健茶，把茶叶加入饮料中制成含茶饮料。因此，再加工茶类也有六大类，即花茶、紧压茶、萃取茶、果味茶、药用保健茶和含茶饮料。这也是当今最广泛、最权威、认知度最高的茶叶分类方法。

我国许多省份都出产茶叶，但主要集中在南部各省。秦淮以南，青藏高原以东的广大南方丘陵地区是我国茶叶的主要产区。一般可将我国的产茶区划分为四大茶区。

（1）西南茶区　西南茶区是我国最古老的茶区，包括云南，贵州，四川三省及西藏东部。主要生产红茶、绿茶、沱茶、紧压茶和普洱茶等，是中国发展大叶种红碎茶的主要基地之一。

（2）华南茶区　华南茶区是我国最南的产茶区，包括广东、广西、福建、海南、台湾等地，主要生产红茶、乌龙茶、花茶、白茶和六堡茶等。

（3）江南茶区　江南茶区是我国茶叶市场最为集中的地区，位于中国长江中下游南部，包括浙江、安徽、江苏南部、江西、湖北、湖南等地。其生产的主要茶类有绿茶、红茶、黑茶、花茶以及品质各异的特种名茶，诸如西湖龙井、黄山毛峰、洞庭碧螺春、君山银针、庐山云雾等。

（4）江北茶区　江北茶区是我国最北的茶区，包括长江中下游以北的山东、江苏北部、河南、陕西、甘肃等地，主要生产绿茶。

三、茶的加工与制作

茶叶制作技术的发展经历了漫长的历史过程以及复杂的变革，每一类茶的出现都相应地带动了制茶技术的革新。茶，如果只有鲜叶，是不足以承载整个茶文化的，只有用代代相传的制茶工艺，才能够将茶的内涵和博大精深表现出来。

（一）茶叶生产加工主要设备

在茶叶的生产过程中，需要对原料进行清洗、杀青、揉捻、烘焙等处理，所用到的主要生产设备包括杀青机、揉捻机、烘干机等。

1. 杀青机

杀青主要目的是通过高温破坏和钝化鲜叶中的氧化酶活性，抑制鲜叶中茶多酚的酶促氧化，防止烘干过程中变色。同时还促使茶叶散发出青臭味，促进良好香气的形成。目前主要分微波杀青机、滚筒杀青机和燃气炒青机三种。

（1）微波杀青机　微波杀青设备是一种新型的杀青设备，杀青速度快、效率高、效果好。在杀青的同时，还可以除去约10%的鲜叶水分。微波杀青机主要是利用迅速升温来钝化鲜叶的活性氧化酶，抑制鲜叶中的茶多酚等酶加速氧化的过程，防止在后续烘干过程中色泽发生严重改变，同时挥发鲜叶的腥草味，使茶香更好的形成。

（2）滚筒杀青机　常用的滚筒杀青机有90型与110型两种机型，该机结构紧凑、操作方便、效率高。炉火直接加热转动筒体，茶叶在筒体内靠摩擦和筒体转动的离心力在滚筒内抛转，并吸收热量达到杀青目的。杀青适度后，反转滚筒，利用筒壁的螺旋导叶板将茶叶推出筒外。同时，借助滚筒末端的风扇将筒内茶叶排净。该机由滚筒、传动装置、风扇、机架、炉灶等部分组成。滚筒用钢板卷制而成，内壁焊有导叶板，导叶角为24°，其作用是帮助进叶或推出杀青叶，并将茶叶带至一定高度后抛下。风扇可正、反转，以吹叶出筒或吸排湿气。滚筒的两端外围设有挡烟圈，中心有一转轴，通过两端的辐条与筒体相接，转轴由轴承支撑于机架上。机架一般用角钢制作。炉灶由通风道、炉栅、炉膛、烟囱等组成。滚筒体置于炉膛内，炉膛顶部有拔风口与烟囱相通。

（3）燃气炒青机　该机以液化气为热源，作业稳定，杀青均匀，清洁卫生、操作方便。该机为滚筒式，由滚筒、火排加热系统、传动机构、出茶装置、控制系统和机架组成。滚筒体中部为圆筒式结构，两端为150mm锥体，外筒体采用保温材料，转筒体下部敞开，用于安装加热火排；加热系统使用液化气作燃料，燃烧器为直线排火式，采用电子点火装置；传动机构由无级变速电机通过减速装置带动筒体转动；机架用型钢焊制。机器的所有结构均装置于机架上，机架底部装有四只行走轮，便于移动。作业时，待筒内温度达到作业要求后，将茶叶喂入滚筒内，通过控制系统调节滚筒转速及筒内温度，至茶叶杀青适度时，让筒体出叶端向下倾斜，利用重力将茶叶排出机外。

2. 揉捻机

揉捻机可保持茶叶纤维组织不受破坏，从而确保茶叶品质的均一。它主要由莲花座、传动组及卷布杆三部分组成，莲花座设有数片莲花片由传动组带动莲花片做开、合动作，对茶叶进行揉捻及压缩，并由另一驱动马达带动莲花座旋转，并配合卷布杆，将布质袋自动绕卷成结，令布质袋的容置空间逐渐缩小，达到对茶叶双重揉捻及缩小体积的功能。

卷布杆设于揉捻机的盖板上，卷布杆中间设有两缺口，以便收缩茶叶布质袋内的茶叶体积；莲花座包括有多个具弧度的莲花片，莲花片背后设有连杆，其两端以铰链方式与连杆固定环及支杆组合，支杆另一端与支杆固定环也以铰链方式结合，连杆固定环底下连接一心轴。

传动组包含有传动螺杆，设于莲花座的两侧，传动螺杆上设有螺帽，两螺帽之间搭接一个推板，推板上方设有一个推板固定环，并螺固为一体，推板固定环与支杆固定环内装设一个止推轴承，两传动螺杆上设有齿轮，配合链条及惰轮，可同步传动两传动螺杆；利用两组独立传动结构带动心轴使莲花座旋转，并带动传动组的传动螺杆做正、逆向旋转，令推板上下移动，使莲花座的莲花片做开、合动作，并将茶叶收缩、揉捻。

3. 茶叶发酵机

茶叶发酵是红茶制作的重要环节。茶叶发酵机的作用是促使茶叶中的酶产生氧化反应，通过喷头喷洒酶液，添加外源酶以加快茶叶的发酵，提高茶叶中茶黄素的含量，提高茶叶的品质，增加品质的稳定性，还可缩短发酵时间。

4. 茶叶理条机

茶叶理条机由多槽锅、偏心轮连杆机构、减速传动机构、热源装置和机架等部件组成。茶叶沿锅面运动到一定高度后被抛起，又落回到锅的另一面，然后往复运动。在茶叶沿锅面底部运动的过程中，在摩擦、挤压和滚动的作用下逐渐变成条状；在被抛起的过程中，茶叶之间的相互位置发生变化，产生较大的翻动和混合作用，使茶叶加热，并使成条的作用力均匀。茶叶被理成条是锅壁与茶叶相互接触作用后的结果，茶叶沿锅壁的接触距离越长，理条效果越好。

多槽U形锅式理条机是广泛使用的一种机型。该机型工作时，曲柄滑块结构带动槽锅做往复直线运动，茶叶在锅内加热的同时沿着锅内壁运动，被摩擦、挤压和滚动成条状。

5. 茶叶烘干机

茶叶烘干机是茶叶加工流程后期干燥茶叶的主要设备之一。其工作原理是将热风通入烘粕内与茶叶接触渗透，经若干层烘板循环工作运转，促使茶叶迅速脱水，达到茶叶干燥的目的。一台典型的茶叶烘干机包括三个部分：主机、加热器和风机。供给茶叶烘干机的干热风为常压式，热空气由下往上运动，顶部敞开。目前自动链板式烘干机应用最为普遍，该设备由干燥室和输送装置两部分组成，作业时由输送装置把待烘干茶叶送入干燥室内，在烘制规定的时间内由上而下地自动连续进行，完成烘干过程。

（二） 六大基本茶类加工工艺

1. 绿茶加工工艺

绿茶是不经过发酵的茶，因而保留了其绿色的特质，有“干茶绿、汤色绿、叶底绿”三大特点。绿茶讲究外形和色泽，追求清纯淡雅，故多采嫩芽制成，它的制作流程主要包括杀青、揉捻、干燥三道工序。也有些绿茶是不经过揉捻的，外形呈扁片状，如西湖龙井。绿茶的花色和品种都很多，按照杀青方法的不同，可以分为炒青绿茶和蒸青绿茶；按照干燥方法的不同，又可以分为炒青绿茶、晒青绿茶以及烘青绿茶；按照品质的不同，又可以分为名优绿茶和大宗绿茶。其中最著名的绿茶当数西湖龙井。

（1）杀青　杀青对绿茶品质和形状的形成起着决定性作用。通过高温，破坏鲜叶中的多酚氧化酶，抑制多酚类发生酶促氧化，防止鲜叶变红；同时蒸发叶内的部分水分，使叶子变软，为揉捻造型创造条件。随着水分的蒸发，鲜叶中具有青草气的低沸点芳香物质挥发消失，从而使茶叶香气得到改善。杀青要求做到杀匀杀透，老而不焦，嫩而不生。影响杀青质量的因素有杀青温度、投叶量、杀青机种类、时间、杀青方式等。

（2）揉捻　揉捻是绿茶塑造外形的一道工序。通过外力作用，使叶片揉破变轻，卷转成条，体积缩小，便于冲泡。同时，部分茶汁挤溢附着在叶表面，制作后的成茶滋味会变得更加香浓。制绿茶的揉捻工序有冷揉与热揉之分。所谓冷揉，即杀青叶经过摊凉后揉捻；热揉则是杀青叶不经摊凉而趁热进行的揉捻。嫩叶宜冷揉以保持嫩绿的叶底和黄绿明亮的汤色；老叶宜热揉以利于条索紧结，减少碎末。

（3）干燥　干燥即挥发掉茶叶的水分，提高茶叶的香气，固定茶叶形状。干燥的方法主要有炒干、烘干、晒干三种形式。绿茶的干燥工序，一般先烘干，再炒干。因揉捻后的茶叶，含水量仍很高，如果直接炒干，会在炒干机的锅内很快结成团块，茶汁易黏结锅壁。故此，茶叶先进行烘干，使含水量降低至符合锅炒的要求。

2. 青茶加工工艺

青茶最初起源于福建省，是一类介于红茶与绿茶之间的半发酵茶，因外形青褐，故称为青茶，又称乌龙茶。制作时适当发酵，使叶片稍有红变。因其叶片中间为绿色，叶缘呈红色，故有“绿叶红镶边”之称。乌龙茶既有绿茶的鲜浓，又有红茶的甜醇，在六大类茶中工艺最复杂且费时，泡法也最为讲究，所以喝乌龙茶也称喝工夫茶。根据产地以及制造工艺的不同，青茶可以分为闽北乌龙、闽南乌龙、广东乌龙以及台湾乌龙。最著名的青茶便是铁观音。

青茶的加工工艺主要有晒青、凉青、做青、杀青、揉捻以及烘焙等工序。其中做青是形成乌龙茶特有品质特征的关键工序，是奠定乌龙茶香气和滋味的基础。

（1）晒青　晒青的目的是散发出鲜叶内的部分水分，使叶内物质发生化学变化，从而破坏叶绿素，除去青臭气，这一步骤在阳光下进行。

（2）凉青　凉青是在室内进行自然萎凋。这一步骤是把晒青后的茶叶放在室内阴凉处使热量散失，让水分得到重新分布，以利于下一步骤的进行。

（3）做青　做青又称摇青，将萎凋后的茶叶放在滚筒式摇青机中，使茶叶相互摩擦、碰撞，叶边缘部分细胞组织破坏，形成绿叶红镶边的特色。

（4）杀青　杀青的目的是利用高温使酶失去活性，从而终止发酵，防止茶叶继续变红，进一步挥发出茶香，形成茶叶稳定的品质。

（5）揉捻和烘焙　揉捻和烘焙这两个步骤是用来造形的，以便于茶叶变成球形或条索形，揉出茶汁，使茶汤更加香醇浓厚。

3. 红茶加工工艺

红茶，距今已有 400 多年历史。世界上最早的红茶由中国福建武夷山茶区的茶农发明，名为“正山小种”。红茶属于全发酵茶类，因其干茶色泽和冲泡的茶汤以红色为主调，故名红茶。红茶基本特征是：叶红且汤红，滋味浓厚甘醇，似桂圆汤，有松烟香味。红茶在六大茶类中茶多酚的酶促氧化程度最深。根据生产历史的先后以及加工程度的不同，红茶可以分为小种红茶、工夫红茶以及红碎茶三种。祁门红茶便是最具代表性的红茶之一。

红茶以茶树的芽叶为原料，经过萎凋、揉捻、发酵、干燥四道工序，而小种红茶在制作过程中又增加了过红锅和熏焙两道工序。

（1）萎凋　萎凋是红茶初制的第一道工序，指鲜叶经过一段时间失水，使硬脆的梗叶变成萎蔫凋谢状况的过程。经过萎凋，可适当蒸发水分，使叶片柔软，韧性增强，既易于造型，又可以为揉捻和发酵做准备。

（2）揉捻　红茶揉捻的目的与绿茶相同，茶叶在揉捻过程中成形并增进色香味浓度。同时，由于叶细胞被破坏，既便于在酶的作用下进行必要的氧化，为充分发酵创造条件，同时又有利于塑造美观、紧结的条形。

（3）发酵　发酵是红茶制作的独特阶段。经过发酵，叶色由绿变红，形成红茶、红叶、红汤的品质特点。其机理是叶子在揉捻的作用下，组织细胞膜结构受到破坏，透性增大，使多酚类物质与氧化酶充分接触，在酶促作用下产生氧化聚合作用，其他化学成分也相应发生变化，使绿色的茶叶变成红色，形成红茶的色香味品质。

（4）干燥　干燥是将发酵好的茶坯，采用高温烘焙，迅速蒸发水分，达到保持干度的过程。其目的有三：利用高温迅速钝化酶的活性，停止发酵；蒸发水分，缩小体积，固定外形，保持干度以防霉变；散发大部分低沸点青草气味，激化并保留高沸点芳香物质，获得红茶特有的甜香。

（5）过红锅　过红锅是制造小种红茶的特殊工艺。过红锅的主要目的是停止发酵，保留发酵过程中产生的大量对茶品质有利的成分，避免发酵过度，使茶汤更加醇厚，并且增进小种红茶的香气。

（6）熏焙　是将茶叶放在烘青间的吊架上，下面放没干的松木烧灼，当松烟上升被茶叶吸收后，干茶便会带有独特的松香味。

4. 白茶加工工艺

白茶是我国的特有茶类，是由宋代三色细芽、银丝水芽演变而来。白茶的最大特点是“银叶白汤”。白茶按照茶树品种与鲜叶采摘的不同可以分为芽茶和叶茶，芽茶主要有白毫银针等，叶茶主要有白牡丹、寿眉、贡眉等。

白茶的制作主要包括萎凋和干燥两道工序，而其关键在于萎凋。萎凋分为室内萎凋和室外萎凋，这一点要视气候环境而定。萎凋是形成白茶浑身披满白毫的主要原因。白茶萎凋过后并没有揉捻这一工序，因此，茶汁渗出较慢。但这种制作方法没有破坏茶叶中酶的活性，让白茶本身就保持了茶的清香和鲜爽。

5. 黑茶加工工艺

黑茶是六大茶类中原料成熟度相对最高的。成茶色泽呈黑褐色或油黑色，主要是因为堆积发酵时间较长造成的。根据产区和制作工艺的不同，黑茶可以分为湖南黑茶、四川边茶、湖北老青茶以及滇桂黑茶等。

黑茶的制作主要包括杀青、揉捻、渥堆、干燥四道工序。

（1）杀青　在高温快炒的情况下炒成暗绿色。

（2）揉捻　杀青叶出锅后，立即趁热揉捻，易于塑造良好外形。揉捻方法与一般红、绿茶相同。

（3）渥堆　揉捻后的叶子，堆放在篾垫上，厚15~25cm，上盖湿布，并加盖物，以保湿保温，进行渥堆过程。渥堆进行中，应根据堆温变化，适时翻动1~2次。关于渥堆的化学变化实质，目前尚未有定论，目前茶学界有酶促作用、微生物作用和湿热作用三种学说，但一般认为起主要作用的是水热作用，与黄茶的闷黄过程类似。

6. 黄茶加工工艺

黄茶是我国特有茶类，它的最主要特点就是“黄汤黄叶”。黄茶按照采摘鲜叶的嫩度以及芽叶的大小可以分为三类，即黄芽茶、黄小茶、黄大茶。黄芽茶的代表主要有君山银针、蒙顶黄芽、霍山黄芽等；黄小茶的代表有北港毛尖、鹿苑毛尖、平阳黄汤、沩山白毛尖等；黄茶的代表有霍山黄大茶、广东大叶青等。

黄茶的制作主要包括萎凋、杀青、揉捻、闷黄、干燥等工序，其中杀青和闷黄是形成黄茶独特品质的重要工序。

（1）杀青　杀青的目的是挥发掉鲜叶中的一部分水分，钝化多酚酶的活性，散发出青草味，形成黄茶清纯的香气特征。

（2）闷黄　闷黄是黄茶类制造工艺的特点，是形成黄茶、黄汤、黄叶的关键工序。从杀青到干燥结束，都可以为茶叶的黄变创造适当的湿热工艺条件。但作为一个制茶工序，有的茶在杀青后闷黄，有的在毛火后闷黄，有的则闷炒交替进行。影响闷黄的因素主要有茶叶的含水量和叶温。含水量多，叶温越高，则湿热条件下的黄变过程也越快。

（三）现代茶加工方式

人们通过传统泡饮方式饮茶，只能摄取茶叶中的水溶性营养成分，而大约65%的脂溶性营养成分无法被人体吸收，最终留存于茶渣中。现今，随着科学技术的进步和人们生活节奏的加快，传统泡饮茶方式已渐渐无法满足现代快节奏生活的需要，人们开始追求更加便捷、健康、高效的茶叶消费方式。正是在这些新消费观念的指引下，区别于传统泡饮方式的多种当代深加工方式不断出现。

茶叶深加工是指对鲜茶叶、成品茶以及茶的副产物，通过物理、化学、生物技术，深度开发生产出含有茶或茶叶内有效成分的茶叶衍生品。深加工技术大体上可以分为四个方面或是四个类别，它们分别是：机械加工，物理加工，化学和生物化学加工，综合技术加工。

1. 茶叶的机械加工

茶叶的机械加工是指不改变茶叶的基本本质的加工方法，其特点是只改变茶叶的外部形式，如外观形状、大小，以便于储藏、冲泡、符合卫生标准、美观等等。袋泡茶是茶叶机械加工的典型产品。

2. 茶叶的物理加工

典型产品有速溶茶、罐装茶水（即饮茶）、泡沫茶（调制茶）。这是改变了茶叶的形态，成品不再是“叶”装了。

3. 化学和生物化学加工

化学和生物化学加工指采用化学或生物化学的方法加工形成具有某种功能性的产品。其特点是从茶原料中分离和纯化茶叶中的某些特效成分加以利用，或是改变茶叶的本质制成新的产品，如茶色素系列、维生素系列、抗腐剂等。

4. 茶叶的综合技术加工

茶叶的综合技术加工是指综合利用上述的几种技术制成含茶制品。目前的技术手段主要有：茶叶药物加工、茶叶食品加工、茶叶发酵工程等。

随着深加工方式的出现，一大批新产品也随之而来。其中，茶饮料是以茶叶的萃取液、茶粉或浓缩液为主要原料，经抽提、过滤、澄清等工艺制成的茶汤，或在茶汤中加入辅料调配而成的制品。不仅具有茶叶的独特风味，含有天然茶多酚、咖啡碱等茶叶有效成分，还兼有营养、保健功效，是清凉解渴的多功能饮料。另外，它开瓶即饮，特别适合快节奏生活的需要。常见的茶饮料有红茶、绿茶、乌龙茶、冰茶等。

此外，目前市面上还出现了形式多样的茶食品，主要是伴茶食品和以茶为原料的食品，包括茶叶糕点、茶叶糖果、茶叶面包、樟茶鸭、茶鸡蛋等，这些茶食品达到了营养、风味及经济效益等多种性能的互补和优化。

抹茶起源于中国的隋朝，在唐朝、宋朝达到顶峰，至今已有一千多年的历史。抹茶是用天然石磨碾磨成微粉状的、覆盖的、蒸青的绿茶。蒸青过程产生的大量紫罗酮类化合物赋予了抹茶特殊的香气和口感。在当前快节奏的社会中，抹茶更多的被用来制作各种精美的食品，如抹茶蛋糕、抹茶饼干、抹茶冰激凌等。绿色的抹茶食品成为餐桌上绿色的“鲜花”，受到了当今人们的追捧和享用。

第三节　茶的品饮

一、饮茶

当采集来的嫩叶经过上述一系列的工序被加工制作完成后，我们便有机会细细品饮茶之清香。茶之品饮，即品茶与饮茶，这其中更注重“品”字。品茶，不仅是鉴别茶的优劣，更重要的是领略品茶中带来的情趣。

（一）茶具

茶具，古代又称茗器，同其他饮、食具一样，它的发生和发展经历了一个从无到有，从粗糙到精致的过程。唐代的陆羽《茶经》中把采制所用的工具称为茶具，把烧茶泡茶的器具称为茶器。宋代又把茶具、茶器统一称为茶具。

茶具按其狭义的范围是指茶杯、茶壶、茶碗、茶盏、茶碟、茶盘等饮茶用具。我国的茶具，种类繁多，造型优美，除实用价值外，也有颇高的艺术价值，因而驰名中外，为历代茶爱好者青睐。由于制作材料和产地不同而分为陶土茶具、瓷器茶具、漆器茶具、玻璃茶具、金属茶具和竹木茶具等几大类。

1. 陶土茶具

陶器中享誉中外的便是宜兴的紫砂茶具，其造型复杂多变，色调淳朴古雅。紫砂茶具采用特殊的陶土紫金泥烧制而成，成陶火温较高，烧结密致，胎质细腻，不易渗漏，有气孔汲附茶汁，蕴蓄茶味；且传热不快，不致烫手。若热天盛茶，不易酸馊，即使冷热剧变，也不会破裂，甚至还可直接放在炉灶上煨炖（图 5-2）。

图 5-2　陶土茶具

（资料来源：《茶器之美》，李启彰，2016）

2. 瓷器茶具

瓷器以瓷土为胎料，含铁量一般在 3% 以下，比陶土的含铁量低。烧成温度比陶土高，大约为 1200 ℃。胎体坚固致密，表面光洁，薄者可呈半透明状，断面不吸水，敲击时有清脆的金属声音。瓷茶具的品种很多，主要有青瓷茶具、白瓷茶具、黑瓷茶具和彩瓷茶具（图 5-3）。所产茶具有壶、杯、盅、碗、盏、匙等。

图 5-3　瓷器茶具

3. 漆器茶具

漆器茶具用竹木或它物雕制，并以天然漆树的液汁进行涂漆制成。漆器茶具质轻且坚，散热缓慢，除有实用价值外，还有很高的艺术欣赏价值，因此，人们多将漆器茶具作为工艺品陈设于客厅、书房，成为居室装点的一部分。漆器茶具主要产于福建福州一带，所生产的漆器茶具绚丽多姿，有宝砂闪光、金丝玛瑙、釉变金丝、仿古瓷、雕填、高雕和嵌白银等品种，特别是创造了艳如红宝石的赤金砂和暗花等新工艺后更加艳丽动人。

4. 玻璃茶具

玻璃，古人称为流璃或琉璃，实是一种有色半透明的矿物质。用这种材料制成的茶具，能给人以色泽鲜艳，光彩照人之感。玻璃茶具按其加工分类，可分为普通浇铸玻璃茶具和刻花茶具玻璃（俗称水晶玻璃）茶具两种。玻璃茶具大多为杯、盘、瓶、水盂等制品。由于玻璃茶具的透明质地，因此用玻璃茶具冲泡龙井、碧螺春等绿茶。杯中轻雾缥缈，茶芽朵朵、亭亭玉立，或旗枪交错，上下浮沉，赏心悦目，别有风趣。

5. 金属茶具

用金、银、铜、铁、锡等金属材料制作的茶具，属我国最古老的日用器具之一。常见的金属茶具有金银茶具、锡茶具、铜茶具等。我国金属器具的制作在隋唐时期达到高峰，但从宋代开始，古人对金属茶具褒贬不一。元代以后，特别是从明代开始，随着茶类的创新，饮茶方法的改变以及陶瓷茶具的兴起，金属茶具逐渐消失。尤其是用锡、铁、铅等金属制作的茶具，用它们来煮水泡茶，被认为会使“茶味走样”，以致很少有人使用。但用金属制成贮茶器具，如锡瓶、锡罐等，却屡见不鲜。这是因为金属贮茶器具的密闭性要比纸、竹、木、瓷、陶等好，具有较好的防潮、避光性能，这样更有利于散茶的保藏。因此，用锡制作的贮茶器具，至今仍流行于世。

6. 竹木茶具

竹木茶具用竹或木制成，采取车、雕、琢、削、编等工艺，将竹木制成茶具，主要有茶罐、茶则、茶海、茶筛、茶盒、碗、涤方等。另外，还有竹编茶具，由内胎和外套组成，内胎多为陶瓷类饮茶器具，外套精选竹子，经劈、启、揉、匀等多道工序，制成粗细如发的柔软竹丝，经烤色、染色，再按茶具内胎形状、大小编强嵌合，使之成为整体如一的茶具。这种茶具不但色调和谐，美观大方，而且能保护内胎，减少损坏。同时，泡茶后不易烫手，并极具艺术欣赏价值，往往用作馈赠礼品。

（二）泡茶方法

泡茶是一项技艺，喝茶是一门艺术。泡茶即用热水萃取出茶叶中可溶性化学成分，过滤去茶渣取得茶汁。除了优质的茶叶，甘甜的好水，精致的茶具，还必须要有适当的冲泡方法，茶叶所固有的色香味才能充分体现出来，为人们所享受。明代张源在《茶录》中指出“茶之妙，在乎始造之精，藏之得法，泡之得宜”。可见，古人早已对泡茶方法有了深刻的认识。

茶叶用量、泡茶水温和浸泡时间被称为泡茶的三要素。

1. 茶叶用量

泡好一杯茶或一壶茶，首先要掌握茶叶用量。每次茶叶用多少，并无统一标准，主要根据茶叶种类，茶具大小，以及饮茶者的饮用习惯而定。泡茶用量的多寡，关键在于掌握茶与水的比例。如泡红茶、花茶，茶与水的比例，大致掌握在 1∶50~1∶60；泡青茶用的茶量较多，一般茶与水用量比例为 1∶18~1∶20 。

用茶量多少与消费者的饮用习惯也有密切关系。在西藏、新疆、青海和内蒙古等少数民族居住地区，人们以肉食为主，当地又缺少蔬菜，因此茶叶成为生理上的必需品。他们普遍喜饮浓茶，并在茶中加糖、加乳或加盐，故每次茶叶用量较多。华北和东北广大地区人民喜饮花茶，通常用较大的茶壶泡茶，茶叶用量较少。长江中下游地区的消费者主要饮用绿茶或龙井、毛峰等名优茶，一般用较小的瓷杯或玻璃杯，每次用量也不多。福建、广东、台湾等省，人们喜饮工夫茶，茶具虽小，但用茶量较多。

茶叶用量还同消费者的年龄结构与饮茶历史有关。中、老年人往往饮茶年限长，喜喝较浓的茶，故用量较多；年轻人初学饮茶的多，普遍喜爱较淡的茶，故用量宜少。总之，泡茶用量的多少，关键是掌握茶与水的比例。茶多水少，则味浓；茶少水多，则味淡。

2. 泡茶水温

一般说来，泡茶水温与茶叶中有效物质在水中的溶解度呈正相关：水温越高，溶解度越大，茶汤就越浓；反之，水温越低，溶解度越小，茶汤就越淡。一般60℃温水的浸出量只相当于100℃沸水浸出量的45%~65%。

泡茶水温高低，还与茶叶的种类、每种茶的老嫩和紧结程度有关。比如泡高级绿茶，特别是芽叶细嫩的名绿茶，一般用80℃左右的热水冲泡，这样泡出的茶汤嫩绿明亮，滋味鲜爽，茶叶中的维生素C也较少破坏，而在高温下，茶汤容易变黄，滋味较苦；泡饮各种花茶、红茶和中、低档绿茶，则要用100℃的沸水冲泡，若水温低，则渗透性差，茶中有效成分浸出较少，茶味淡薄；而冲泡乌龙茶、普洱茶和沱茶，由于原料并不细嫩，加之用茶量较大，一般要用100℃的沸滚开水冲泡，特别是冲泡乌龙茶时为了保持水温，要在冲泡前用滚开水烫热茶具，冲泡后用滚开水淋壶加温，目的是使茶香充分发散出来。

3. 浸泡时间

泡茶时间的长短，与茶叶原料老嫩和饮用方法密切有关。如压制茶中的砖茶、紧茶、六堡茶，一般都是煮后喝，时间可长一些。泡乌龙茶比一般红绿茶需时要稍长，因为乌龙茶原料的成熟度比一般红绿茶偏老，叶汁浸出也慢些。但泡名优绿茶，因为原料极嫩，冲泡时间就不宜过长，高温短时才能保持清汤绿叶和香鲜味美的特色。总之，泡茶时间长短，要因茶而异，以茶汁浸出，而又不损害其色香味为度，即为最合适的时间。

二、 茶艺

（一） 茶艺简介

茶艺萌芽于唐，发扬于宋，改革于明，极盛于清，可谓有相当深厚的历史渊源，自成一系统。最初是僧侣用茶来集中自己的思想，唐代赵州从谂禅师曾经以“吃茶去”来接引学人，后来才成为分享茶的仪式。随着社会文明和饮茶文化的发展，饮茶之风渗透到了社会的各个领域以及生活的各个方面。茶叶，现已成为中华民族的举国之饮。

茶艺是泡茶、饮茶的技巧和艺术。泡茶的技巧包括茶叶的识别，茶具的选择，泡茶用水的选择等。而饮茶的技巧则是对茶汤的品尝、鉴赏，对色、香、形、味、韵的体味。饮茶技巧也包括以茶待客的基本技巧。泡茶、饮茶的艺术高于技巧。技巧是基本、浅层次的，而艺术属美学范畴，属实用美学，休闲美学，生活美学领域。茶艺包括环境美、水质美、茶味美、器具美、艺术美。而泡茶的艺术美又是泡茶者仪表美和心灵美的统一。饮茶者同样要强调美，强调心灵相通。

另外，品茶还要讲究人品、环境的协调，文人雅士讲求清幽静雅，达官贵族追求豪华高贵等。总之，茶艺是形式和精神的完美结合，包含美学观点和人的精神寄托。

（二）　茶艺与茶道的关系

茶道与茶艺有关系又有区别：茶艺是茶道的具体形式，茶道是茶艺的精神内涵，茶艺是有形的行为，而茶道是无形的意识。茶艺的重点在“艺”，重在习茶艺术，以获得审美享受；当代茶道的重点在“道”，旨在通过茶艺修身养性，参悟大道，静心雅志，构建和谐。茶艺的内涵小于茶道，茶道的内涵包容茶艺。但茶艺的外延大于茶道，其外延介于茶道与茶文化之间。

茶艺本身对品茶更加重视。俗语说：三口为品。品茶主要就在于运用自己的视觉、味觉等感官上的感受来品鉴茶的滋味。因而，与茶道相比茶艺更加讲究茶、水、茶具的品质以及品茶环境等等。若能找到茶中佳品，优质的茶具或是清雅的品茶之地，茶艺的发挥就会尽善尽美。也就是说，相对于喝茶而言，外在的物质对于茶艺的影响更加大一些。

当茶品到达一定境界之后，我们就将不再满足于感官上的愉悦和心理上的愉悦了，只有将自己的境界提升到更高的层次，才能得到真正的圆满和解脱。于是，茶艺在这一时刻就提升一个层次，形成了茶道。这时，我们关注的重点也发生了变化，从对于外在物质的重视转移到通过品茶探究人生奥妙的思想理念上来。品茶活动也不再重视茶品的资源、泡茶的水、茶具及品茶的环境的选择了，而是通过对茶汤甘、香、滑、重的鉴别来将自己对于天地万物的认知与了解融会贯通。

茶道与茶艺几乎同时产生，同时遭遇低谷，又同时在当代复兴，可以说，二者是相辅相成的。虽然在某种程度上我们无法使其界限十分分明，但二者却是各自独立，不能混淆的。

（三）　茶艺分类

茶艺的分类多种多样，主要根据以下几种方式进行划分。

1. 根据习茶方法

中国古代形成了煮茶茶艺、煎茶茶艺、点茶茶艺及泡茶茶艺。但中国的煎茶茶艺亡于南宋中期，点茶茶艺亡于明朝中期，仅有煮茶茶艺和泡茶茶艺流传至今。

2. 根据饮用方式

由于茶的饮用脱胎于茶的食用和药用，所以自古以来就有在茶中加入配料的饮用方式。加入配料的方法称为调饮法，不加配料的方法称清饮法。明朝中期以来，中华茶艺实际上只存在煮茶茶艺和泡茶茶艺两类。煮茶茶艺基本上是调饮法，泡茶茶艺以清饮法为主。根据饮用方式，当代茶艺可分为清饮泡茶茶艺、调饮泡茶茶艺、清饮煮茶茶艺、调饮煮茶茶艺这四类。

3. 根据泡茶器具

在泡茶茶艺中，因壶中泡茶，然后分到茶杯（盏）中饮用的茶艺形式；撮泡茶艺是直接在茶杯（盏、碗）中冲泡并饮用的茶艺形式。于是这样就大致有了壶泡茶艺、盖碗泡茶艺、玻璃杯泡茶艺和壶泡法工夫茶艺、盖碗泡法工夫茶艺。

4. 根据表现形式

茶艺可分为表演型茶艺、养生型茶艺、待客型茶艺及营销型茶艺四大类。

（1）表演型茶艺　是指一个或多个茶艺师为众人演示泡茶技巧。其主要功能是聚焦传媒，吸引大众，宣传普及茶文化，推广茶知识。这种茶艺的特点是适合用于大型聚会、节庆活动，与影视网络传媒结合，能起到宣传茶文化及祖国传统文化的良好效果。表演型茶艺重在视觉观赏价值，同时也注重听觉享受。它要求源于生活，高于生活，可借助舞台表现艺术的一切手段来提升茶艺的艺术感染力。

（2）养生型茶艺　包括传统养生茶艺和现代养生茶艺。传统养生茶艺是指在深刻理解中国茶道精神的基础上，结合中国佛教、道教的养生功法，如调身、调心、调息、调食、调睡眠、打坐、入静或气功导引等功法，使人们在修习这种茶艺时以茶养身，以道养心，修身养性，延年益寿。现代养身型茶艺是指根据现代中医学最新研究的成果，根据不同花、果、香料、草药的性味特点，调制出适合自己身体状况和口味的养生茶。养生型茶艺提倡自泡、自斟、自饮、自得其乐，深受越来越多茶人的欢迎。

（3）待客型茶艺　是指由一名主泡茶艺师与客人围桌而坐，一同赏茶鉴水，闻香品茗。在场的每一个人都是茶艺的参与者，而非旁观者。都直接参与茶艺美的创作与体验，都能充分领略到茶的色香味韵，也都可以自由交流情感，切磋茶艺，以及探讨茶道精神和人生奥义。这种类型的茶艺最适用于茶艺馆、机关、企事业单位及普通家庭。修习这类茶艺时切忌带上表演型茶艺的色彩，讲话和动作都不可矫揉造作，服饰化妆不可过浓过艳，表情最忌夸张，一定要像主人接待亲朋好友一样亲切自然。这类茶艺要求茶艺师能边泡茶，边讲解，客人可以自由发问，随意插话，所以要求茶艺师要具备比较丰富的茶艺知识，以及较好的与客人沟的能力。

（4）营销型茶艺　是以促销茶叶为目的的茶艺，这类茶艺最受茶厂、茶庄、茶馆欢迎。演示这类茶艺，一般要选用审评杯或三才杯（盖碗），以便最直观地向客人展示茶性。这种茶艺没有固定的程序和解说词，而是要求茶艺师在充分了解茶性的基础上，因人而异，看人泡茶，看人讲茶。看人泡茶，是指根据客人的年龄、性别、生活地域冲泡出最适合客人口感的茶，展示出茶叶商品的保障因素（如茶的色香味韵）。看人讲茶，是指根据客人的文化程度，兴趣爱好，巧妙地介绍好茶的魅力因素（如名贵度、知名度、珍稀度、保健功效及文化内涵等），以激发客人的购买欲望，产生“即兴购买”的冲动，甚至“惠顾购买”的心理。营销型茶艺要求茶艺师诚恳自信，有亲和力，并且具备丰富的茶叶商品知识和高明的营销技巧。

三、 健康饮茶

饮茶始于中国，我们的祖先制茶、饮茶已有几千年历史。茶既有健身、治疾的药物疗效，又富欣赏情趣，可陶冶情操。中国人饮茶，注重一个“品”字。“品茶”不但带有神思遐想和领略饮茶情趣之意，也是鉴别茶的优劣的一道重要工序。如何在茫茫茶海中甄别茶品的好与坏，自然就成了一门高深的艺术。品味茗茶，品味人生，从选择好茶叶开始。

（一） 茶叶的选择

从习惯上来讲，有些人爱喝绿茶，有些人爱喝红茶，还有一些人爱喝花茶、乌龙茶等。同时，饮茶还有明显的地域性，与当地的气候条件、饮食习惯、文化传统等有关，没有好坏之分。

从营养及功能上来说，红茶更适合身体虚弱的人，如果在其中加入糖和乳，效果会更好。青年人以饮用清热的绿茶为好，解毒效果强，对体内毒素较多的人有益，而气血虚弱者就不宜多喝。花茶有疏肝解郁、理气调经的作用，红茶、乌龙茶有助于减肥。

从体质角度来讲，应该根据自己的体质对症选择。红茶偏暖，适合虚寒体质者；绿茶偏寒，适合热性体质者；乌龙茶比较平和，适应范围较广。体质有不同的分类方法，比较简单的是根据寒热、虚实、燥湿来划分。现代人的体质很难划分，从日常表现来看，常常会两种体质兼有。所以，按体质饮茶时要以个人主要症状为依据。一般来说，随着年龄的增长，人的体质会发生由热转寒、由实转虚的变化，所以说，饮茶也要随着年龄变化而变化，一种茶喝很多年的做法并不科学。

（二） 健康品饮注意事项

由于茶中含有多种抗氧化物质与抗氧化营养素，对于消除自由基有一定的效果。因此喝茶具有一定的养生保健作用，但喝茶也有许多讲究，并不是喝得越多越好，也不是所有的人都适合喝茶。

喝茶需有量，每日饮茶2~6g为宜。虽然茶叶中含有多种维生素和氨基酸，饮茶对清油解腻、增强神经兴奋以及消食利尿具有一定的作用，但并不是喝得越多越好，也不是所有的人都适合饮茶。一般来说，每天1~2次，每次2~3g的饮量是比较适当的。

进餐时不宜大量饮茶。进餐前或进餐中少量饮茶并无大碍，但若大量饮茶或饮用过浓的茶，会影响很多常量元素（如钙）和微量元素（如铁、锌）等的吸收。

不饮过浓的茶。浓茶会使人体“兴奋性”过度增高，对心血管系统、神经系统等造成不利影响。有心血管疾患的人在饮用浓茶后可能出现心跳过速，甚至心律不齐，病情反复。

酒后不宜饮茶。饮酒后，酒中乙醇通过胃肠道进入血液，在肝脏中转化为乙醛，乙醛再转化为乙酸，乙酸再分解成二氧化碳和水排出。酒后饮茶，茶中的茶碱可迅速对肾起利尿作用，从而促进尚未分解的乙醛过早地进入肾脏，而乙醛对肾有较大刺激作用，所以会影响肾功能。经常酒后喝浓茶的人易发生肾病。

第四节 茶与文化

一、 茶与民俗

“千里不同风，百里不同俗”。我国是一个多民族的国家，由于各个民族所处地理环境不同，历史文化有别，生活风俗各异，因此，饮茶习俗也各有千秋，方法多种多样。不过，把饮茶看作是一种修身养性的方法和促进人际关系的纽带，在这一点上，却是相同的。

藏族主要分布在我国西藏，当地地势高亢，空气稀薄，气候高寒干旱，主要以放牧或种旱地作物为生。由于缺少蔬菜瓜果，常年以乳、肉、糌粑为主食，“其腥肉之食，非茶不消；青稞之热，非茶不解”，茶成了当地人补充营养的主要来源，喝酥油茶便如同吃饭一样重要。酥油茶是一种在茶汤中加入酥油等佐料经特殊方法加工而成的茶汤。至于酥油，乃是把牛乳或羊乳煮沸，经搅拌冷却后凝结在溶液表面的一层脂肪。酥油茶茶叶一般选用紧压茶中的普洱茶或金尖。制作时，先将紧压茶打碎加水在壶中煎煮20~30min，再滤去茶渣，把茶汤注入长圆形的打茶筒内。同时，加入适量酥油，还可根据需要加入事先已炒熟、捣碎的核桃仁、花生米、芝麻粉、松子仁，最后放入食盐、鸡蛋。接着，用木杵在圆筒内上下抽打，当抽打时打茶筒内发出的声音由“咣当咣当”转为“嚓嚓”时，表明茶汤和佐料已混为一体，酥油茶便打好了。酥油茶是一种以茶混合多种食料而成的液体饮料，滋味多样，喝起来咸里透香，甘中有甜，它既可暖身御寒，又可补充营养，敬酥油茶便成了西藏人款待宾客的珍贵礼仪。

土家擂茶，主要分布在湘、黔、川、鄂交界的少数民族地区，是土家族的一种特产。擂茶，又称三生汤，是用生叶（指从茶树采下的新鲜茶叶）、生姜和生米仁三种生原料经混合研碎加水后烹煮而成的汤。制作擂茶时，用的原料除茶叶外，通常再配上炒熟的花生、芝麻、米花等；另外，还要加些生姜、食盐、胡椒粉之类。通常将茶和多种食品以及佐料放在特制的陶制擂钵内，然后用硬木擂棍用力旋转，使各种原料相互混合，再取出一一倾入碗中，用沸水冲泡，用调匙轻轻搅动几下，即调成擂茶。少数地方也有省去擂研，将多种原料放入碗内，直接用沸水冲泡的，但冲茶的水必须现沸现泡。擂茶茶味纯，香气浓，不仅能生津止渴，清凉解暑，而且还有健脾养胃，滋补长寿的功能。

“中茶杯”全国名优茶评比可以说是我国茶界历史最悠久、影响范围最广的评比活动。它是由中国茶叶学会主办，创办于 1994 年，每隔两年举办一次，目前已进行了 12 届。

普洱茶是以云南独有的大叶种晒青毛茶为原料，经后发酵加工成的散茶和紧压茶。原产于滇西南，是以其集散地普洱府命名的，元朝时被称为“普茶”，自明朝才定名为“普洱茶”。中国普洱茶节已成为一个具有国际性、开放性、公益性的茶界盛会。在弘扬普洱茶文化，提升普洱茶的知名度与认知度，推进普洱茶产业的快速发展，促进边疆民族地区经济社会的和谐发展起到了积极的作用。

武夷山“欢乐茶节”以“参与性、娱乐性、广泛性”为主旨推出众多欢乐节目，全力打造茶城的欢乐氛围，让每位参会客商、游人与市民都体会到武夷山深厚的茶情、茶韵，感受“亲近武夷山、乐享慢生活”的欢乐氛围。

二、 茶与艺术

历代社会名流、文人墨客以及宗教界人士，烹泉煮茗，吟诗作画，以茶寄情，对饮茶风尚的传播与发展，起到了积极的作用。唐代吕温在《三月三日茶宴序》一文中，对茶推崇备至，称：“酌香沫，浮素杯，殷凝琥珀之色，不令人醉，微觉清思，虽五云仙浆，无复加也”，唐代卢仝的《走笔谢孟谏议寄新茶》把茶对人体的生理与健康效果作了极其生动的概括与描述。明代顾元庆在《茶谱》中指出：“人饮真茶能止渴、消食、除痰、少睡、利水道、明目、益思、除烦、去腻，人固不可一日无茶”，深刻地揭示了茶对人体的功效与魅力以及茶与人们日常生活的不可分离的关系。

清代乾隆皇帝是位品茗行家，嗜茶如命。他曾说：“君不可一日无茶也”，一语道出了茶在皇室生活中举足轻重的地位。近代伟大文学家鲁迅先生对品茶有独到的见解。他认为，饮茶是一门学问，有功夫、“茶感”的人，才能真正品尝、享受到高尚的茶风与意蕴。毛主席爱喝茶是毋庸置疑的，1917 年他与肖子升游学安化曾留下名句：“为名忙，为利忙，忙里偷闲，喝杯茶去；劳心苦，劳力苦，苦中作乐，拿壶酒来。”著名女作家韩素音在谈到饮茶时说：“我爱喝茶，茶是我每日必备的饮料。像所有中国人一样，我从早到晚，几乎每时每刻都离不开茶”，“倘若我得挥笔对茶赞颂一番，我要说，茶是独一无二的真正的文明饮料，是礼貌和精神纯洁的化身；我还要说，如果没有杯茶在手，我就无法感受生活。人不可无食，但我尤爱饮茶。”

电影和话剧，包罗万象，在其中能看到人生百态，感受强大的视觉盛宴，而茶则带来静默的百味人生。话剧《茶馆》是人民艺术家老舍先生创作的一部不朽名著，全剧以老北京一家大茶馆的兴衰变迁为背景，揭示了旧中国的历史命运。电影《斗茶》将中国茶文化和日本茶道进行了完美融合。《壶王》是一部以茶器紫砂壶为主题的电影，影片反映了紫砂人一代一代的传承和追求，展示了紫砂的独特魅力，以及紫砂壶里所反映出的紫砂艺人的大艺大德。

茶人饮茶时常伴以音乐，这无疑是一种高雅的精神享受。不仅能更好地品饮出茶中滋味，更有益于体味中华茶文化的博大精深和幽邃神韵。因此，许多歌曲中都有对茶的描述，比如经典民歌《请茶歌》，韩红的《茶马古道》，周杰伦的《爷爷泡的茶》，以及电视剧《茶是故乡浓》的同名主题曲。清幽的环境，古雅的音乐，都与茶文化的雅趣相符合，茶与音乐相得益彰，使煎水瀹茗达到了精神品饮和艺术享受的境界。

中国有数千年的茶文化，茶已经嵌入到我们生活的每一个角落之中，包括我们的语言。中国成语中蕴含着丰富的茶元素。我们请客时常以“粗茶淡饭不成敬意”来自谦，饭局之中有“以茶代酒”表示不胜酒力，还有“茶余饭饱”“三茶六礼”“茶余饭后”“残茶剩饭”“人走茶凉”等成语，也都带有茶的文化气息。

总之，茶文化是中国文化的一部分。品茶可养性修德，提高自身的人文素质。中国茶文化糅合了中国儒、道、佛诸派思想，独成一体，是世界文化中的一朵奇葩。她芬芳而甘醇，千百年来伴随着中华文明的发展而发展。中国茶文化既是饮茶的艺术，也是生活的艺术，更是人生的艺术。

思考题

1. 通过学习茶与文化，谈谈对中国传统茶文化精神内涵的理解。
2. 浅谈茶文化对我国经济社会发展的影响。
3. 谈谈怎样弘扬和发展中国茶文化，对中国未来茶文化发展有何建议？
4. 结合所学知识，谈谈对健康饮茶的看法。

拓展阅读文献

［1］陆羽．茶道的开始：茶经［M］．北京：海豚出版社，2012.
［2］郑国建．茶事中国［M］．北京：中国轻工业出版社，2016.
［3］蔡荣章．茶道入门［M］．北京：中华书局，2007.
［4］罗军．中国茶密码［M］．上海：生活·读书-新知三联书店，2016.
［5］刘艳霞．中国茶道——中华传统文化经典［M］．合肥：黄山书社，2012.

第六章 咖啡文化

CHAPTER 6

[学习指导]

通过本章的学习，了解咖啡的起源、咖啡和速溶咖啡的制作工艺、咖啡的品味方法，思考咖啡文化与经济的相互关系。

第一节 咖啡的起源与发展

一、咖啡的起源

咖啡树和咖啡食用的起源地公认在非洲，其具体地区说法不一，但多数人认为是在东非的文明古国埃塞俄比亚。关于咖啡的发现和起源有许多传说，传播最广的当数“牧羊人的故事”（图6-1）：六世纪，埃塞俄比亚西南部咖法地区的牧羊少年卡尔迪一次赶羊经过一片树林时，他的羊群啃食路边大型灌木丛上的红果子。卡尔迪无意中发现，山羊吃了红果子后异常兴奋，即使是老山羊也像小山羊一样奔跑跳跃。牧羊少年觉得奇怪，便也摘下一些果实品尝。结果自己也变得非常兴奋、精神，不由得手舞足蹈起来。咖啡就这样被人发现了。人们以当地的地名“咖法”来命名这种果子，以后经过长期地传递和演变就成了今天的“咖啡”。

另一种说法是阿拉伯发现说，1258年左右也门的摩卡有一位僧侣奥马尔被放逐到深山里去了。在深山里发现了咖啡，靠咖啡活了下来，然后用咖啡煮水，给人治病。还有一种流传不太广泛的传说，咖啡最早被人类发现是始于一场野火。山火烧毁了一片咖啡林，烧烤咖啡豆的香气引起周围居民的注意，最终发现咖啡。

历史学家和植物学家认为，任何一种植物的发现和使用，绝非一人所为，一时之功，这种美好的传说流传下去，是因为一切著名的发现和发明都会被后来的受益者们猜测，臆造出一个或者几个名人，以表达对这些人物的感激之情。这也反映了人们根深蒂固的“英雄创造历史”观念。

图 6-1　咖啡的起源

二、 咖啡的发展

公元 6 世纪埃塞俄比亚的盖拉族嚼食咖啡果子。埃塞俄比亚军队的士兵嚼食咖啡豆，出征时随身带着咖啡豆和动物脂肪混合而成的干粮。埃塞俄比亚军队曾经两次占领过阿拉伯半岛西南部的也门，咖啡树因此在也门生了根，特别是埃塞俄比亚对岸近红海的摩卡（Mocha）地区成了今日全世界公认的最好的阿拉伯咖啡豆的起源地，也成为一种著名的咖啡饮品的名称。新版《美国百科全书·咖啡条》认为，公元 6 世纪阿拉伯人开始栽种食用（咀嚼）咖啡。有的学者还把栽培利用咖啡的时间和地点精确到公元 575 的也门。埃塞俄比亚人发现利用咖啡应当在此前两三个世纪。埃塞俄比亚现在还是一个咖啡生产的大国。

在食用方式上，最初是连肉带核（即咖啡种子——咖啡豆）一起嚼食，后来进步为把咖啡果泡水或煮水喝。在用途上，最初主要用于教会的宗教活动、医生治病和病人恢复。红海一带基督教、犹太教和伊斯兰教风云集会，各种宗教的教士、修士、教徒在嚼了咖啡果或喝了咖啡水后，在彻夜进行宗教法事活动时便神清气爽，不瞌睡。病人们嚼了它或喝了它也能恢复精神。公元 9—10 世纪的阿拉伯医学家拉吉斯（Rhazes）在文献中首次明确记载将干咖啡果研碎后用水煎服当药喝。1400—1470 年咖啡教父夏狄利与达巴尼倡导咖许（咖啡果肉干）与咖瓦饮料（果肉干制成的饮料）。这说明，人们已经可以分离咖啡的果实和果肉了，而且利用果肉干制做饮料。现在在也门依然销售和制作咖啡果肉干及其饮料。

在咖啡的传播过程中，古老的中国也起到了不小的作用：1405—1433 年郑和船队多次造访波斯湾、阿拉伯海、红海沿岸的阿拉伯各国，包括也门。下洋官兵、水手、士人携带茶、饮茶并销售茶，把中国的“国饮”——茶和茶文化带到阿拉伯世界。中国人的茶叶、茶具和饮茶嗜好给穆斯林们以启示：原来提神的饮料也可以成为日常生活消费品。这一认识加速了咖啡的普及，促使咖啡从宗教性的神饮、医生病人用的药饮品发展为大众性的休闲饮料。郑和最后一次（即第七次）下西洋是在 1433 年，阿拉伯也门王朝明令允许饮用和种植咖啡是在 1454 年，二者仅相距 21 年；今天，全世界包括阿拉伯地区的咖啡杯形状更多地像中国的茶杯，而不像西方的又深又大的啤酒杯、较深的水杯和高脚的葡萄酒杯。从郑和下西洋的时间正好和咖啡世俗化的时间相契合，以及茶与咖啡的用具的相似性来看，有可能是郑和所带的中国茶催化了咖啡的世俗化。从郑和下西洋的地图上可以看到，他的舰队到达了咖啡的主要产区埃塞俄比亚和也门。

世界各地很多的穆斯林每年都会到麦加朝觐，所以喝咖啡提神的习惯就传到了不少穆斯林地区，特别是沿着阿拉伯半岛的西部传到了地中海东部。奥斯曼帝国的土耳其人 16 世纪时占领了红海西部，他们利用也门的咖啡豆资源，大量出口熟咖啡豆，苛以重税，获取暴利，但不许咖啡种子出口。出口的咖啡都是去了皮、炒熟的咖啡豆。咖啡传出也门有两个版本的故事。1600 年，印度南部一个穆斯林修行者到麦加朝圣之后，偷偷地把七颗生咖啡豆贴在肚皮上，闯关成功。他回到家乡后，把这些咖啡豆栽种在修行地。咖啡适应印度南部的水土和气候，生长情况很好。1616 年一个荷兰人从也门偷走了几棵咖啡树，种植在温室里，获得成功。这时的荷兰正是印度洋里的商业强国，咖啡在欧洲已经流行，荷兰人就把咖啡拿到锡兰和爪哇种植，效果都很好。而这两地的咖啡树据称是当初那七颗生咖啡豆和偷运出境的树苗的“后裔”。

1475 年第一家咖啡馆在土耳其君士坦丁堡诞生，标志着土耳其人掌握了咖啡烘焙和烹煮的技术，也说明咖啡走出了家庭、寺庙和王宫，也有人说，1530 年，世界第一家咖啡馆在中东的大马士革诞生。1615 年，咖啡随着云游的威尼斯商人进驻欧洲，法国人、意大利人刹那间为之疯狂，他们为它著书、写诗甚至打仗，犹如维也纳谚语所说：“欧洲人挡得住土耳其的弓刀，却挡不住土耳其的咖啡。”

荷兰人种植咖啡成功后，咖啡在欧洲更加受到欢迎。1714 年，法国国王路易十四获得一棵咖啡树苗，如获至宝，特别修了一个暖房来培育咖啡树。他们将暖房中培育的树苗移植到东非海外的法国殖民地留尼旺（Réunion），结出来的咖啡豆比在巴黎的还小。这时的咖啡仍然由荷兰垄断，在 1720—1723 年，一个法国海军军官加布里埃尔·马提厄·德·克利向法国王室请求给他一株树苗带到加勒比海的法国殖民地去栽培，但是遭到拒绝。他一不做，二不休，在夜里潜入暖房，偷走了一株树苗，之后历尽千辛万苦，遇到飓风和海盗，他甚至使用自己饮用水浇灌这棵树苗，终于在马丁尼克（Martinique）种下了那株奄奄一息的咖啡树树苗，在树周围种上遮阴的荆棘灌木，派奴隶们日夜看护。小树最后终于生根发芽，开花结果，于 1726 年获得首次丰收。据说 1777 年，在马丁尼克岛已经有 18791680 棵咖啡树。

马丁尼克的咖啡业兴旺之后，中南美洲的海地、牙买加、危地马拉、哥斯达黎加等群起效尤，南美洲大陆上的哥伦比亚和巴西则后来居上，成为世界咖啡业的翘楚。生咖啡豆和咖啡树苗曾经成为当时咖啡垄断和封锁的对象，但是如今咖啡在世界北纬 25°至南纬 25°线之间 50 多个国家和地区广为种植，成为石油之外第二大贸易商品。

东非埃塞俄比亚人民发现了咖啡，阿拉伯人民栽培了咖啡，中国人民促进了咖啡从神饮药饮品转变为大众饮料，土耳其人民发明了咖啡科学的饮用方法，南亚人民也参与了传播咖啡。可见，咖啡能成为世界第一饮料，非、亚、欧洲人民都为之做出了贡献。不过，对咖啡最钟爱，把咖啡文化发展得最繁荣，把咖啡传播得最远的还是欧洲人民。

三、咖啡在我国的传播

1884年英国人将咖啡传到我国台湾地区。1892年法国传教士将咖啡从越南带到云南的宾川县。1908年华侨自马来西亚带回大粒种、中粒种咖啡，种在海南岛。晚清年间，国门打开，咖啡出现在中国沿海城市，最早接触此洋饮料的清末文人，在他们的作品中开始出现了咏叹咖啡的作品。晚清年间，《沪江商业市景词》有一首咏叹咖啡的七言诗："考非何物共呼名，市上相传豆制成。色类沙糖甜带苦，西人每食代茶烹"，词中写道：大家称作"咖啡"的东西是什么？原来传说是用"豆"（咖啡豆）制成的。喝咖啡要放糖，洋人饭后用它来"代茶"的。20世纪20~30年代的上海及昆明都出现了咖啡馆。

20世纪50年代以后，我国在海南岛种植咖啡，但是咖啡馆逐渐销声匿迹。改革开放以后，我国咖啡产业再次起步，80年代末期雀巢东莞公司成立，1991年雀巢咖啡开始在我国销售。这标志着现代咖啡文化在中国大陆拉开大幕。1999年，星巴克在北京国贸大厦开设第一家店，于2010年10月25日举行了500家开业庆祝活动，目前在中国已开设3600多家店。我国云南、海南处于咖啡种植带，适宜种植咖啡。云南省自1902年引进咖啡种质资源以来，已有百年历史，但长期以来一直没有得到很好的发展，直到解放后，云南省农科院热带亚热带经济作物研究所发现云南境内有小粒咖啡种质资源，并进行了科学的引种试种。经过几代科技工作者的努力，研究和总结出一套适宜云南热区使用的"云南小粒咖啡密植高产栽培技术"，云南现在已成为全国最大的咖啡主产区，种植面积达35万亩，年产量达3万吨，占全国总量的98%；产品远销日本、越南、新加坡及欧美等多个国家和地区。云南小粒咖啡已经成为知名品牌。

1960年2月7日，周恩来总理到海南岛兴隆农场视察，喝过兴隆咖啡后大加赞赏："兴隆咖啡是世界一流的，我喝过许多外国咖啡，还是我们自己种的咖啡好喝。"兴隆咖啡在2006年还被评为国家地理标志性产品。然而，海南种植的为中粒咖啡，因不受市场欢迎、价格较低，导致目前种植面积下降，在全国咖啡产量中已经无足轻重了。我们期待海南兴隆咖啡重振雄风，能够像周总理的称赞那样香醇圆润，成为我国咖啡产业起飞的另一只翅膀。

图6-2 咖啡树

我国另一个咖啡生产地是台湾，目前，台湾咖啡种植面积为8415亩。2007年台湾生产咖啡豆452.7 t，进口咖啡豆13871 t，台湾一年咖啡豆市场约有14140.7 t，平均每人消费量0.85kg。相比消费水平，大陆咖啡产业还有巨大的上升空间。在台湾，咖啡馆遍布街头巷尾，处处可闻咖啡香。台北的咖啡店有1000多家，据说是当今世界上咖啡馆密度最高的城市之一。台湾咖啡产业的特点是种植规模小，主要靠贸易加工和消费，靠价值高的中下游端，咖啡树形象如图6-2所示。

第二节　咖啡的种植与加工

一、咖啡的种植与种类

咖啡树最理想的种植条件为：温度介于15~25℃的温暖气候，而且整年的降雨量必须达1500~2000mm，同时，降雨时间要能配合咖啡树的开花周期。当然，除了季节和雨量的配合外，还要有肥沃的土壤。最适合栽培咖啡的土壤，是排水良好、含火山灰质的肥沃土壤。另外，日光虽然是咖啡成长及结果所不可欠缺的要素，但过于强烈的阳光会阻碍咖啡树的成长，故各产地通常会配合种植一些遮阳树，一般多种植香蕉、芒果以及豆科植物等树干较高的植物。至于最理想的海拔高度为500~2000m。因此，生长在海拔800~1200m的牙买加蓝山咖啡品质最佳。由此可知，栽培高品质咖啡的条件相当严格：阳光、雨量、土壤、气温。此外，咖啡豆采收的方式和制作过程，都会影响到咖啡本身的品质。

咖啡属植物分为4组66种，小粒种（coffea arabica）、中粒种（coffea robusta）、大粒种（coffea liberica）和埃塞尔萨种（coffea excelsa）。小粒种原产于埃塞俄比亚，株型矮（4~5m）叶小，较耐寒和耐旱，气味香醇，品质较好，但易感咖啡叶锈病，易受天牛危害，有紫叶型、柳叶型、厚叶型、高秆型等多种类型。中粒种原产于刚果热带雨林地区，株高中等（5~8m），叶大小中等，不耐强光，不耐干旱，味浓香，但刺激性强，品质中等，抗咖啡叶锈病，不易受天牛危害。大粒种原产于利比里亚热带雨林地区，株型高大（≥10m）叶大，耐强光和耐旱，抗寒中等，味浓烈，刺激性强，品质最差，易感咖啡叶锈病。埃塞尔萨种为迪瓦利种（Coffea dewevrei）的变种，原产于西非的查理河流域，株型和叶型似大粒种，但果实小而密集，似中粒种，较耐瘠和抗小蠹虫，其耐旱和耐寒性仅次于小粒种，味香而浓烈，但稍带苦味，生产性栽培不多。

目前我国生产性栽培的主要为小粒种和中粒种，云南适合种植小粒种，海南岛适合种植中粒种，其中云南产的咖啡在国际咖啡市场上大受欢迎，被评定为咖啡中的上品，近几年咖啡产量逐年提升，全省咖啡总种植面积已超过140万亩。云南省的西部和南部地处北纬20°至北回归线之间，大部分地区海拔在1000~2000m，地形以山地、坡地为主，且起伏较大、土壤肥沃、日照充足、雨量丰富、昼夜温差大，这些独特的自然条件非常适合种植高品质的阿拉比卡种咖啡，正是这一自然条件形成了云南咖啡浓而不苦，香而不烈，略带果味气息的特性。

二、咖啡的生产过程

市场上的咖啡产品主要分为：现磨咖啡、速溶咖啡和即饮咖啡。咖啡的主要生产过程分为六部分：种植、采收、加工、烘焙、研磨、包装（图6-3）。

（一）咖啡豆的初加工

现在国内外大规模咖啡种植场都已使用湿法加工，通过湿法加工的咖啡鲜果，可以提高咖啡商品豆的外形及咖啡饮料的色、香、味，从而提高咖啡豆的价格。采收回的咖啡浆果，

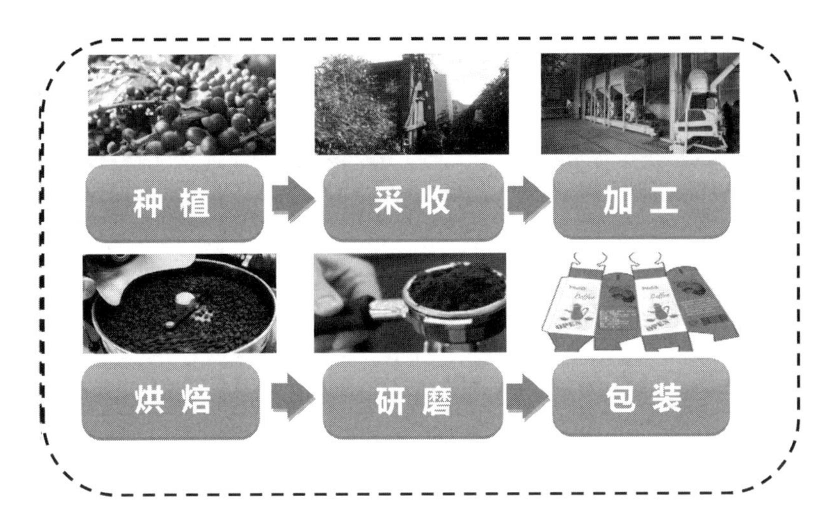

图 6-3　咖啡的生产过程

经过分级，除杂，分离果肉，脱胶等加工程序后得到咖啡豆。具体步骤如下：①咖啡浆果在加工前分级，除去黑果、病果和较轻的杂质。②分离果肉。③脱胶：在发酵池内通过微生物果胶酶的作用，除去黏附在咖啡种衣上的中果皮。④干燥：将浸泡洗净好的咖啡豆烘干。水分降到 10%~12%。⑤储藏咖啡。

（二） 焙炒咖啡加工工艺

1. 预处理除杂

用风力和振动把咖啡豆中混杂的灰、泥土、小石子、金属等多种杂质去除。清理过程一般在专用机械上进行，也可使用手工筛选。再让咖啡豆通过大小不同的筛网将其按大小分级。有条件的话还可用色度计来监测未成熟过头的咖啡豆，挑出颜色过浅或过深的咖啡豆。用紫外光挑选并去除朽烂的咖啡豆。

2. 调配

在进行焙炒之前，将不同品种的咖啡调配起来，通过补充不同品种和产地的咖啡，把各种香味和成分组合起来，使制出的咖啡具有特定的香味，保证咖啡质量的一致性。

3. 焙炒

调配好的咖啡豆经焙炒处理，使咖啡豆的结构和成分发生重大的化学和物理变化，导致咖啡豆变暗并散发出焙炒咖啡特有的香味。刚开始时，焙炒温度应升到 150℃以上，通过美拉德反应，咖啡豆中的蛋白质和糖发生反应生成有香味和颜色的物质。在焙炒过程中，第一阶段咖啡豆开始吸热，几分钟后，生豆转变成淡黄色，并且释出香气以及放热；不久后会听到第一爆，出现第一道裂纹，开始进行美拉德反应、焦糖化反应，释放出水分和脂肪。之后，咖啡豆更进一步的焦化，会出现较多的脂肪，豆子颜色转深后，此时咖啡豆烘焙出的味道为最好。第二阶段为深烘焙，当“第二爆”时，糖分燃烧，冒出更多烟气，深色咖啡豆会渗出更多脂肪。当咖啡豆温度更高后，进到法式或意式烘焙程度，咖啡豆已变得相当黑，而咖啡豆也变得很轻。烘焙后，碳水化合物从 59%降至 38%，酸性物质（脂肪酸、单宁酸等）从 8.0%降至 4.9%。在高温裂解作用下，这些物质发生重组，转变为焦糖、二氧化碳与一些可挥发性物质。其中，焦糖占烘焙豆质量的 25%，形成咖啡的甜味。脂肪在生豆中原占

16.2%，烘焙后则提升为17%，它是咖啡醇味与稠厚感的来源。焙炒过程中，咖啡因含量几乎没有变化。深度烘焙的咖啡苦味主要来源于焦糖。表6-1所示为咖啡烘焙程度表。

表6-1　咖啡的烘焙程度

烘焙程度	豆色	味道
低	浅啡色	幼细
中	啡色	浓郁
十足	深啡色带油	浓郁带点苦
高	黑色而光泽油亮	极苦

烘焙机分为四种：直火式、半热风直火式、热风式、流化床式。

（1）直火式　最早使用是直火式，加热滚筒，给筒内的生豆传热，转动滚筒翻搅筒内的咖啡豆，使咖啡豆均匀受热。

（2）半热风直火式　1870—1920年德国人范古班（Van Gulpen）一生从事滚筒式烘焙机的改良与制造，他把热空气送入烘焙机，烘焙咖啡豆。德国制造的Perfekt烘焙机使用范古班概念，使用煤气或煤加热，用风机将一半热气送入滚筒内，一半在外围烧烤滚筒。

（3）热风式　20世纪开始利用热风直接烘焙咖啡豆，提高烘焙效率。

（4）流化床烘焙机　流化床烘焙机的原理是通过气流使咖啡豆在热风中翻滚，增加传热效果。

4. 冷却磨粉

焙炒完的咖啡豆必须快速冷却，一般采用冷空气鼓风冷却，也有采用水冷却工艺。再研磨成粉，研磨度细的咖啡粉表面积较大，萃取出的成分较多，可溶成分越多，液体越浓，苦味也越强。相反地，研磨的颗粒较粗，咖啡粉表面积小，则苦味较低，酸味变强。一般工业上采用水冷却工业研磨机，小型的可采用家用研磨机。

5. 包装

焙炒咖啡制品要求有严密的包装和适宜的储藏环境。由于焙炒咖啡制品本身易氧化，焙炒咖啡制品的包装和储藏就更加重要。包装的作用也是避免空气中水汽对焙炒咖啡制品的侵袭。焙炒咖啡制品吸收空气和水蒸气，严重的会失去商品的价值。因此，包装材料和包装形式的选择是提高制品的抗水及抗空气能力的关键。

刚加工出来的焙炒咖啡制品有着优美的香味，这些也应该是焙炒咖啡制品新鲜的特征。但若保存不当，以上的这些特征将相继消失。包装的另外一个作用就是持久地保护焙炒咖啡制品的香。这主要体现在两方面，一是保护焙炒咖啡制品本身的香气逸散到空气中，二是防止外界环境中一切不愉快气味的污染。所以，品质优良的焙炒咖啡制品大多采取密封性包装以保持其香味。

（三）速溶咖啡加工工艺

为了简化咖啡的制作工艺，美籍日本化学家加藤聪里（Satori Kato）在1901年发明速溶咖啡，1903年8月11日，加藤获得了“咖啡浓缩物及其制法流程”的专利。他的加藤咖啡公司在纽约州的水牛城举行的博览会上展出了这种“类似咖啡的”咖啡。1930年瑞士雀巢公司应巴西政府的邀请解决咖啡积压的问题。雀巢产品 1938 年投放市场，并很快就在全球流行起来。速溶咖啡的出现开辟了咖啡大众化、普及咖啡文化的道路。

速溶咖啡也需经预处理除杂和焙炒工艺，焙炒过程中咖啡豆内含物质在此过程中发生复杂的物理、化学反应，形成特有的咖啡芳香物质。经过磨碎后，在一定的温度和压力下，把咖啡中的有效成分用水萃取出来，经过真空浓缩，以便于干燥处理。

干燥，是速溶咖啡粉的成形过程，也是在加工过程中对咖啡粉品质影响最大的过程。目前一般采用喷雾干燥法，但由于咖啡的芳香物质热敏性很强，在较高的干燥温度下极易挥发，这就是速溶咖啡没有炒磨咖啡香气浓郁的主要原因。现代咖啡加工技术通过在提取过程中回收香味物质，然后把回收液加到干燥的物料中，改善了咖啡的风味，而且大多数厂家为了弥补萃取、浓缩、干燥过程中的缺陷，通常都加入香精进行调配，以弥补香味的损失。现代技术的改进为在干燥过程中把喷雾干燥的咖啡粉和水蒸气再湿后进入附聚器，形成大颗粒速溶咖啡，再使用流化床干燥和冷却，提高了溶解速度。

（四） 即饮咖啡

即饮咖啡是以速溶咖啡、咖啡浓缩液或现萃取咖啡为原料，通过添加或不添加糖、奶精、香精等原辅料调配灌装而成的可以即饮的咖啡饮料。即饮咖啡品质虽不及现磨咖啡，但相比现磨咖啡，即饮咖啡更适合快节奏的上班族。

第三节　咖啡豆的研磨与煮制

一、 咖啡豆的研磨

咖啡品种约有 100 多种，但是这百余种的咖啡主要是由阿拉比卡咖啡和罗布斯塔咖啡这两大种源和产地而来，它们分别来自不同的国家，以出口港名、山岳名为标志。

咖啡的最佳口味要在冲泡之前研磨，研磨过程中，其纤维细胞会被切开，咖啡油脂和香醇味道同时被释放出来，研磨过程至关重要。磨豆机可分为手磨和电磨。电磨效率高，速度快，省力，然而不利于携带，依赖供电，造型也往往比较庞大。手磨小巧便携，发热小，自己动手研磨更是别有一番风味。因此，互相谁也替代不了谁，故很多发烧友还是对手磨情有独钟。

图 6-4　Chemex 咖啡壶

二、 咖啡的煮制

咖啡的煮法多样，选择自己最适合和最喜爱的煮制方法，是享受 DIY 煮咖啡乐趣的必要条件。下面是几种常用的咖啡煮制方法。

1. 滤纸冲泡法

滤纸冲泡法是最简单的咖啡冲泡法。滤纸可以使用一次后立即丢弃，比较卫生，也容易清理。用于滤纸冲泡法最经典的咖啡壶当数 Chemex 咖啡壶（图 6-4），其诞生于 1941 年，是由化学家 Peter J. Schlumbohm 博士设计，Chemex 咖啡壶看起来很有化学实验室风格，融合了实验室中的锥形烧瓶造型，将咖啡壶与滤杯设计在一起，纤细的腰上则用木头和皮绳包裹。Chemex 咖啡壶专属滤纸比其他滤纸要厚 20%~30%，它不仅能更好地过滤掉影响咖啡风味的细微物质，还能保持稳定的萃取速度，让最后得到的咖啡液更干净浓郁。

2. 法式滤压壶冲泡法

法式滤压壶不需要使用滤纸、滤布，是一种最方便的家用咖啡壶，同时也是最能完整保留咖啡风味的一种冲泡方式。

3. 虹吸咖啡壶冲泡法

虹吸式煮法主要原理是利用蒸气压力原理，使被加热的水由下面的烧杯经由虹吸管和滤布向上流升，然后与上面杯中的咖啡粉混合，而将咖啡粉中的成分完全萃取出来，经萃取的咖啡液降温后使下层类似的真空状态来吸取上层已煮好的咖啡，以中间的滤纸过滤残渣，再度流回下杯。

4. 摩卡壶冲泡法

用摩卡壶烹煮咖啡时，首先把下腔室注满水，再将滤器里装满咖啡粉，上下腔室套入旋紧后，即可放到瓦斯炉或电炉上烧煮。水在下腔密室中烧煮沸腾后会产生水蒸气，凝聚越来越多的蒸汽造成压力，使热水穿透咖啡粉末，溶解出有用物质，再带着劲道喷流到上方容器里。

5. 意大利家用咖啡机

意式浓缩咖啡机是利用压力将蒸汽快速通过咖啡粉，萃取出咖啡中最好的成分，煮出的咖啡浓度高、口味和香味好。

第四节　咖啡的饮用

一、咖啡的饮用技巧

饮用咖啡必须动用我们的感觉器官，即视觉、嗅觉、味觉和触觉。就视觉方面来说，首先要检查浮在咖啡表面的泡沫，如果颜色均倾向白黄色，表示咖啡没有被完全抽取，可能是由于机器压力还不够，水温太低或抽取时间太短，咖啡粉量不够或咖啡粉研磨太粗所致。如果咖啡表面泡沫一边是深褐色，一边却是白色，表示咖啡被过度抽取，可能是咖啡机的压力过大，水温过高，抽取的时间太长，咖啡粉量太多，压粉太紧或是咖啡粉研磨得过细所致。意大利浓缩咖啡表面泡沫如果是均匀的黄褐色，表示咖啡抽取适当，若是泡沫表面还有深色条纹则更为理想。

视觉上观察过后，接着就靠嗅觉感官来嗅闻香气。用意大利机器制作出的咖啡，因为浮在表面的泡沫会阻挡香气上升，最好在闻香前先搅动一下，使香气能释放出来。嗅闻时不但要判断香气的浓度，也要注意香气的品质。一般而言，嗅觉判断最主观也最准确。大致上说，脂肪、蛋白质、糖类是香气的重要来源，而脂质成分则会和咖啡的酸苦调和，形成滑润味道。香气的消失意味着品质变差，香气与品质关系极为密切。

从味觉方面来品味咖啡，可以品尝出咖啡味道上的特点——酸、苦、甜。咖啡喝下后，有的很浓烈，整个口腔有充实感，而且长时间不会消失，这是一种上乘的咖啡。而有的咖啡喝起来像一杯清开水，淡淡的，无任何感觉，没有咖啡浓郁的芬芳味道。咖啡的另一个口感是涩味，这是个让人口腔感到干燥的回味，一般人们不喜欢。

饮用一杯好咖啡需要做到：①保证咖啡的新鲜度；②选择合适的磨豆粗细度；③预先温杯，是保存咖啡香醇不可缺少的关键一步；④选择一支好用的压棒，可以提高抽出效率；⑤咖啡分量要够；⑥需要好水；⑦不要二次加热咖啡，不重复使用咖啡；⑧现煮咖啡风味极易流失，时间过长，风味就会改变。

二、 咖啡杯

一杯好咖啡，除了烹调制作的技巧及挑选豆等注意事项外，咖啡杯也扮演着极其重要的角色。基本上，咖啡杯的材质只要不是含有酸性或容易引起化学变化的就可以，像铝制杯子就不适合当作咖啡杯使用。杯身要厚实，杯口不宽阔外张，这种形状的杯子能使咖啡的热气凝聚，不易迅速降温，不致影响咖啡的口感味道。

咖啡杯的材质有很多种，市面上常见到有瓷器、陶器、不锈钢、骨瓷等。

三、 咖啡伴侣

大部分的人喝咖啡都喜欢加糖来调和它的苦味。咖啡加糖的目的是要缓和苦味，能使咖啡更易于入口，而且根据糖的分量多寡，甚至创造出完全不同的口味。值得注意的是，喝咖啡时，无论加入的是何种糖，都不宜加入太多。过甜的咖啡不但夺去了咖啡香，也浓腻得遮盖了其他味道，而丧失品味咖啡的目的。

另外，咖啡与各类乳制品可以说是最佳伴侣。不同比例的调和，可以创造出不同风味的咖啡。牛乳是用得最广泛的一种咖啡调味品，牛乳适用于调和浓缩咖啡或作为花式咖啡的变化。

第五节 咖啡对经济和政治的影响

一、 咖啡对经济的影响

全球一年的咖啡产量为700~780万吨左右，咖啡是仅次于原油的第二大贸易商品。美国是世界上最大的咖啡消费国，一年的采购量在150万~180万吨，德国第二，日本第三。一年全球咖啡的贸易额可达到10万亿人民币。2006年的世界咖啡产量统计中，世界最大的生产国是巴西，越南超越哥伦比亚成为第二大生产国，2010年产108万吨，2011年前6个月出口91万吨，价值20亿美元。国外流行三句话：穷人种咖啡，富人喝咖啡；咖啡的种植就像奴隶和主人；一杯咖啡2美元和其中的咖啡豆1美分。说明处于产业链低端的种植者获得的收益很低而且要承担多种风险。现在我国的咖啡加工企业积极探索咖啡的精深加工工艺，力求改变简单供应原料的局面，将资源优势转变为经济优势。当前国内咖啡消费量为4万吨/年，市场容量在700亿元，以每年25%的速度增长。到2020年，中国咖啡市场总消费额将达到500亿美元。咖啡产业链包括：咖啡种植、咖啡加工、咖啡物流、咖啡器具、咖啡糖和甜味剂、咖啡伴侣和配料、咖啡加工机器和销售机器、咖啡餐饮业等。在整个产品链中，原料种植价值最低，烘焙加工比较高，消费价值最大。

中国咖啡市场高端主要由海外品牌占领，如星巴克、咖世家（Costa）等。我国生产的优质咖啡主要是作为原料供应给国际加工经销商，附加值很低。因此我国云南省在昆明高新技术开发区集中建设咖啡精深加工产业园区，实现速溶咖啡粉、焙炒咖啡豆、三合一咖啡、咖啡含片等中高端产品及配套产业发展。同时，随着咖啡信息门户网站和电子商务平台的运作，形成了功能齐全、设施先进、辐射能力强的专业咖啡市场。云南一些商家发现，有些客商购买咖啡之后，在气候良好的昆明，提出“把昆明的气候卖出去”开展咖啡储存业。发展咖啡产业，不是华山一条路，而是多条大路通罗马。

我国原料咖啡的出口价格高于进口价格。2008年平均出口价格为19.4元/kg，平均进口价格为15元/kg。这主要是由于进出口咖啡的品种品质不相同。我国出口的咖啡品种主要是阿拉比卡，品质较好，口感堪比哥伦比亚等小粒咖啡主产区产品，在国际市场上深受欢迎。进口则有相当一部分是罗布斯塔，价格较低。世界咖啡主要生产国越南是我国咖啡原料进口的主要来源地。发展进口贸易也是发展咖啡产业的通衢大道之一。

此外，作为“咖啡王国”的巴西一方面享受着咖啡经济高速增长的成果，另一方面也饱受其弊病之苦。虽然，世界上有五十多个国家生产咖啡，而占统治地位的要属巴西了，它的咖啡产量占世界产区的三分之一。咖啡产业在近代巴西经济结构中占有举足轻重的地位，咖啡经济创造的大量出口外汇为巴西早期工业化提供了必要的资金保障，并带动而建立了基础设施，如交通运输业和电力产业；咖啡产业的发展吸引了大量外来移民，不仅成就了咖啡等出口经济的繁荣，而且推进了巴西的城市化进程。咖啡种植业带动了周边地区许多产业的发展，凡是与咖啡出口经济相关的城市基础设施、交通运输和出口加工业等都得到快速发展，反之则并无明显变化；过度依赖出口咖啡的单一产品导致经济结构严重失调，加深了巴西经济的依附性和脆弱性。

二、 咖啡对政治的影响

1773年12月16日，北美被殖民者因不满英国，在马萨诸塞州波士顿发生倾倒茶叶的事件，最终引起著名的美国独立战争。“波士顿倾茶事件”后，美国人开始了对茶叶说“不”，对咖啡和独立说“是”的历史。咖啡取代了茶，成为北美洲最受欢迎的饮料。

法国大革命的领袖人物丹东（Danton）时常在咖啡馆和朋友们密商。法国大革命爆发的前几年，在王宫广场的长廊下的六家咖啡馆云集着全巴黎革命党人，每一个咖啡馆都蕴藏着点燃革命火焰的能力。1789年7月12日，法国著名记者密·德蒙朗在富瓦咖啡馆里振臂一呼，向人们宣布主张改革的财政总监芮克被免职的消息，点燃了法兰西的革命之火。正如法国历史学家儒勒·米什莱所言：“那些整天泡在咖啡馆的人们透过那深黑色的液体，看到了革命的曙光”，所以说咖啡馆对法国大革命有催化作用一点也不为过。

咖啡经济导致巴西形成“咖啡寡头”政治。例如，1894—1930年，巴西总统全部来自圣保罗、里约热内卢和米纳斯吉拉斯州这一“咖啡三角区”。

第六节　咖啡与文化

咖啡为什么会对文化产生巨大的影响呢？咖啡作为当前世界三大饮料之一，在世界各地都可见咖啡的足迹，咖啡不再只是属于上层社会的专属品，它早已走进平民的生活，并且演变成一种文化。与我国的茶文化类似，咖啡文化也有丰富的历史背景以及内涵。西方人喝咖啡除了品味咖啡的味道，他们更在意喝咖啡的环境和情调，不讲究任何的形式，非常随意。这也代表着西方热情自由的文化。咖啡作为一种饮品，除了非常香醇，口感很好之外，还有醒脑提升的功效，非常适合忙碌的年轻人们和快节奏的生活方式。

一、咖啡与美术

咖啡的绘画艺术包括以咖啡和咖啡店为主题自然景物和社会生活的临摹。美国画家理查德·埃米尔·米勒的《夜咖啡》描绘了夜晚街道旁饮咖啡的人们，流露出一种忧郁的情调。梵高曾对他的《夜咖啡》有这样的评价：“这是我所作的最丑陋的一幅画。我想用红色和绿色来表现人的可怕情欲”。他还有一幅与这同一时期创作的以蓝色调为主的名为《夜晚露天咖啡座》的作品，都是描绘阿尔加萨咖啡馆的。梵高画过的咖啡馆还在，很多人慕名而来，喝一杯法国南部的香浓咖啡。这座咖啡馆仍然部分保留着 100 多年前梵高画里的模样，但是墙壁却刻意刷成了土黄色。咖啡馆外的露天座，换成了铁椅子，没有刻意还原原貌。100 多年前，贫穷潦倒的画家曾在咖啡馆里作画，并幻想自己的画可以在咖啡馆里展出，他一定没有想到，这间当年普通的咖啡馆 100 多年后会因梵高而举世闻名。

我国著名画家吴冠中也画过一幅《夜咖啡》，1989 年他重返巴黎写生，钟情于母校巴黎美术学院附近的一家小咖啡店，因其偏僻，状貌依旧，尤其夜晚，灯光幽暗，气氛神秘，唤起了他回忆的情思，归来便做成了那幅《夜咖啡》。

二、咖啡与音乐

18 世纪后期，普鲁士腓特烈大公为了防止因为咖啡造成货币流出国外，颁布了咖啡禁令，但无法抑制人们对于咖啡的喜爱，受到公众的强烈反对。著名作曲家巴赫写出赞美咖啡的《咖啡康塔塔》清唱剧。其中歌词：咖啡真美味，什么也不能阻挡我享受咖啡，用来讽刺咖啡禁令。大家耳熟能详的几首歌曲也常伴有咖啡元素，如邓丽君的《美酒加咖啡》，张学友的《咖啡》，汤潮的《苦咖啡》，蔡晓和王欣婷的《寂寞咖啡》等，其中邓丽君的《美酒加咖啡》传唱多年不衰。

三、咖啡与网络

网络为文化的发展带来了新的动力，成为文化传播的重要媒介。网络的出现，是在科学技术基础上文化载体的又一次质的飞跃。网络对于咖啡文化的传播增加了不可替代的活力。

四、咖啡经营文化

在 1971 年，有三个华盛顿州西雅图的青年人志同道合，决定开一个他们心目中的精品咖啡馆。他们创建了星巴克（Starbucks），既当场卖新鲜的咖啡也卖咖啡豆和一些咖啡用品。从1917年西雅图的一间小咖啡屋发展成为国际最著名的咖啡连锁店品牌，现在星巴克已经成了一种世界性的文化，截至2017年，星巴克在中国拥有2936家门店。

星巴克的成功不仅源于其产品品质和文化底蕴，同时也体现了体验营销的威力。星巴克的首席执行官霍华德·舒尔茨设想把咖啡店打造成有别于家庭和办公室的第三空间，星巴克销售的不仅是咖啡，而是对于咖啡文化的体验。从咖啡的栽培、选择、烘焙、研磨、冲泡、杯具、服务流程，创造出特有的咖啡文化。在休闲、餐饮、娱乐的基础上，开发交际、学习、移动办公、商品销售多种功能。舒尔茨说，星巴克还处在业务转型过程中，将从自有门店延伸至超市等零售渠道，还会有更多贴有星巴克标签的非咖啡产品出现在中国市场上。星巴克将体验式营销用到极致，并成为其中经典。星巴克咖啡文化背后的是什么？是社会科学、市场学和食品科学技术的积淀、集成、支撑和创新。

显然，从人类首次饮用咖啡至今，已经有700多年历史，在这700多年的发展中，咖啡成为国际上仅次于原油的第二大交易实体。随着人们生活水平与品质的不断提升，咖啡与时尚、现代的生活联系在一起，带动了咖啡行业的迅猛发展，形成特有的咖啡文化，代表着热情洋溢、奔放自由、简洁随意、快捷方便。咖啡带着民族性和地域性传遍世界，成为世界性饮品，为建立其他食品工业的食品文化树立了榜样。咖啡与科技同发展，与经济共繁荣。

思考题

1. 从茶文化的博大精深与咖啡文化的时尚魅力讨论中西方的文化冲突与融合。
2. 查找相关资料了解花式咖啡的制作方法。
3. 查找相关资料探索提高速溶咖啡品质的方法。

拓展阅读文献

[1] 韩怀宗. 世界咖啡学 [M]. 北京：中信出版集团，2017.
[2] 泰勒·克拉克. 星巴克 [M]. 北京：中信出版集团，2014.

第七章 大豆文化

CHAPTER 7

[学习指导]

通过本章学习，了解大豆的历史和文化，以及大豆产品中豆腐，纳豆、大豆蛋白制品和大豆油的生产技术，思考大豆文化与技术和经济的相互关系。

第一节　大豆概述

一、 大豆的历史

大豆原产我国，中国因此被世人称为大豆的故乡。文献表明，我国人民栽培大豆已有5000年的历史。西周至春秋时代（公元前1027年—公元前481年）的《诗经》中就有“中原有菽，庶民采之”的记述。出土的殷墟甲骨文中就有“菽”字的原体。山西候马出土的2300年前的文物中，就有10粒黄色滚圆的大豆。1953年河南省洛阳市的烧沟汉墓中出土的距今2000多年的陶盆上有用朱砂写的“大豆万石”的文字记载。《战国策》上说：“民之所食、大抵豆饭藿羹”，就是说用豆粒做豆饭，用豆叶做菜羹是当时人们的主要膳食。

大豆是世界上最古老的农作物，属“五谷”元勋作物，又是新兴起来的世界性五大主栽作物之一。可以说，现在世界上的大豆几乎都是直接或间接从我国引去的。我国的大豆大约于2000年前传到日本和朝鲜，而传到欧洲较晚，据文献记载1740年引入法国，1790年传到英国，1875年传入奥地利，1881年传入德国。1873年在奥地利首都维也纳举行的万国博览会上，中国大豆第一次出展即引起轰动，被人们视为珍品，称为“奇迹豆”，从此，中国大豆大步走向世界。我国古代称大豆为菽，《诗经·小雅·小宛》中称：“中原有菽，庶民采之”。十分有趣的是，当今世界上有许多国家也称大豆为菽。比如拉丁文称Soja，英文称soy，法文称soja，俄文称co等。出现多国称菽的现象，一方面，可能是引进国出于对中国的尊重，另一方面，也可能是这些国家在以前的字典里就从来没有这个词，所以，连大豆及菽的读音或字形一起引进。1994 年 2 月在泰国举行的第五届世界大豆会议的确定了“大豆是一种世界上普遍种植的作物”，此后大豆作为高营养物质，成为生产中是发展最快的农作物。

二、 大豆的营养

大豆全身都是宝，籽粒含有丰富的蛋白质、脂肪、碳水化合物和多种营养元素，可以说是高营养的冠军。其中，蛋白质为 40%左右，比小麦（12.4%）、玉米（8.6%）、大米（8.5%）、谷子（9.8%）、高粱（7.4%）等粮食作物的含量高 2~5 倍。特别是大豆中含有人体不能合成的 15 种氨基酸、10 种矿物质元素以及脂肪、膳食纤维、多种维生素等营养成分，是最为理想的优质植物蛋白食物，属“完全蛋白质”。此外，大豆食品具有降低血脂和胆固醇、抗衰老、益智健脑，预防心脏病和防癌等功效。500g 大豆可产生热能约 8.58kJ，比小麦多 13%，比大米多 17%。大豆粉比小麦粉的含钙量高 15 倍，含磷量高 7 倍，含铁量高 10 倍，维生素 B_1 高 10 倍，矿物质高 10 倍。大豆籽粒中含油量较高，一般为 18%左右；大豆油主要含不饱和脂肪酸，是一种极好的食用油。大豆油含热能很高，食用后能放出较多的热量，易被人体吸收利用。

大豆有“豆中之王”之称，也被人们称作“植物肉”“绿色的乳牛”，营养价值十分丰富。现代营养学研究表明，500g 黄豆相当于 1kg 多瘦猪肉，或 1500g 鸡蛋，或 6kg 牛乳的蛋白质含量。脂肪含量也在豆类中占首位，出油率达 20%；此外，还含有维生素 A、B 族维生素、维生素 D、维生素 E 及钙、磷、铁等矿物质。500g 黄豆中含铁质 55mg，且易被人体吸收利用，对缺铁性贫血十分有利，500g 黄豆中含磷 2855mg，对大脑神经十分有利。大豆加工后的各种豆制品，不但蛋白质含量高，并含有多种人体不能合成而又必需的氨基酸，胆固醇含量中豆腐的蛋白质消化率高达 95%，为理想的补益食疗之品。大豆及豆腐、豆浆等豆制品已成为风靡世界的健康食品。

服食大豆可使人长肌肤，益颜色，填精髓，增力气，补虚开胃，是适宜虚弱者使用的补益食品，同时黄豆也具有益气养血，健脾宽中，健身宁心，下利大肠，润燥消水的功效。中医认为大豆味甘、性平，入脾、大肠经；具有健脾宽中、润燥消水、清热解毒、益气的功效；主治疳积泻痢、腹胀羸瘦、妊娠中毒、疮痈肿毒、外伤出血等。大豆还能抗菌消炎，对咽炎、结膜炎、口腔炎、菌痢、肠炎有效。现代医学研究认为，大豆不含胆固醇，可以降低人体胆固醇，减少动脉硬化的发生，预防心脏病；大豆中还含有一种抑胰酶的物质，它对糖尿病有一定的疗效。因此，大豆被营养学家推荐为防治冠心病、高血压动脉粥样硬化等疾病的理想保健类食品，黄豆中所含的卵磷脂是大脑细胞组成的重要部分，常吃大豆对增加和改善大脑机能有重要的效能。

大豆除了直接食用外，所衍生出的产品种类也相当丰富，经由加工过程，可分为传统大豆加工食品、大豆油及大豆蛋白等三大类产品。大豆蛋白是制作素食食品、调味料和饲料的来源。大豆油除了作为价廉物美的食用油脂外，还可开发附加价值更高的副产品，如大豆卵磷脂、维生素 E 等用于食品或医药品，并能转化成柴油提供新的能源来源。

第二节　大豆产品

一、豆腐

（一）豆腐传说

我国明代著名医学家李时珍在《本草纲目》中有“大豆腐之法、始于前汉淮南王刘安”的记载。刘安是汉高祖刘邦的孙子，袭父封为淮南王。他好书、鼓琴，并对仙术最感兴趣，常在淮南八公山下，聚集一帮方士门客炼丹。相传一次用黄豆浆汗与卤水共煮时，偶然发现凝固成块，食用香嫩可口，大家十分欣喜，于是取名为豆腐，这就是世界上最早的豆腐，至今已有两千多年的历史了。

（二）豆腐的制作

豆腐在我国随着地域的不同，种类较多。目前对于豆腐的分类方法也很多，在我国日常生活中常见到的豆腐有南豆腐、北豆腐和充填豆腐。在日本，根据是否有破碎及压榨工序可以分为木棉豆腐（有压榨过程）和娟豆腐（无压榨过程），这两种豆腐的凝固剂主要是盐卤和石膏的混合物，而利用葡萄糖酸内酯作为凝固剂的一般是做成在包装盒内凝固的充填豆腐。豆腐的生产过程经过数千年优胜劣汰的历史洗礼，除了机械化和自动化程度可能有差别外，生产原理基本上是世界统一的。首先是大豆的浸泡使大豆软化，充分复水，浸泡后的大豆磨浆后蒸煮，然后通过过滤将豆渣分离，再加入凝固剂等使大豆蛋白质凝胶成形后就得到了豆腐。

（三）文人与豆腐的情怀

正如隐元禅师的《豆腐赞》里所述，“豆腐盛于民间，由大豆制成，形四方、质软、老幼皆宜……”，作为健康食品，如今它不仅为我国人们喜爱，也受到世界各国的关注。豆腐为什么盛行呢？其一，营养价值高；其二，味美；其三，可预防成人病。古代中国人发明创造生产出来的大豆食品，无论在营养上还是在口味上，都可与动物性食品的肉、蛋、乳相媲美，因而越来越受世界各国人士的欢迎。世界维他豆奶大王、香港著名企业家罗桂祥，出生于广东省梅县，1937 年青年时期的罗桂祥因业务关系到上海办事，有一天他出席青年会主办的晚会，听了美国南京领事馆商务参赞朱利安关于《大豆——中国的母牛》的讲演，“解决中国贫穷，要归于大豆。蛋白质丰富的大豆取代了母牛的地位……”。这场讲演深深地印在罗桂祥的脑海里，成为他一生事业的转折点，后来成了世界著名的维他豆奶大王。我国人民历来就十分喜爱大豆，所以在长期的生产和生活中，逐步地形成了绚丽多彩的大豆文化。不仅在生产中创造了许多传统技艺，而且，在生活上还创造了以闻名中外的豆腐为代表的各式各样的豆制食品。同时，许多著名文人以大豆为题材吟诗作画，民间还广泛地流传着与大豆有关的谜语、谚语、歇后语，比如“种瓜得瓜、种豆得豆”“小葱拌豆腐，一清二白”“清明前后，种瓜种豆”（江南农谚）等。

历代文人颂豆腐。自古以来，我国有许多文人学士与豆腐结下了不解之缘。他们食豆腐、爱豆腐、歌颂豆腐，把豆腐举上了高雅的文学殿堂，留下了许多赞美豆腐的妙句佳篇。

如唐诗中广为流传的“旋乾磨上流琼液，煮月铛中滚雪花”，陆游的诗中也有“试盘推连展，洗煮黎祁”，描绘豆腐制作的场景。宋代著名学者朱熹曾专作《豆腐》诗云：“种豆豆苗稀，力竭心已腐。早知淮南术，安坐获泉布。”诗中描述了农夫种豆辛苦，如果早知道“淮南术”（制作豆腐的技术）的话，就可以坐着获利聚财了（泉布即钱币）。在北宋的《物类相感志》中有：“啜菽”的话，作者注说：“今豆腐条切淡者，蘸以五味。”这些记载说明当时豆腐已是人们爱吃的食品了。北宋诗人苏东坡诗曰“煮豆为乳脂为酥，高烧油烛斟密酒”。元代诗人郑允端诗云：“种豆南山下，霜风老荚鲜；磨砻流玉乳，煎煮结清泉；色比土酥净，香逾石髓坚；味之的余美，玉食勿与传”，写出了豆腐的色香味。另一明代诗人孙大雅曾作长诗咏豆腐，其中有云：“戎菽来南山，清漪浣浮埃。转身一旋磨，流膏入盆罍。大釜气浮浮，小眼汤洄洄。霍霍磨昆吾，白玉大片裁。烹煎适吾口，不畏老齿摧”，生动、有趣地叙述了古代制豆作豉的情景和过程。明代诗人苏秉衡诗曰：“传得淮南术最佳，皮肤褪尽见精华，一轮磨上流琼液，百沸汤中滚雪花”。清代诗人李调元的诗：“近来腐价高于肉，只想贫人不救饥”。这些千古佳句，表达了诗人对豆腐的喜爱之情。

我国著名词作家晓光和作曲家时乐蒙创作的《淮南豆腐美》中唱道：“淮南的黄豆圆又圆，淮南的泉水甜又甜；淮南的豆腐白又嫩，淮南的豆腐香又鲜；淮南的豆腐美，祖宗是刘安；淮南的豆腐美名天下传”。我国剧作家周士元等为弘扬祖国传统文化，颂扬豆腐的发明人刘安对我国乃至整个人类饮食文化的巨大贡献，创作的京剧《淮南王刘安》进京演出时，受到戏剧专家以及广大观众的一致好评，中国戏剧家协会为此召开座谈会，中央电视台还作了专题报道。该剧有关刘安发明豆腐的一场戏颇为精彩，可以说是豆腐入戏的一次成功的案例。

二、纳豆

纳豆是大豆的发酵产品，起源于中国古代，自秦汉（公元前221年—公元220年）以来开始制作，由大豆通过纳豆菌（枯草杆菌）发酵制成豆制品，具有黏性，气味较臭，味道微甜，不仅保有大豆的营养价值、富含维生素 K_2、提高蛋白质的消化吸收率，更重要的是发酵过程产生了多种生理活性物质，具有溶解体内纤维蛋白及其他调节生理机能的保健作用。

日本古书《和汉三才图会》记载：“纳豆自秦汉以来开始制作”。始于中国的豆豉，日本也曾称纳豆为“豉”，平城京出土的木简中也有“豉”字。由于豆豉在僧家寺院的纳所制造后放入瓮桶储藏，后由禅僧从秦汉传播到日本寺庙，所以纳豆首先在寺庙得到发展，是以又称“唐纳豆”或“咸纳豆”。随后依当地环境发展出纳豆，如日本不用豆豉而用大酱，或用酱油不用豉汁。在日本更基于各地区特色，传承出诸如大龙寺纳豆、大德寺纳豆、一休纳豆、大福寺的滨名纳豆、悟真寺的八桥纳豆等等地方特产。

（一）纳豆的制法

纳豆传统制法是将蒸熟的大豆用稻草包裹起来，稻草浸泡在100℃的沸水中杀菌消毒，并保持在40℃放置一日，稻草上常见的枯草杆菌（纳豆菌）因可产生芽孢而耐热度高，杀菌过程不受破坏，高温培养速度快也能抑制其他菌种，并使大豆发酵后产生黏稠的丝状物，这种黏稠外观主要来自成分中的谷氨酸，被认为是纳豆美味的来源。20世纪后期高品质稻草取得不易，多已改用保丽龙或纸制容器盛装贩售。因此现代的制作方式，是利用蒸过的大豆加上人工培养出的纳豆菌混合后，直接放在容器中使之发酵，大豆之外某些食品也能制成纳豆。

（二） 纳豆的食用方法

传统上先将纳豆加上酱油或日式芥末（一般在市场所卖的盒装纳豆，使用的是日式淡酱油还有黄芥末），搅拌至丝状物出现，置于白饭上食用，称为纳豆饭。也有人将纳豆和生鸡蛋、葱、萝卜、鱼干等各种食材一起混合。有时也将纳豆和砂糖混合食用，也有加上蛋黄酱的创意吃法。若纳豆未经搅拌便加入酱料，会使纳豆由于水分过多，黏性有所消减，葱和芥末的同食则能抑制“纳豆氨”刺鼻的气味。

（三） 纳豆的营养成分

纳豆含有黄豆全部营养和发酵后增加的特殊养分，包括皂素，异黄酮，不饱和脂肪酸，卵磷脂，叶酸，食用纤维，钙，铁，钾，维生素及多种氨基酸、矿物质，适合长期食用维护健康。目前的研究结果发现，纳豆中有纳豆激酶（nattokinase）和吡嗪（pyrazine）两种能溶解和预防血栓形成的物质。吡嗪是一种酶，能赋予纳豆独特的气味，并能阻止血液的凝固。纳豆激酶是一种碱性丝氨酸蛋白酶，存在于纳豆黏性成分中，因其显著特异地溶解血纤维蛋白，受到极大的关注。

1987 年日本宫崎医科大学的须见洋行检索了 200 多种食品，发现纳豆中有溶纤维蛋白酶，并命名为纳豆激酶。据报道每克湿纳豆含有相当于现在临床使用的尿激酶 1600 IU，他们用生理盐水将溶酶提取，研究了溶纤酶的酶学性质。纳豆溶纤酶 p*I* 为 8.6，在自然状态下比较稳定，能耐 60℃；在 pH7～12，室温下可稳定 10min，当 pH 低于 5 时，则极不稳定，与小麦提取液、肉汤或血清蛋白和胃液黏蛋白混合后，稳定性明显增加，甚至在酸性条件下也能保持 75%以上的活性。

近年来，我国也开始进行纳豆激酶的研究，南京农业大学从全国各地的样品中分离到 20 多株纳豆发酵菌株，研究结果表明，其中有 5 株，除具有较好的发酵特性之外，纳豆激酶活性超过了从日本引进的对照株。目前正在通过物理化学诱变来进一步提高纳豆激酶活性。另外，黑龙江省科学院应用微生物研究所、中科院化工冶金研究所等单位都在进行“纳豆激酶工业开发的研究”，基本都已进入中试生产阶段。总之，纳豆是一种优良的保健功能食品，值得大力开发利用。

三、 大豆油产品

大豆油又称黄豆油。顾名思义是由黄豆压榨加工而来的。主要生产于我国东北、华北、华东和中南各区域。与其他油脂原料相比，大豆的含油量低，只有 16%～24%。为了实现最大的效益，厂家在压榨大豆的过程中一般会使用浸出法来获取大豆中大部分的油脂。所以市面上能看到的豆油，大多都是由浸出法所生产出来的成品油。通常我们称为“大豆色拉油”，是最常用的烹调油之一。大豆油的保质期最长也只有一年，质量越好的大豆油颜色越浅，为淡黄色，清澈透明，且无沉淀物，无豆腥味，温度低于 0℃ 以下的优质大豆油会有油脂结晶析出。

大豆油是世界上最常用的食用油之一，是我国国民，特别是北方人的主要食用油之一。大豆油富含多种宝贵的营养成分，在加工成成品油后必须注意保鲜。大豆油的颜色较深，炒菜遇热后比较容易起泡。市面上的大豆油大多是精炼油，适合炒菜。

（一） 大豆油的成分

豆油的脂肪酸组成大致为：棕榈酸6%~8%、油酸25%~36%、硬脂酸3%~5%、亚油酸52%~65%、花生酸0.4%~0.1%、亚麻酸2.0%~3.0%。由数据可以看出，它含有丰富的亚油酸，对人体来说是非常有益的。亚油酸可以显著降低血清胆固醇含量，预防心血管疾病。大豆油中还含有维生素E、维生素D以及丰富的卵磷脂等营养成分，对人体健康提供积极的意义。值得提及的是，大豆油的人体消化吸收率高达98%。幼儿缺乏亚油酸，皮肤变得干燥，鳞屑增厚，发育生长迟缓；老年人缺乏亚油酸，会引起白内障及心脑血管病变。大豆毛油有豆腥味，精炼后可去除，但储藏过程中有回味倾向。豆腥味由于含亚麻酸、异亚油酸所引起，用选择氢化的方法将亚麻酸含量降至最小，同时避免异亚油酸的生成，则可基本消除大豆油的“回味”现象。精炼过的大豆油在长期储藏时，其颜色会由浅变深，这种现象称为“颜色复原”。大豆油的颜色复原现象比其他油脂都显著，油脂的氧化反应是这一现象的主要原因，采用充氮保鲜法或尽量隔绝油与空气的接触可以解决这一问题。

（二） 大豆油的选购

目前，在市场上，大豆油以其营养丰富、口感良好、价格低廉的特点，逐渐成为食用植物油脂中最重要的品种。纯大豆油是无色透明、略带黏性的液体，具有豆油特有的味道。在市场上常见的主要是一级大豆油（也就是原先的大豆色拉油），也正是因为它的普及性，使其成为市场上容易被掺假和假冒的产品之一。对大豆油质量的鉴别，应注意以下几个方面。

（1）气味　应具有大豆油固有的气味，不应有焦臭、酸败或其他异味。一级大豆油应基本无气味，等级低的大豆油会有豆腥味。

（2）滋味　大豆油一般无滋味，滋味有异感，说明油的质量发生变化。

（3）色泽　质量等级越好的大豆油颜色越浅，一级大豆油为淡黄色，等级越低色泽越深。

（4）透明度　质量好的大豆油应是完全透明的，油浑浊、透明度差说明油质差或掺假。

（5）沉淀物　质量越高，沉淀物越少。一级大豆油常温下应无沉淀物，在0℃下冷冻5.5h应无沉淀物析出，但冬天低于0℃则会有较高熔点的油脂结晶析出，为正常现象，非质量问题。

（6）标签　主要看标签上的出厂日期和保质期，没有这两项内容的包装油不要购买。在未经特殊处理的条件下（例如加入抗氧化剂），大豆油的保质期（即最佳食用期）最长也只有一年。

在经济条件允许的情况下，建议最好不要购买散装油，因为这种油的保质期消费者不易搞清楚，且由于氧化的作用，油脂可能已经产生变质，对一个没有专业知识，又无检测手段的普通消费者来说，这种变质是不易观察到的，而长期食用这种油是有隐患的。

四、 大豆蛋白产品

大豆蛋白产品是指大豆经溶剂抽提取出油脂后，剩下的豆粕经过不同程度的提纯及再加工，所得蛋白质含量不同的系列产品，也包括全脂大豆粉的品种。1934年，美国始用溶剂提取油脂，由此出现了大豆蛋白制品。大豆蛋白制品最早应用于工业及饲料，50年代后期逐步转向用于加工食品。大豆蛋白制品加工业在欧美基本上附属在大豆油脂提取工业内。近年来大豆蛋白制品发展较快。

（一） 大豆蛋白产品的种类

大豆蛋白产品有粉状大豆蛋白产品（soy protein powder）和组织化大豆蛋白产品（textured soy protein）两种。粉状大豆蛋白产品是大豆为原料经脱脂、去除或部分去除碳水化合物而得到的富含大豆蛋白质的产品，视蛋白质含量不同，分为三种：①大豆蛋白粉（soy flour），蛋白质含量50%~65%（干基计）；②大豆浓缩蛋白（soy protein concentrate），商品名如索康（Solcon）、康途网汤臣倍健蛋白粉、健康怡生大豆高钙蛋白粉，蛋白质含量65%~90%（干基计），以大豆浓缩蛋白为原料经物理改性而得到的具有乳化、凝胶等功能的产品称为功能性大豆浓缩蛋白（functional soy protein concentrate），商品名如索康S（Solcon S）；③大豆分离蛋白（soy protein isolate），商品名如索乐（Solpro），蛋白质含量90%（干基计）以上。

组织化大豆蛋白是以粉状大豆蛋白产品为原料经挤压蒸煮工艺得到的具有类似于肉的组织结构的产品，视蛋白质含量不同，分为二种：①组织化大豆蛋白粉（textured soy protein flour），蛋白质含量50%~65%（干基计），商名品如索太（Soytex）；②组织化大豆浓缩蛋白（textured soy protein concentrate），商品名如康太（Contex），蛋白质含量70%（干基计）左右。

（二） 大豆蛋白的营养功能

大豆中富含蛋白质，其含量是小麦、大米等谷类作物的两倍以上，通常在40%~50%。而储存蛋白是大豆蛋白的主体，约占总蛋白质的70%以上，主要包括7*S*球蛋白（大豆伴球蛋白）和11*S*球蛋白（大豆球蛋白），而其他储存蛋白，如2*S*、9*S*、15*S*等含量较少。除储存蛋白外，大豆蛋白中还含有一些具有生物活性的蛋白，如β-淀粉酶、细胞色素C、植物血凝素、脂肪氧化酶、脲酶、Kunitz胰蛋白酶抑制剂和Bowman-Birk胰蛋白抑制剂等。通常，为提高大豆产品的消化性，加工过程中这些抑制剂会被除去，或是通过特殊手段进行失活处理。此外市售不同种类大豆蛋白产品中通常还伴随有异黄酮、皂苷和卵磷脂等物质。

就氨基酸含量来说，大豆蛋白是目前报道的唯一含有人体所需的9种必需氨基酸且含量满足人体需求的一种植物蛋白，是公认的一种全价蛋白质，其蛋白质评价指标PDCAAS（蛋白质消化率校正的氨基酸分数，是一种衡量蛋白质质量的方法），与酪蛋白、鸡蛋蛋白一样达到评估最大值1。从氨基酸需求量来看，无论是对于2~5岁的学龄前儿童，还是对于成人而言，大豆蛋白的必需氨基酸含量都能满足人体每日需求量。然而对于婴儿而言，适量苏氨酸、蛋氨酸、赖氨酸和色氨酸的添加可以有效提高大豆蛋白质的功效比（protein efficiencyratio，PER）和蛋白质净比值（net protein ratio，NPR）。

现代人群所需要的食品应该是既能引起食欲，又无不良副作用，而且含有丰富营养。在现有食物类群中，具备上述条件、原料来源丰富的农作物莫过于大豆。用大豆蛋白制作的饮品，被营养学家誉为“绿色牛乳”。大豆蛋白质对胆固醇高的人有明显降低的功效。大豆蛋白饮品中的精氨酸含量比牛乳高，其精氨酸与赖氨酸之比例也较合理；其中的脂质、亚油酸极为丰富而不含胆固醇，可防止成年期心血管疾病发生。丰富的卵磷脂，可以清除血液中多余的固醇类，有“血管清道夫”的美称。

大豆蛋白饮品比牛乳容易消化吸收。牛乳进入胃后易结成大而硬的块状物，而豆乳进入胃后则结成小的薄片，而且松软不坚硬，可使其更易消化吸收。这些大豆蛋白质是每个人都必需的营养素，但是通过日常饮食摄取量大都不足，必须通过食用蛋白质粉来补充，特别是对于某些特殊人群如孩童、孕妇、乳母、年长者等。

第三节　大豆产业发展

伴随时代的发展和科技进步，大豆已不再是我国的专利，中国以大豆为食品的文化已引起全球的关注，“大豆食品热”已经在国外兴起。一方面因大量食用动物蛋白造成城市人肥胖增多、高血脂、高血压、高血糖患者不断上升；另一方面存在较突出的蛋白营养不足，贫血和瘦弱大量发生，儿童生长滞缓情况下，已经开展了“双蛋白战略”，把动物蛋白和植物蛋白相结合，作为我国长远的蛋白质营养战略。发扬我国人喜欢吃豆制品、喜欢喝豆浆好习惯，扩大大豆蛋白在食品中的供应量。

一、继承和拓展各种传统豆制品的生产

我国民间曾有数百种专供食用的豆制品，为补充人们肉制品的不足发挥过重要作用。豆腐、豆浆、豆面馒头、豆面条曾在民间广为流传，各种各样的豆制品，曾在市场上广为畅销。但是，由于大豆生产被区域化和大豆涨价，造成很多经常食用大豆食品的地方远离大豆原料，习惯发生改变。大豆制品，也因作坊式生产，受到较多的管制和约束，市场上的品种、数量已日渐缩减，有的已经濒临危亡。

再加上孩子们不断走进快餐店，渐渐淡化了吃中国传统豆制品的习惯。为了提高我国广大百姓的蛋白质营养水平，要大力开发豆制品生产技术和装备，使传统豆制品走向标准化、机械化、规范化、科学化。

二、加大宣传力度，弘扬大豆文化

我国传统大豆食品的不断发展不仅可以提高我国人民的健康水平，而且可促进整个大豆产业链条的发展，有利于解决“三农”问题，促进农民增收、和谐社会构建。随着人们对大豆食品认识的不断深入，我国传统大豆食品工业已经迎来难得的发展机遇，政府相关部门、企业和科研院所等，要紧密合作，携手并进，共同推动传统大豆食品工业的又好又快发展。

思考题

1. 市场上见到的大豆食品有哪些？它们是如何生产的？
2. 大豆食品有何营养价值？
3. 如何推动大豆食品产业的发展？

拓展阅读文献

[1] 李荣和，姜浩奎．大豆深加工技术［M］．北京：中国轻工业出版社，2010 年．
[2] 李里特．大豆加工与利用［M］．北京：化学工业出版社，2003 年．

CHAPTER 8

第八章 蛋品文化

[学习指导]

通过本章的学习，了解蛋品文化与起源、蛋品生产加工概况、主要产蛋的畜禽品种及分布情况、再制蛋可以制成的菜肴，掌握禽蛋的基本结构、营养成分及其特殊性、各种再制蛋的加工原理和方法，思考蛋品文化与技术和经济的相互关系。

第一节 蛋品文化与起源

禽蛋（egg）是各种可食用的鸟类的蛋（包括鸡蛋在内）的统称。最常为人类食用的蛋是鸡蛋，其他较常作食用的蛋有鸭蛋、鹌鹑蛋、鹅蛋等。人类食用蛋的历史已有几千年，西周鸡蛋是目前中国发现的年代最早的鸡蛋，它出土于距今 2805 年（截至 2018 年）的西周墓葬。从外部看禽蛋就是一枚食材，但是经过受精的禽蛋可以孵化为一个完整的生命，这也就是蛋品的神奇之处。禽蛋是最有营养的天然食材之一，如今成为人们菜篮子之一。

2004 年，中国科学家与国际遗传学家联手绘制了完整的鸡基因组序列构架图谱，证明鸡有 60%的基因与人类相同，并且和人类在 3.1 亿年前拥有共同的祖先，作为人类首次完成基因解密的鸟类动物，鸡的基因图谱为人类的进化提供了至关重要的研究价值。现代 DNA 研究证实，红原鸡（gallus gallus）是禽类家鸡的直系祖先，红原鸡最初主要分布于中国南部和印度北部，随着人类几千年的文化交流、商业贸易和迁徙征服，驯化的家鸡从亚洲丛林扩散至世界各地。历史资料证明，中国的家鸡向北，通过朝鲜半岛传至日本，而印度河谷是家鸡向西扩散的起点。4000 多年前，哈拉帕文明的城邦与中东贸易往来频繁，考古学家发掘的出土文物和鸡骨化石表明，家鸡可能从古代印度西海岸的港口罗塔尔到达了阿拉伯半岛，由陆路经波斯传到希腊、叙利亚和巴比伦。在地中海沿岸，考古学家发掘出了公元前 800 年左右的鸡骨化石。东印度发展史表明野禽在公元前 3200 年被驯化。埃及和中国记载显示人类利用禽类下蛋始于公元前1400年。自公元前600年开始，欧洲具有驯化的蛋鸡。另有证据表明，在哥伦布登上美洲之前美洲本土原本就有禽类存在。然而，研究人员一致认为，美洲大陆现有蛋品源于1493年哥伦布第二次登入美洲大陆所携带的小鸡，且这些品类起源于亚洲。

公元16世纪，斗鸡在英国蓬勃发展，国王亨利八世热衷在怀特霍尔宫举行斗鸡，使这种游戏成为风靡英国的全民运动。1849年英国维多利亚女王颁布皇家法令，禁止了斗鸡活动。斗鸡热潮过后，养鸡成为英国人流行的业余爱好。1849年，英格兰中部举办伯明翰展览会，来自中国的交趾鸡出尽了风头，这种品种优良的珍禽体型巨大，全身披着蓬松的羽毛，迅速在英国引起了轰动，让人们对家禽的热情疯狂高涨。19世纪后期，这股家禽热潮横跨大西洋，席卷了美国东海岸养鸡成为美国人日渐升温的爱好，1873年，美国家禽协会制定了标准，帮助农民选择性地繁育纯种鸡。1880年，美国的人口普查首次统计了鸡的数量，当时全美国有1.02亿只鸡，到1890年迅速增加到2.58亿只。1891年，康奈尔大学成为第一家提供家禽饲养课程的农业大学，养鸡开始了从家庭农场副业转变为大规模工业化饲养的百年历程。

20世纪初期，鸡在美国人的饮食习惯和经济中依然占据相对次要的地位。在牛和猪步入以机械化屠宰场为标志的工业时代后，鸡仍然处在散养和小规模养殖的阶段。20世纪20年代中期，添加抗生素和维生素的饲料的出现给这个行业带来重大的突破，养殖25万只鸡的大型农场随之出现。1933年4月，美国国会通过《农业抵押法案》，批准向家禽饲养农场发放短期贷款，促进农民专门从事鸡肉和鸡蛋的生产，极大地提高了禽蛋的产量。20世纪30年代，养鸡场是家庭后院中的一部分。有些农民开始专门经营现代化的鸡蛋农场，极大地提高了鸡蛋的产量。许多农场主都饲养蛋鸡，主要是用于给农场提供鸡蛋，同时他们将多余的鸡蛋拿到当地农贸市集出售。当出售鸡蛋变的有利可图时，一些农场开始建造养殖规模在400只左右的蛋鸡场。此时蛋鸡可以在栖息的鸡笼外活动。

第二次世界大战期间，由于缺乏牛肉和猪肉，鸡肉作为蛋白质来源的需求日渐增加，从而成为人们食用的主要肉类。战后美国养鸡业从北向南转移，南部自然条件良好，气候温和适宜，谷物运输便利，使得鸡肉的价格更加低廉。在把谷物高效转化为蛋白质方面，现代鸡的生产成本更低。20世纪40年代后期，一些家禽研究者研究用金属丝网鸡舍养殖蛋鸡。这种鸡舍后来被称为笼养系统。当蛋鸡离地饲养时，环境卫生得到很大改善。使用这种饲养方式更容易避免蛋鸡和鸡蛋与废弃物接触。使得饲养条件变得更统一，鸡蛋的营养指标更一致，同时所需要的饲料量减少。

人们通过遗传学和自动化等技术提高了养鸡及其蛋制品的利润，因此，鸡蛋仍然是最廉价的天然高质量蛋白来源的食品之一。

第二节　蛋品的生产加工

一、世界蛋品产量与加工

据联合国粮农组织（FAO）统计，2017年全球蛋鸡存栏大约38.5亿只，其中中国蛋鸡存栏数高居首位，有13.5亿只，占全球的35%；其次为美国，蛋鸡存栏有3.1亿只；印度蛋鸡存栏2.3亿只。全球90%左右的蛋鸡为传统笼养，10%为福利养殖（8%为层架式散养，2%为散养）。全球鸡蛋消费及贸易为6850万吨，中国鸡蛋消费及贸易有2400万吨，占全球的35%。全球人均消费230枚/年，其中墨西哥人均消费最高，人均352枚/年，中国人均消费255枚/年。

美国、日本、欧洲等发达国家从20世纪60~70年代就开始推广自动化加工蛋制品技术，最早的打蛋机发明于20世纪50年代。21世纪初巴氏杀菌液体蛋制品出现，随后迅速发展，目前已达到饱和状态。发达国家的蛋制品加工所占比例相对较高，美国加工蛋制品占33%，欧洲占20%~30%，日本占50%，主要有液蛋、蛋粉、冻蛋等产品。美国的液蛋制品种类丰富，包括全蛋液、蛋黄液、蛋清液、不同比例的蛋清蛋黄混合液等，其液蛋市场已经十分成熟。据美国农业部统计，2017年美国用于液蛋生产的壳蛋数量达276.84亿枚，占商品蛋总量的30.05%，年产液蛋135.7万吨，其中全蛋液、蛋白液、蛋黄液分别占61.38%、25.79%、12.83%。此外，国外液蛋加工装备十分成熟，设备自动化、智能化水平较高，且装备的关键技术有专利保护。2009年前后，国外的液蛋消费开始面向公众，如今液蛋产品遍布饭店、工业、面包生产商等，超市更是布满琳琅满目的各色蛋制品，充分满足了个体消费者需求。

二、 中国蛋品产量与加工

鸡蛋是最主要的禽蛋品种，约占中国禽蛋总产量的85%。2019年中国鸡蛋总产量达2659万吨，约占世界鸡蛋产量的40%，已连续35年稳居世界首位。全国蛋品加工业年产值也已经达到400亿元左右，蛋品产业是中国畜产食品产业中的第二大产业，在国民经济中占有重要地位。中国鸡蛋消费形式仍以鲜蛋为主，加工所占比例不足5%。加工蛋制品中有80%是传统再制蛋（如皮蛋、咸蛋、糟蛋等），而液蛋和蛋粉深加工不到20%。可见，中国在鸡蛋深加工方面仍有待提高。

传统再制蛋产品已有700多年的历史，主要是皮蛋、咸蛋和糟蛋。中国华北地区、西北地区、华东地区北部以及东北是主要产蛋区，其禽蛋产量占全国禽蛋总产量的60%左右。水禽蛋生产主要在中国大江大河流域、湖区和水网地带，其产量占全国总产量的90%以上。鹌鹑蛋的主要生产区在江西、湖南、浙江和北京等省市。

三、 人类食用蛋品的历史

人类食用蛋的历史起源于6000年前的邳州。邳州最早建置是黄帝后裔任姓族人奚仲辅夏禹治水，封于邳地，建立邳国。奚仲先祖禺号乃黄帝之孙，他率部族东迁海渚一带定居，邳州大墩子遗址即是其中一个聚居点。他们与东夷鸟族（主要是居在郯城一带的徐夷族）相处通婚，学习鸟族人扑鸟、驯鸟、习鸟语、穿鸟衣，熟悉鸟族人生活习惯，学会驯鸟。《尔雅》记载，当地野鸟称为佳鸟，又称pifu。因它生活在邳地而得名。奚仲祖先就把当地pifu这种野鸟训养成了家禽。当初人们为这种家禽造字命名时，联想到它是奚仲祖先训佳鸟而成，于是用“奚”做声旁，用“佳”做形旁，读为“ji”，现在简化成“鸡”。《周易》中也有记载：“鸡是鸟变来的，起初称鹊天鸡，又称彩鸡”。

鸡蛋是人类进化史上一大重要的食材，获取简单、营养丰富、口感较好、价格便宜，是全世界公认的美食之一。如中国的皮蛋、咸蛋、糟蛋、盐皮蛋、茶叶蛋等；国外的蛋黄酱、沙拉酱等。中国制作皮蛋历史悠久，早在1314年的鲁明善所著《农桑衣食撮要》一书中就记载着皮蛋加工过程。在1633年明末戴羡著的《养馀月令》中详记了皮蛋的加工方法，证明了皮蛋距今已近700年的历史。

中国有特定节日吃蛋的习俗，如每到农历三月初三，街头巷尾到处飘荡着熟悉的地米菜煮鸡蛋的清香。关于三月三地米菜煮鸡蛋的来历有一个传说故事：三国时期，名医华佗来沔城采药，一天偶遇大雨，在一老者家中避雨时，见老者患头痛头晕症，痛苦难堪，华佗随即替老者诊断，并在老者园内采来一把地米菜，嘱老者取汁煮鸡蛋吃。老者照办，服蛋三枚，病即痊愈。此事传开，人们都纷纷用地米菜煮鸡蛋吃，此热潮遍及城乡。华佗给老者治病的日期是三月初三，因此，三月三，地米菜煮鸡蛋．就在沔阳形成了风俗。以后逐渐传开，在江汉平原一带也盛行起来了。此外，在清明节、端午节以及中秋佳节，也有吃鸡蛋、皮蛋、咸蛋等的习俗。

世界蛋品协会，成立于1964年，是世界上唯一一个代表全球蛋品工业的国际化组织，于1999年将每年10月第2个星期五定为“世界蛋品日”（World Egg Day）。2006年10月13日，“世界蛋品日”作为行业节日首次引入中国。2008年在中国举办了世界蛋品年会，迎来了第一个世界蛋品日。目前已有超过150个国家陆续推行世界蛋品日，希望唤醒人们对鸡蛋的重视以及了解鸡蛋对人类健康的重要贡献。

第三节　蛋禽种类

食用禽蛋主要为：鸡蛋、鸭蛋、鹅蛋、鹌鹑蛋等。

一、 蛋鸡品种

蛋鸡是指饲养起来专门产蛋以供应蛋的鸡。蛋鸡品种主要分为褐壳蛋鸡和白壳蛋鸡，褐壳蛋鸡主要品种为：海赛克斯、罗曼褐、海兰褐等；白壳蛋鸡如：京白904 、京白823 、京白938 、星杂288和海赛克斯白等。详细介绍如下：

图8-1　海赛克斯褐壳蛋鸡

（1）海赛克斯褐壳蛋鸡　是荷兰尤利公司培育的优良蛋鸡品种，是中国褐壳蛋鸡中饲养较多的品种之一，具有耗料少、产蛋多和成活率高的优良特点（图8-1）。产蛋期（20~78周）日产蛋率达50%的日龄为145d，入舍母鸡产蛋数324枚，产蛋量20.4kg，平均蛋重63.2g，商品代羽色为自别雌雄，分三种类型：①母雏为均匀的褐色，公雏为均匀的黄白色，此类占总数的90%；②母雏主要为褐色，但在背部有白色条纹，公雏主要为白色，但在背部有褐色条纹，此类占总数的8%；③母雏主要为白色，但头部为红褐色，公雏主要为白色，但在背部有4条褐色窄条纹，条纹的轮廓有时清楚，有时模糊，此类占总数的2%。

（2）罗曼褐蛋鸡　是由德国罗曼动物育种公司育成的四系配套褐壳蛋鸡（图 8-2）。罗曼褐蛋鸡性情非常温顺，适应能力强，有较强的抗病能力，易于管理。具有产蛋率高、饲料转化率高、蛋重适中、蛋品质优良、蛋壳硬等优点。商品代开产日龄 152~158d，入舍母鸡 72 周龄产蛋 285~295 枚，平均蛋重 63.5~64.5g，总蛋重 18.2~18.8kg。

图 8-2　罗曼褐蛋鸡

（3）海兰褐壳蛋鸡　是由美国海兰国际公司育成的高产蛋鸡（图 8-3）。该鸡生命力强，适应性广，产蛋多，饲料转化率高，生产性能优异，商品代可依羽色自别雌雄。海兰褐壳蛋鸡商品代开产日龄 153d，至 72 周龄，每只入舍母鸡平均产蛋量 298 枚，平均蛋重 63.1g，总蛋重 19.3kg。成年母鸡羽毛棕红色，性情温顺，易于饲养。

图 8-3　海兰褐壳蛋鸡

（4）京白蛋鸡　是北京畜牧局种禽公司三系配套的杂交鸡（图 8-4）。该鸡环境适应能力较强，京白蛋鸡最主要外观特征是有着白色的羽毛，属白壳蛋鸡系来航型鸡种，具有来航蛋鸡的特点。京白蛋鸡商品代开产日龄约为 160d 左右，入舍母鸡 72 周龄产蛋 250~270 枚，平均蛋重 58g。

图 8-4　京白蛋鸡

（5）星杂288　是由加拿大雪佛公司育成的杂交白壳蛋鸡（图8-5）。星杂288早先为三系配套，目前为四系配套。羽毛、蛋壳均为白色，体型小而清秀，全身羽毛紧贴，冠大而鲜红，皮肤呈黄色。商品鸡156日龄达50%产蛋率，80%以上产蛋率可维持30周之久，入舍鸡年产蛋量270~290枚，平均蛋重63g。星杂288杂交鸡为北京白鸡的选育提供了素材。

图8-5　星杂288蛋鸡

（6）海赛克斯白　是荷兰汉德克家禽育种公司育成的四系配套杂交鸡（图8-6）。以产蛋强度高、蛋重大而著称，被认为是当代最高产的白壳蛋鸡之一。白羽毛，白蛋壳，商品代雏鸡羽速自别雌雄。135~140日龄见蛋，160日龄达50%产蛋率，210~220日龄产蛋高峰就超过90%以上，平均产蛋量274枚，平均蛋重60.4g。

图8-6　海赛克斯白蛋鸡

二、　蛋鸭品种

生产鸭蛋的鸭子称为蛋鸭。母鸭从开始产蛋直至淘汰，均称产蛋鸭。一般蛋用型母鸭的利用期约350d左右，称为第一个产蛋年；也有经换羽休整后，再利用第二年、第三年的，但其生产性能逐年下降。常见的蛋鸭品种有：金定鸭、绍兴鸭、高邮鸭、卡叽康尔贝鸭和攸县麻鸭等。蛋鸭经历上千年的进化和驯化，才拥有了较好的优势，比如攸县麻鸭一般年产蛋为200个左右，还被列入省畜禽遗传资源保护名录，正式入选国家种质资源基因库。

(1) 金定鸭　属蛋鸭品种，是福建传统的家禽良种，主要产于定海县紫泥乡，该乡有村名为金定，养鸭历史有200多年，金定鸭因此得名（图8-7）。金定鸭属麻鸭的一种，又称绿头鸭、华南鸭。母鸭全身披赤褐色麻雀羽，分布有大小不等的黑色斑点，背部羽毛从前向后逐渐加深，腹部羽毛较淡，颈部羽毛无斑点，翼羽深褐色，有镜羽，喙青黑色，胫、蹼橘黄色，爪黑色。110~120日龄开产，年产蛋280枚，在舍饲条件下年可产蛋300枚，蛋重72g。金定鸭具有产蛋多、蛋大、蛋壳青色、觅食力强、饲料转化率高和耐热抗寒特点。

图8-7　金定鸭

(2) 绍兴鸭　简称绍鸭，又称绍兴麻鸭，是中国优良的蛋用型小型麻鸭品种（图8-8）。经过长期的提纯复壮、纯系选育，形成了带圈白翼梢（WH）系和红毛绿翼梢（RE）系两个品系。绍兴鸭具有产蛋量高、饲料利用率高、杂交利用效果好和对多种环境适应性强的特点。WH系母鸭全身以浅褐色麻雀毛为基调，颈中间有2~6cm宽的白色羽圈，主翼羽尖和腹、臀部羽毛呈白色，喙、胫、蹼橘黄色，虹彩灰蓝色，皮肤黄色。RE系母鸭全身发棕色带雀斑的羽毛为主，胸腹部棕黄色，镜羽墨绿色，有光泽，喙灰黄色，嘴豆黑色，虹彩赫石色，皮肤淡黄色，蹼橘黄色。WH系见蛋日龄97d，开产日龄132d，达到90%产蛋率日龄178d，90%以上产蛋率维持215d，500日龄产蛋量291.5枚，总蛋重21.07kg，蛋重69g。RE系见蛋日龄104d，开产日龄134d，达到90%产蛋率日龄197d，90%以上产蛋率维持180d，500日龄产蛋量305枚，总蛋重20.36kg，蛋重72g。

图8-8　绍兴鸭

(3) 高邮鸭　又称高邮麻鸭，原产江苏省高邮，是中国有名的大型肉蛋兼用型麻鸭品种。高邮鸭是中国江淮地区良种，是全国三大名鸭之一（图8-9）。该鸭善潜水、耐粗饲、适应性强、蛋头大、蛋质好，且以善产双黄而久负盛名。高邮鸭蛋为食用之精品，口感极佳，其质地具有鲜、细、红、油、嫩、沙的特点，蛋白凝脂如玉，蛋黄红如朱砂。高邮鸭母鸭全身羽毛褐色，有黑色细小斑点，如麻雀羽；主翼羽蓝黑色；喙豆黑色；虹彩深褐色；胫、蹼灰褐色，爪黑色。成年母鸭 180~210 日龄开产，年产蛋 169 枚左右，蛋重 70~80g，蛋壳呈白色或绿色。高邮鸭耐粗杂食，觅食力强，适于放牧饲养，且生长发育快，易肥、肉质好。

图 8-9　高邮鸭

（4）卡基康贝尔鸭　原产于英国，是世界著名的优良蛋用型鸭种（图 8-10）。由英国的康贝尔氏用印度跑鸭与当地鸭杂交，其杂交种再与鲁昂鸭及野鸭杂交，于 1901 年育成。康贝尔鸭有 3 个变种：黑色康贝尔鸭、白色康贝尔鸭和卡基康贝尔鸭（即黄褐色康贝尔鸭）。卡基康贝尔鸭具有适应性广、产蛋量高、饲料利用率高、抗病力强、肉质好等优良特性。成年母鸭全身羽毛褐色，没有明显的黑色斑点，头部和颈部羽色较深，主翼羽也是褐色，无镜羽，喙灰黑色或黄褐色，胫、蹼灰黑色或黄褐色。卡基康贝尔鸭体型较大，近于兼用型鸭的体型，但产蛋性能好，性情温驯，适于圈养。成年母鸭 120~135 日龄开产，年平均产蛋量为 250~270 枚，蛋重 70~75g，蛋壳白色。

图 8-10　卡基康贝尔鸭

（5）攸县麻鸭　湖南省著名的蛋用型地方鸭种（图 8-11）。全身羽毛黄褐色与黑色相间，形成麻色，故称麻鸭，具有体型小、生长快、成熟早、产蛋多和适应能力强的特点。属小型蛋用品种。攸县麻鸭体型狭长，呈船形，羽毛紧密，母鸭全身羽毛呈黄褐色麻雀羽，胫、蹼橙黄色，爪黑色。母鸭开产日龄为 100~110d，在大群放牧饲养的条件下，年产蛋最为 200 枚左右，平均蛋重为 62g，年产蛋重为 10~12kg；在较好的饲养条件下，年产蛋量可达 230~250 枚，总蛋重为 14~15kg。

图 8-11　攸县麻鸭

三、蛋鹅品种

母鹅从开始产蛋直至淘汰，均称蛋鹅。小型鹅为常用的蛋鹅品种，如豁眼鹅、籽鹅、乌鬃鹅、阳江鹅等。这些鹅体型轻小，头清秀，颈细长、腿稍长，产蛋量高等特点，现在将这些蛋鹅品种特性介绍如下：

（1）豁眼鹅　原产于山东莱阳地区，是中国最高产的小型白色鹅种（图 8-12）。成年母鹅 2. 5~3. 5kg，开产日龄 6~7 月龄，年产蛋 100 枚左右，蛋重 125g，蛋壳白色。

图 8-12　豁眼鹅

（2）籽鹅　原产于黑龙江省的松嫩平原，体型较小，全身羽毛白色（图 8-13）。成年母鹅为 3. 41kg，6 月龄开产，年产蛋 100 枚左右，平均蛋重 131g，蛋壳白色。母鹅无就巢性。

图 8-13 籽鹅

图 8-14 乌鬃鹅

（3）乌鬃鹅 原产于广东省清远县，因颈背部有一条由大渐小深褐色鬃状羽毛故又称清远乌鬃鹅，颈部两侧、胸部和腹部的羽毛为白色，翼羽、肩羽、背羽和尾羽为黑色（图 8-14）。成年母鹅为 2.5～3kg，开产日龄 140d 左右，年产蛋 29 枚，平均蛋重 147g。

（4）阳江鹅 原产于广东省阳江市，体型细致紧凑，自头顶至颈背部有一条棕黄色的羽毛带，形似马鬃，故称黄鬃鹅（图 8-15）。全身羽毛在紧贴，背、翼和尾为棕灰色。喙、肉瘤黑色，胫、蹼橙黄色。成年母鹅为 3120g，开产日龄约为 150～160 天，年产蛋量 26 枚，平均蛋重为 141g，蛋壳白色。

图 8-15 阳江鹅

四、蛋鹌鹑品种

蛋用鹌鹑品种有中国白羽鹌鹑、日本鹌鹑、朝鲜鹌鹑、自别雌雄配套系鹌鹑等。

（1）中国白羽鹌鹑　由北京市种禽公司种鹌鹑场、中国农业大学和南京农业大学等联合育成的白羽鹌鹑新品系，为隐性白羽纯系，由朝鲜鹌鹑白羽突变个体选育而成，其体型略大于朝鲜鹌鹑（图 8-16）。羽色在初时体羽呈浅黄色，背部深黄条斑。初级换羽后即变为纯白色，其背线及两翼有浅黄色条斑。眼粉红色，喙、胫、脚为肉色。该白羽品种纯系为隐性基因（aa 型）。成年母鹌鹑开产日龄 45d，年产蛋量 265~300 枚，蛋重 11.5~13.5g。但产蛋性能明显超过同期朝鲜鹌鹑。

图 8-16　中国白羽鹌鹑

（2）日本鹌鹑　利用中国野生鹌鹑为育种素材，育成于日本（图 8-17）。以体型小、产蛋多、纯度高而著称。体羽多成栗褐色，头部黑褐色，其中央有淡色直纹 3 条。背羽赤褐色，均匀散布着黄色直条纹和暗色横纹。腹羽色泽较浅。母鹌鹑脸部淡褐色，下颌灰白色，胸羽浅褐色，上缀有粗细不等的鸡心状黑色斑点。成年母鹌鹑 35~40 日龄开产，每年产蛋 250~300 枚，蛋重约 10.5g。蛋壳上有深褐色斑块，有光泽；或呈青紫色细斑点或斑块，壳表为粉状而无光泽。

图 8-17　日本鹌鹑

（3）朝鲜鹌鹑　俗称花鹌鹑，由朝鲜采用日本鹌鹑培育而成，体重较日本鹌鹑稍大，羽色基本相同（图 8-18）。是分布最广、饲养数量最多、养殖历史最悠久的品种。该品种适应性好，产蛋性能高，抗病能力强。成年鹌鹑羽毛呈栗褐色，雌鹌鹑面部呈淡褐色，下颌呈灰白色，胸部羽毛为灰白色并由均匀的小黑点。成年雌鹌鹑 45~50 日龄开产，年产蛋量 270~280 枚，蛋量 11.5~12g 左右。蛋壳色为棕色，有青紫色的斑块或斑点。

图 8-18　朝鲜鹌鹑

（4）自别雌雄配套系鹌鹑　利用隐性基因鹌鹑纯系具有伴性遗传的特性，当隐性白羽或黄羽公鹌鹑与栗羽母鹌鹑杂交时，其子一代可根据胎毛颜色自别雌雄，具有较高的育种与生产价值（图 8-19）。隐性白羽（公）×栗羽（母）（朝鲜鹌鹑），由北京市种禽公司、中国农业大学和南京农业大学等培育成功。杂交白羽商品代 51 日龄开产，年产蛋 286 枚，平均蛋重 12g。隐性黄羽（公）×栗羽（母）（朝鲜鹌鹑），由南京农业大学进行了配套系测定研究。其子一代雏鹑胎毛颜色浅色为雌雏，而胎毛颜色为深色者则为雄雏。雌鹑生产性能较朝鲜母鹑强。杂交黄羽商品代 49 日龄开产，年产蛋 281 枚，平均蛋重 11.5g。

图 8-19　自别雌雄配套系鹌鹑

第四节　蛋的结构和营养

一、 蛋的结构

蛋主要由三大部分组成：蛋壳、蛋白和蛋黄。蛋的结构如图 8-20 所示。

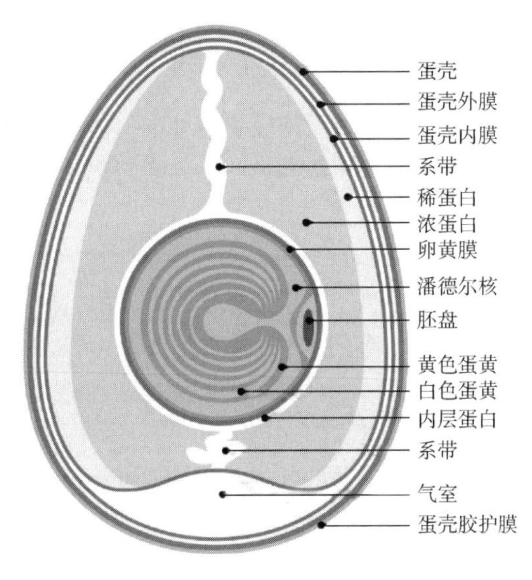

图 8-20　蛋的结构

1. 蛋壳

蛋壳约占全蛋体积的 12%。蛋壳是由内层的棱形体和外层的多层体构成的，蛋壳上有气孔与内外相通，各种蛋壳上的气孔分布是不均匀的，数量也不相同，一般蛋的纯端气孔较多，大约有 151 个/cm^2，蛋的尖端气孔较少，只有 100 个/cm^2，蛋的腰部有 140 个/cm^2左右。蛋壳的最外面有一层胶质状护壳膜，称胶护膜或外蛋壳膜，它是一种无定形结构，透明，具有光泽，无色，可溶性蛋白质物质。新产下的蛋，胶护膜封闭上气孔，随着蛋的存放，胶护膜逐渐脱掉，空气进入，水分向外排出。蛋壳的主要成分是碳酸钙，占整个蛋壳重量的91%~95%。其含钙的成分与珍珠、牡蛎、牛骨、小鱼干相同，是钙质的良好来源。此外，蛋壳中尚含约占有 5%的碳酸镁，以及 2%的磷酸钙和胶质。

2. 蛋壳膜

蛋壳的内层是一层白色的薄膜，称为内壳膜，内外二层，外层紧贴着蛋壳，称为外壳膜，其厚度仅为 0. 015mm；内层附着在外壳膜的里面，称为蛋白膜或内壳膜，其厚度较外壳膜厚，为 0. 05mm。

蛋壳膜内外两层之间是气室。气室是由于鸡蛋自体内排出后，受到外界温度的影响，使蛋白冷却收缩和蛋内水分蒸发所形成的。气室的大小可以表明鸡蛋储存时间的长短以及保存条件的好坏。

3. 蛋白

蛋白又称蛋清，卵白，是内壳膜内半流动的胶状物质，体积占全蛋的57%~58.5%。蛋清中约含12%的蛋白质，主要是卵白蛋白。蛋白中还含有一定量的核黄素、尼克酸、生物素和钙、磷、铁等物质。蛋清凝结的温度大约在80℃。蛋白分系带与系带层浓蛋白（或内浓蛋白）、内稀蛋白、浓蛋白（或外浓蛋白）和外稀蛋白四层。内浓蛋白在卵黄周围旋转，两端扭曲形成系带，小头系带螺旋方向为右旋，大头系带为左旋，系带的重量一般小头比大头重得多。

系带有固定卵黄的作用，具有弹性，它能随着禽蛋储存时间的延长而逐渐变细且失去弹性，品质极差的鸡蛋系带可完全与蛋黄脱离，并逐渐消失。系带层浓蛋白是直接包贴着蛋黄膜上的一层浓蛋白。

新鲜鸡蛋，浓厚蛋白量较多，而存放时间较长的种蛋，则稀薄蛋白含量增加，所以鸡蛋在认可的温度条件下，经长时期的保藏，浓厚蛋白就逐渐转化为液体状态，并且不能看到像新鲜鸡蛋那样的多层结构。

4. 蛋黄

蛋黄又称卵黄，多居于蛋清的中央，由系带悬于两极，相当于卵细胞的细胞质。占全蛋的30%~32%，主要组成物质为卵黄磷蛋白，另外脂肪含量为28.2%，脂肪多属于磷脂类中的卵磷脂。对人类的营养方面，蛋黄含有丰富的维生素A和维生素D，且含有较高的铁、磷、硫和钙等矿物质。蛋黄凝结的温度大约在70℃。

在鸡蛋最里面浓稠不透明，呈半流动的乳状黏稠物是蛋黄，在蛋黄的最外层有一层透明的薄膜称蛋黄膜，它是由黏蛋白组成的内、外层和由胡萝卜素组成的中层构成的，蛋黄膜平均厚度为16μm，占蛋黄重的2%~3%。蛋黄膜具有一定的弹性，蛋越新鲜，其弹性越强，随保存时间的延长，蛋黄膜弹性下降，稍加震动，即可破裂，而出现散黄蛋。

蛋黄的颜色并不是在所有蛋中都是相同的，它受饲料中色素的影响很大，如玉米核黄素可以增进蛋黄的色素，过量的亚麻油粕粉，使蛋黄变成绿色。

5. 胚珠或胚盘

胚珠是没有分裂的次级卵母细胞，受精后次级卵母细胞经过分裂后形成胚盘。胚盘是雏鸡发育的部位，含有遗传物质，是卵细胞的细胞核。胚盘处于蛋黄的表面，是由蛋黄中心通向蛋黄外部的细颈上的一个色淡、细小的圆盘状物体，胚盘是正圆形，直径为3~5mm；胚珠是椭圆形，长径约为2.5mm。胚盘为蛋黄表面的一白点，受精蛋的胚盘直径约3mm，未受精蛋的胚盘更小。

二、 蛋的营养成分对比

众所周知，经过受精的禽蛋可以孵化出雏禽，它包含了形成完整生命所必须的全部营养，所以禽蛋是天然存在的营养最全面的食材。除了蛋白质、脂肪和少量碳水化合物外，它还有丰富的矿物质、维生素、色素和酶等。

鹅蛋是蛋类中热量最高的，以100g可食部分为例，鹅蛋热量是820kJ，而鸡蛋、鸭蛋、鹌鹑蛋、鸽子蛋分别是603kJ、753kJ、670kJ、724kJ，鸡蛋的热量在蛋类中算是最低的。不同禽蛋的蛋白质一般在13%左右，其中鹅蛋蛋白质高达13.9 %，鸡蛋12.6%，而鸡蛋中脂肪含量最少，为9.5%，鸭蛋脂肪最多，为13.8%，由此可以看出咸鸭蛋加工咸蛋蛋黄更易出油。

鸡蛋蛋白质包含人体所需的所有氨基酸，而且氨基酸模式较为合理，人体也容易消化吸收和利用，营养学家称为“完全蛋白质模式”，其生物价值在各类富含蛋白质的食物当中算是名列榜首，其次就是鹌鹑蛋、鸽子蛋，鸭蛋、鹅蛋的氨基酸比例不太合理，消化吸收和利用程度偏低；维生素A含量最高的鹌鹑蛋377μg，鸡蛋仅次于鹌鹑蛋、鸭蛋和鸽子蛋，含有234μg，含量最低的是鹅蛋192μg。鸡蛋的维生素D含量最高，为80个国际单位，较其他禽蛋高出30%左右，这可能与养殖饲料的配方有关。鸭蛋和鹅蛋的维生素B_{12}明显高于鸡蛋和鹌鹑蛋，而鹌鹑蛋的维生素B_2最为丰富。不过，蛋里其他十多种维生素，包括维生素A、维生素E、维生素K、泛酸、胆碱、类胡萝卜素等，多数成分的含量基本一致。总体而言，并没有哪种蛋的维生素含量处于绝对领先。

火鸡蛋钙含量最高。钙、铁、锌、硒等有益矿物元素主要在蛋黄中，鸡蛋、鸭蛋、鹅蛋和鹌鹑蛋的钙含量均为60mg左右，火鸡蛋可以达到100mg左右，和牛乳的钙含量接近；鸡蛋的铁含量最少，约为1.8mg，其他4种蛋的铁含量在3.6~4.1mg，比菠菜的含量还高；鸡蛋的锌含量最低，火鸡蛋含量最高，但都在1.3~1.6mg，没本质区别，大约相当于瘦肉的水平；各种蛋的硒含量更接近，都是>30μg。鸭蛋含有的磷、钙、镁、维生素E较其他蛋类偏高，这或许和鸭子生活环境中所吃的小鱼、小虾、水里的小昆虫等食物有关。

鸡蛋胆固醇最低，大约是370mg。其他几种蛋的含量都是他的两倍多，达到840~930mg，鹅蛋最高，其次为鸭蛋、鹌鹑蛋。尽管蛋黄里有胆固醇，但科学证据表明，每天吃一个蛋并不会有害健康，血液高胆固醇主要来自自身代谢异常。

第五节　蛋制品的种类

蛋制品包括以鸡蛋、鸭蛋、鹅蛋或其他禽蛋为原料加工而制成的蛋制品。中国目前的禽蛋制品可以大体划分为10大类，60多个品种。

（1）鲜蛋类产品　中国仍然以新鲜壳蛋消费为主，由于新技术支撑，近年来清洁蛋的生产消费在快速增长，有效保障了禽蛋消费安全。

（2）传统蛋制品　传统蛋制品又称为腌蛋制品，在中国的食用已经有近千年历史。主要品种有：皮蛋、咸蛋、卤蛋、咸蛋黄、糟蛋（酒糟腌制）、醉蛋（酒类腌制）等多种类型。这些传统产品，由于进行许多技术革新与改进，生产方式逐渐采用现代化的机械，生产规模在不断扩大。国内的食用消费快速增长，同时对其他国家的出口也在增长。再制蛋加工是中国蛋制品加工的主导优势产品，约占蛋类加工总量的80%以上。皮蛋在再制蛋中所占的份额最大，它是中国独创的一种蛋类加工产品，口味独特，深受广大消费者的欢迎。

（3）蛋液类产品　蛋液类产品主要是液体蛋和蛋液加工的产品，包括全蛋液、蛋清液、蛋黄液以及烹调蛋液、功能蛋液等。2008年以来，中国液体蛋发展很快，每年以10%~15%速度增长，甚至有时超过20%的增长速度。

（4）干蛋品类　蛋液经过多种形式的干燥工艺，加工成为干蛋品。主要品种有干蛋白片、全蛋粉、蛋清粉、蛋黄粉及功能（专用）蛋粉等。近几年来，由于新技术与市场需求的推动，专用蛋粉发展很快。

（5）蛋品饮料类　蛋品饮料类主要有蛋白发酵饮料、蛋乳发酵饮料、蛋蔬复合饮料、醋蛋饮料、全蛋多肽饮料、蛋清肽饮料、鸡蛋酸乳、全蛋饮料、蛋乳料饮、蛋黄饮料、醋蛋饮料等。但是中国蛋品饮料生产规模很小，很多产品上市后持续时间短。

（6）蛋调味品类　蛋调味品是近几年来开发生产的产品，主要有蛋黄酱、皮蛋酱、咸蛋酱、调理蛋制品等。蛋黄酱主要在中国北方加工较多。

（7）蛋罐头类　以禽蛋加工的罐头有玻璃瓶装罐头、听装罐头，也有软包装罐头。主要产品类型有各种鸡蛋罐头、鹌鹑蛋罐头、水煮蛋罐头等。

（8）方便蛋制品类　该类产品主要是采用真空软包装的产品。主要产品类型有鸡蛋干、蛋脯、蛋松、蛋果冻、茶蛋、特色风味酱卤蛋、五香卤蛋、香酥蛋松等。特别值得一提的是中国卤鸡蛋、鸡蛋干近年来发展很快，卤蛋已经进入方便面及其他食品行业，鸡蛋干已经进入餐饮、娱乐、休闲等领域，市场销售快速增长。

（9）蛋肠类　用人工肠衣或蛋白肠衣加工制作的蛋肠类产品在许多超市能见到，有皮蛋肠、风味蛋肠、复合蛋菜肠、鸡蛋素食肠等。

（10）蛋内功能成分　科研人员已在酸溶性蛋壳基质中发现了 520 种蛋白质，在蛋清和蛋黄中分别鉴定了 165 种和 255 种蛋白质，在蛋黄膜中发现了 137 种蛋白。蛋黄中具有重要功能作用的脂质组分就有 10 多种。这些成分满足医药、食品、生物等领域需求。主要产品种类有溶菌酶、免疫球蛋白、蛋黄油、卵磷脂、蛋清肽、蛋清白蛋白、卵黄高磷蛋白等。

第六节　传统蛋制品的加工

一、皮蛋

皮蛋，又称松花蛋、变蛋、彩蛋，作为传统风味蛋，深受人们的欢迎。经过特殊的加工方式后，松花蛋会变得黝黑光亮，另有白色花纹。松花蛋口感鲜滑爽口，色香味均有独到之处（图 8-21）。

图 8-21　皮蛋

（一）　皮蛋的历史

公元1330年鲁明善的《农桑衣食撮要》中写道："盐鸭子（蛋）自冬至后至清明前，每一百个用盐十两，灰三斤，米饮调成团，收于瓮内，可留至夏间食"。公元1593年邝廷瑞的《便民图纂》中记载："腌鸭卵不拘多少，洗净擦干，用灶灰（筛细）二分，盐一分拌匀，却将鸭卵于浓米饮中蘸，径入灰盐滚过收贮。"富有创造性的人们在这些泥腌鸭卵的配方中不断加以探索，加进了石灰，发明创造皮蛋的方法。到了明末，在一些笔记中开始有所记载，公元1633年戴羲的《养馀月令》上写道："牛皮鸭子每百个用盐十两，栗炭灰五升，石灰一升，如常法腌之入坛。三日一翻，共三翻。封藏一月即成。"这是现在所见关于皮蛋的最早记载。皮蛋的发明应该比这最早的记载早很多。至清初蒲松龄的《日用杂志》上，就有了"高邮皮蛋"字样（高邮是江苏省的一个县），这时皮蛋已成为闻名于全国的食品了。

趣说历史，一种说法是：相传明代泰昌年间，江苏吴江县一家小茶馆，店主随手将泡过的茶叶倒在炉灰中，店主饲养的鸭子，爱在炉灰堆中下蛋，一段时间后，发现里面的鸭蛋，去壳后黝黑光亮，有白色的花纹，香味特殊、鲜滑爽口。这就是最初的皮蛋。另一说是：松花皮蛋源于天津。天津一富户，为母造棺一口，命家人将石灰、草木灰撒入棺内以防潮湿。次年母逝，见棺内草木灰中竟有鸡蛋百余枚。此壳破裂而内已成深褐色透明结晶体。围观的人品尝后，人们变效仿此法，称为"变色蛋"。自此原始工艺流传江浙一带，屡经改进，工艺日臻完善。故今日之"松花皮蛋"，有始于天津，成于江浙之说。

（二）　皮蛋的种类

按蛋黄的凝固程度不同可分为沙心皮蛋（又称硬心皮蛋）和溏心皮蛋；按产地不溶可分为京彩蛋和湖彩蛋；按加工原料不同可分为鸭皮蛋、鸡皮蛋和鹌鹑皮蛋；按加工所用辅料不同可分为无铅皮蛋、五香皮蛋、高锌皮蛋等。

（三）　皮蛋的加工工艺

皮蛋形成的基本原理是：蛋白质遇碱发生变性而凝固。当蛋白和蛋黄遇到一定浓度的碱液后，由于蛋白质分子结构受到破坏而发生变化。蛋白部分形成具有弹性的凝胶体，蛋黄部分则由蛋白质变性和脂肪皂化反应形成凝固体。皮蛋的凝固过程表现为化清、凝固、变色和成熟四个阶段。

1. 化清阶段

这是禽蛋遇碱的第一个明显变化。在此过程中，蛋白由原来的稠状态变成稀薄透明的水样液，蛋黄也有轻微的凝固现象。这种变化主要是由于在强碱的作用下，蛋白质分子由中性分子变成了带负电荷的复杂阴离子，维持蛋白质分子特殊构象的次级键，如氢键、盐键、二硫键、疏水作用力、范德华力等受到破坏，使之不能完成原来的特殊构象，这样蛋白质分子产生变性，并从原来的卷曲状态变为伸直状态，原来与蛋白质分子紧密结合的结合水也变成了自由水，最终出现了化清现象。化清后的蛋白质分子只是其三级结构受到了破坏，所以，它在加热时还会出现热变性凝固的现象。

2. 凝固阶段

化清后的稀薄溶液逐渐凝固成富有弹性的无色或微黄色的透明胶状物，蛋黄在强碱的作用下凝固厚度进一步增加（其厚度通常为1~3mm）。在这一阶段，蛋白质分子在氢氧化钠的继续作用下二级结构开始遭到破坏，有些原来在分子内部包藏而不易发生化学变化的侧链基团，由于结构的伸展松散而暴露出来，使蛋白质分子之间产生相互作用而形成凝聚体。由于这些凝聚体形成了新的结构，吸附水的能力增强，溶液的黏度增大，当其达到最大黏度时开始凝固，直到完全凝固成弹性很强的胶状物为止。

3. 转色阶段

这一阶段的主要变化是蛋白逐渐变成深黄色透明胶状体，蛋黄凝固层厚度甚至增加到5~10mm并且颜色加深。除此之外，在氢氧化钠的作用下，蛋白质分子发生降解（即一级结构遭到破坏），同时发生美拉德反应，蛋白质胶体的弹性开始下降。

4. 成熟阶段

该阶段蛋白全部转变为褐色的半透明凝胶体，仍具有一定的弹性，并出现大量排列成松枝状的晶体花纹；蛋黄凝固层变为墨绿、灰绿、橙黄等多种色层，溏心皮蛋的蛋黄中心部位呈橘黄色半凝固状浆体。松花是由纤维状氢氧化镁水合晶体形成的晶体簇，蛋黄的墨绿色主要是蛋白质因碱作用降解产生硫化氢，其与铁、铜等金属离子反应生成硫化物而呈现出色泽。

皮蛋加工一般分为3种方法：直接包泥法、直接浸泡法和浸泡包泥法。直接包泥法是最原始的加工方法，加工周期长，但成品蛋风味好；直接浸泡法加工周期短，但成品风味不够浓郁，碱味重；浸泡包泥法综合了二者的优点，应用广泛。

浸泡包泥法（图8-22）：先用浸泡法制成糖心皮蛋，再用含有料汤的黄泥包裹，最后滚稻谷壳、装缸、密封贮存。工艺要点：

（1）配料　料液配制按照配方配料，有熬制和冲制两种方法。料液浓度选择：将鲜蛋蛋白滴入料液中，15min后观察，如果蛋白凝固且在1h内溶化，说明料液浓度合适。

（2）装缸灌料　在缸底铺一层麦秸，放入鸭蛋至缸口15cm，加竹篾并压以重物，缓慢灌入料液将鸭蛋完全淹没。

（3）成熟　成熟期勤观察，入缸后5~10d、20d和30d左右均进行检查。成熟的皮蛋在手中抛掷时有轻微的弹颤感；灯光透视呈灰黑色；剖开检查时，蛋白凝固良好、光洁、不黏壳，呈黑褐色，蛋黄呈墨绿色。出缸后用冷开水洗净，晾干。

（4）涂泥包糠（或涂膜）　经检验后的皮蛋要及时涂泥包糠。用残料液加黄泥调成浓厚的浆糊状（不可掺入生水），将蛋逐枚用泥料包裹，然后再稻谷壳上来回滚动，稻谷壳便均匀黏附到泥料上。每枚蛋裹泥约40g，裹泥厚度一般为2~3mm。目前多采用涂膜法，常用涂膜剂有石蜡油、凡士林、聚乙烯醇、复合高分子涂料等。

（5）成品贮藏　裹泥后要迅速装缸密封贮藏，或装入塑料袋内密封并用纸箱或竹篓包装，保存温度为10~20℃，一般可储藏3~4个月。

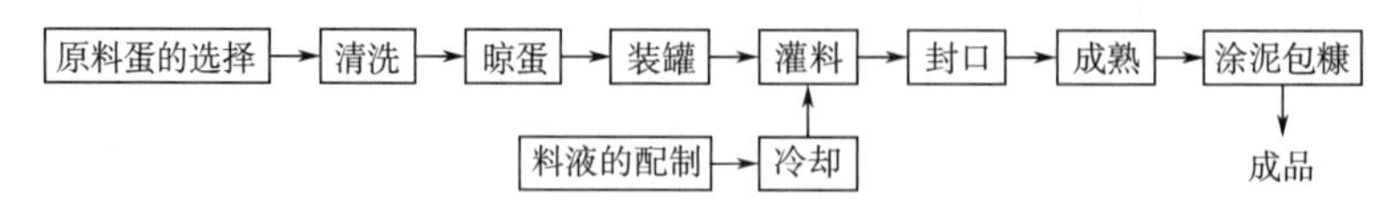

图8-22　浸泡包泥法制作工艺流程

松花蛋的验质分级：一观：观看包料有无发霉，蛋壳是否完整，壳色是否正常（以青缸色为佳）。二掂：将蛋放在手中，向上轻轻抛起，连抛几次，若感觉有弹性颤动感，并且较沉重者为好蛋，反之为劣质蛋。三摇：用拇指和中指捏住蛋的两头，在耳边上下左右摇动，听其有无水响声或撞击声，若听不出声音则为好蛋。四照：用灯光透视，若蛋内大部分呈黑色或深褐色，小部分呈黄色或浅红色者为优质蛋。若大部分呈黄褐色透明体，则为未成熟松花蛋。

松花蛋，不但是美味佳肴，而且还有一定的药用价值。王士雄《随息居饮食谱》中说："皮蛋，味辛、涩、甘、咸，能泻热、醒酒、去大肠火，治泻痢，能散能敛。"松花蛋味辛、涩、甘、咸、性寒，入胃经；有润喉、去热、醒酒、去大肠火、治泻痢等功效；若加醋拌食，能清热消炎、养心养神、滋补健身；用于治疗牙周病、口疮、咽干口渴等。

（四） 皮蛋菜肴

皮蛋的菜肴一般有直接食用，也可以做成多种菜肴。

(1) 皮蛋豆腐　将皮蛋与豆腐切块后拚在一起，然后淋上些许酱油膏，更讲究一点可以再洒上一些柴鱼片与葱花增强香气。

(2) 皮蛋瘦肉粥　以切成小块的皮蛋及猪绞肉或猪肉丝为配料，与白米一同熬煮数小时而成的粥。

(3) 三色蛋　一般家庭式菜肴。由鸡蛋、咸蛋、皮蛋三种不同颜色的蛋蒸出来的一道菜肴。

(4) 咸蛋皮蛋粥　熬制好的粥，搭配咸蛋和皮蛋，以及腌制的小菜，是不少人喜爱的早餐。

(5) 酱油皮蛋　剥壳的皮蛋，搭配一般家用的酱油，下饭的一道小菜。

二、 咸蛋

咸蛋又称盐蛋、腌蛋、味蛋等，是一种风味特殊、食用方便的再制蛋（图 8-23）。全国各地均有生产，江苏、湖北、湖南、浙江、江西、福建、广东等省为主要产区，其中以江苏高邮咸蛋最为著名。品质优良的咸鸭蛋具有"鲜、细、嫩、松、沙、油"六大特点，煮熟后切开断面，黄白分明，蛋白质地细嫩，蛋黄细沙，呈朱红色或橘黄色，起油，中间无硬心，食之鲜美可口。

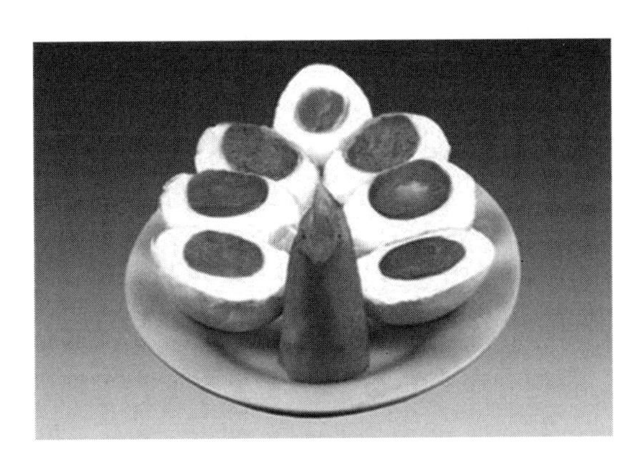

图 8-23　咸蛋

（一） 咸蛋的历史

南北朝时的《齐民要术》记载："浸鸭子一月任食，煮而食之，酒食俱用，卤咸则卵浮。”说的就是咸鸭蛋。《老学庵笔记》记载：“《齐民要术》有咸杬子法，用杬木皮渍鸭卵。今吴人用虎杖根渍之，亦古遗法”。其后历代均有记载。元代《农桑衣食摘要》中记载：“水乡居者宜养之，雌鸭无雄，若足其豆麦，肥饱则生卵，可以供厨，甚济食用，又可以腌藏”。说明当时南方各省养鸭业的情况，盛产咸蛋。清代袁枚的《随园食单·小菜单》有“腌蛋”一条：“腌蛋以高邮为佳，颜色细而油多，高文端公最喜食之”。清朝年间，在白洋淀边就有很多加工咸蛋的作坊。通过水陆运输，运往京、津、保一带，在市场上备受青睐。有些产品还出口海外。高邮咸鸭蛋有双黄者尤见珍贵，1909 年在南洋劝业会上曾获得很高荣誉，现在出口十余个国家和地区。

（二） 咸蛋的种类

按照加工工艺可分为：盐水咸蛋、泥包咸蛋、五香咸蛋等。

（三） 咸蛋加工工艺

咸蛋主要是用食盐腌制而成。鲜蛋腌制时，食盐料泥或食盐水溶液中的盐分，通过蛋壳、壳膜、蛋黄膜渗入蛋内，蛋内水分也不断渗出。蛋腌制成熟时，蛋液内所含食盐成分浓度，与料泥或食盐水溶液中的盐分浓度基本相近。高渗的盐分使细胞体的水分渗出，从而抑制了细菌的生命活动。同时，食盐可降低蛋内蛋白酶的活性和细菌产生蛋白酶的能力，从而减缓了蛋的腐败变质速度。食盐的渗入和水分的渗出，改变了蛋原来的性状和风味。

腌制过程中的变化随腌制时间延长，蛋白中含盐量明显增加是，而蛋黄中含盐量增加不多；蛋黄含水量下降非常明显，而蛋白含水量下降不明显；蛋白黏度逐渐变稀，呈水样物质，而蛋黄浓度增加，变稠，呈凝固状态；蛋白 pH 变化不明显；蛋黄内含油量上升较快，腌制 10d 时更明显，以后则上升缓慢；蛋黄的含油量对咸蛋的风味形成有重要意义。由于水分的损失，咸蛋在腌制过程中重量略有下降。

常用的方法是：盐泥涂布法和盐水浸泡法。

（1）盐泥涂布法工艺流程 配料→和泥→选蛋→清洗→消毒→黏泥→装缸→封口→腌制→成熟

（2）盐水浸泡法工艺流程 配料→鲜蛋的选择→清洗消毒→装缸→灌料→封口→成熟

特点：简便、成熟快。适用于小批量加工。盐水腌制的咸蛋，成熟的时期比盐泥涂布法要短一些，这主要是盐水对鲜蛋的渗透作用比盐泥法快一些。但盐水腌蛋一个月后，往往蛋壳上发生黑斑，而包泥法则无此缺点。

（四） 咸蛋菜肴

咸蛋可以制成多种菜肴。

（1）咸蛋紫菜鱼卷 青鱼肉斩成茸，熟咸蛋去壳和洗净肥膘均切成细末。鱼茸放入盛器，加入咸蛋和肥膘末，下葱姜汁、黄酒、胡椒粉、味精、精盐，拌匀。在修整齐的豆腐衣上，涂上蛋液，放上紫菜，再将咸蛋鱼茸放在紫菜上，紧紧卷起，外面用白布扎牢。上笼蒸 10min 取出，待晾凉后解开白布，切成小段装盘即成。

（2）咸蛋豆球 咸蛋打碎捣成蛋液加适量水、淀粉和新鲜蚕豆豆泥一起搅拌，做成球状，入油锅炸成金黄色后盛起；留底油，入糖、醋、酱油勾芡淋上，撒上葱花、味精、五香粉（或胡椒粉）即成。

（3）芦笋咸蛋　取生咸蛋，生咸蛋的蛋黄很硬，将蛋黄切成小末，再入蛋白中打散。起油锅，爆香蒜瓣末、红辣椒后，入芦笋翻炒几下，即慢慢打入咸蛋汁，一边淋蛋汁，锅中一边快速翻炒，使蛋液能均匀洒在芦笋上。起锅前，淋入麻油即可。

（4）咸蛋黄瓜筒　嫩黄瓜洗净后，用刀切去两头，切成小段，用汤匙将瓜瓤挖出，成为“黄瓜筒”，放入大汤碗内，加入少许精盐、味精，腌渍片刻。然后，取出“黄瓜筒”去盐水，将熟咸蛋剥壳修均匀后一切为二，揿入“黄瓜筒”内抹平，用葱花点缀即可装盘。

（5）咸蛋拌豆干　咸鸭蛋煮熟剥开，将蛋白取出，切成小方块，取五香豆腐干一块，熟香菇数只，都切成小方块，用白糖、酱油、味精、醋等调料冷拌，鲜嫩开胃。

三、糟蛋

糟蛋是新鲜鸭蛋用优质糯米糟制而成，是中国别具一格的传统特产食品，以浙江平湖糟蛋、四川宜宾糟蛋和河南陕县糟蛋最为著名。成熟好的糟蛋，蛋壳薄软、自然脱落。蛋白呈乳白色嫩软的胶冻状，蛋黄呈橘红色半凝固状。糟蛋为冷食产品，不必烹调加佐料，划破蛋壳膜即可食用，味道醇香可口，食后余味绵绵。

图 8-24　糟蛋

（一）糟蛋的历史

宜宾糟蛋：相传，清同治年间，有一郎中，习惯在酿酒时放几个鸭蛋，一次，他发现浸泡过的鸭蛋，蛋壳变软脱落，蛋膜完好，味道鲜美，这就是最早的“叙府糟蛋”。清光绪一年开始商业化生产，质量有了很大提高；到了民国初年，叙府糟蛋的制作工艺和风味特色基本形成，仅“稻香村”“孙致祥”“五香斋”“天福气”等4家糟蛋作坊，年产量达20多万枚，产品行销四川、上海，香港、澳门以及南洋各地。

陕州糟蛋：晚清时绍兴一个酿酒师傅把这种工艺传到了陕州。陕州糟蛋是采用鸡蛋和黄酒酒糟加工酿制而成。自清光绪二十七年（1901年）开始生产，距今已有一百多年的历史。它用料严格，工艺讲究，成品蛋蛋心呈红黄色细腻糊状，无硬心，香味丰富浓郁，味道独特。宜保存于阴凉处，随吃随捞，食时去壳，加香油少许，是豫西有名的风味食品。

平湖糟蛋：始于清雍正年间，距今约270多年，在浙江省平湖城西河滩有一个叫徐源源的酒坊老板，酒酿得好。他家养了许多鸭，不知哪只鸭把蛋误下在一堆糯米里。这年黄梅季节发大水，把徐老板家中的糯米与鸭蛋全淹没。徐老板没有办法，将糯米与鸭蛋混入了酒酿糟中，过了好几天，徐老板想起了鸭蛋，就过去找，发现糯米已经发酵，鸭蛋壳微微发软，尝尝淡而无味。徐老板于是干脆再加些盐，并用牛皮纸蘸猪血加以密封，经过充分发酵，几个月后徐老板惊喜地看到浸没在糯米酒糟中的鸭蛋壳脱落，透明又浓密的蛋白里，裹着橙红的蛋黄，气味醇香扑鼻，随即尝一点直感滋味特别，回味悠长。徐老板灵机一动，他想到了这里的生意经，他决定把鸭蛋用糯米酒酿槽腌渍成为糟蛋，上市出售。平湖糟蛋便从此降临人间。精明的徐源源老板在生产糟蛋过程中，不断精益求精，使糟蛋逐渐成为一种色、香、味、形俱全的独特风味佳肴，并升格为乾隆皇帝的贡品，还获乾隆京牌。有“中国饮食文化一绝”、“天下第一蛋”的美称。

（二） 糟蛋的种类

根据加工成的糟蛋是否包有蛋壳，可分为硬壳糟蛋和软壳糟蛋。硬壳糟蛋一般以生蛋糟渍，这种糟蛋较平湖软壳糟蛋加工期和储存期均更长。

（三） 糟蛋加工工艺

糟蛋是经糟制而成，是一类典型的发酵型蛋制品，其加工原理目前还缺乏系统的研究，尚未完全清楚。一般认为，在糟渍过程中，糯米在酿制过程中受糖化菌的作用，淀粉分解成糖类，再经酵母的酒精发酵产生醇类（主要为乙醇），同时一部分醇氧化转变为乙酸，再加上添加的食盐，共同存在于酒糟中，通过渗透和扩散作用进入蛋类，蛋内容物与醇、酸、糖等发生一系列物理和生物化学变化而成。

形态：酒糟中的乙醇和乙酸可使蛋白和蛋黄中的蛋白质发生变性和凝固，使糟蛋蛋白呈乳白色或酱黄色的胶冻状，蛋黄呈橘红色或橘黄色的半凝固柔软状态。

气味：酒糟中的乙醇渗入蛋内，使糟蛋带有醇香味；酒糟中的糖类（主要是葡萄糖）渗入蛋内，使糟蛋带有轻微的甜味；酒糟中的醇类和有机酸渗入蛋内后在长期的作用下，产生芳香的酯类，使糟蛋具有特殊浓郁的芳香气味。

酒糟中的乙酸使蛋壳变软，溶化脱落成软壳蛋，使乙醇等有机物更易渗入蛋内。糟蛋在糟渍过程中加入食盐，不仅赋予咸味，增加风味和适口性，还可增强防腐能力，提高储藏性。糟蛋在乙醇和食盐长时间作用下（4~6个月），能抑制蛋中微生物的生长和繁殖，特别是沙门氏菌可以被杀灭，因此糟蛋可生食。

加工糟蛋要掌握好3个环节，即酿酒制糟、选蛋击壳、装坛糟渍（图8-25）。

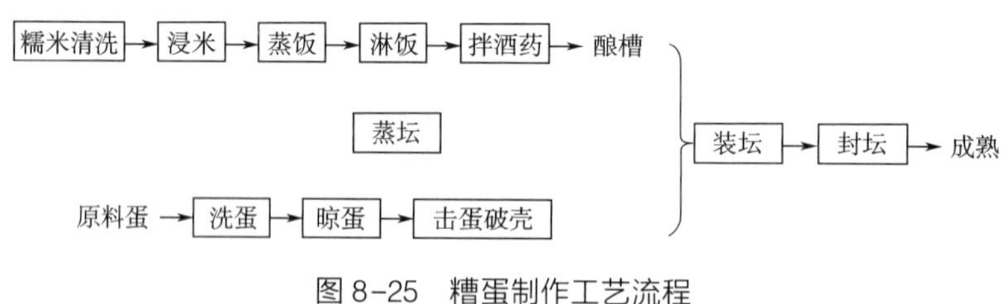

图8-25 糟蛋制作工艺流程

1. 酿酒制糟

（1）浸米　糯米是酿酒制糟的原料，应精选。投料量以糟渍100枚蛋用糯米9.0~9.5kg计算。所用糯米先放在淘米箩内淘净，后放入缸内加入冷水浸泡，目的是使糯米吸水膨胀，便于蒸煮糊化。

（2）蒸饭　蒸饭的目的是促进淀粉糊化，改变其结构，利于糖化。把浸好的糯米从缸中捞出，用冷水冲洗 1 次，倒入蒸桶内，米面铺平。在蒸饭前，先将锅内水烧开，再将蒸饭桶放在蒸板上，先不加盖，待蒸汽从锅内透过糯米上升后，再用木盖盖好。蒸饭的程度要求饭粒松，无白心，透而不烂，熟而不黏。

（3）淋饭　淋饭又称淋水，目的是使米饭迅速冷却，便于接种。将蒸好饭的蒸桶放于淋饭架上，用冷水浇淋，使米饭冷却，使热饭的温度降至 28~30℃，手摸不烫为度，但也不能降得太低，以免影响菌种的生长和发育。

（4）拌酒药及酿糟　淋水后的饭，沥去水分，倒入缸中，撒上预先研成细末的酒药。酒药的用量以 50kg 米出饭 75kg 计算，需加入白酒药 165~215kg、甜酒药 60~100g，还应根据气温的高低而增减用药量。加酒药后，将饭和酒药搅拌均匀，面上拍平、拍紧，表面再撒上一层酒药，中间挖一个直径 3cm 的塘，上大下小。塘穴深入缸底，塘底不要留饭。缸体周围包上草席，缸口用干净草盖盖好，以便保温。经 20~30h，温度达 35℃时就可出酒酿。当塘内酒酿有 3~4cm 深时，应将草盖用竹棒撑起 12cm 高，以降低温度，防酒糟热伤、发红、产生苦味。待满塘时，每隔 6h，将塘之酒酿用勺浇泼在面上，使糟充分酿制。经 7d 后，把酒糟拌和灌入坛内，静置 14d 待变化完成、性质稳定时方可供制糟蛋用。品质优良的酒糟色白、味香、略甜，乙醇含量为 15%左右。

2. 选蛋击壳

（1）选蛋　根据原料蛋的要求进行选蛋，通过感观鉴定和照蛋，剔除次劣蛋和小蛋，整理后粗分等级。其规格为：特级，每千枚重 75kg；一级，每千枚重 70kg；二级，每千枚重 65kg。

（2）洗蛋　挑选好的蛋，在糟渍前 1~2d 逐枚用板刷清洗，除去蛋壳上的污物，再用清水漂洗，然后铺于竹匾上，置通风阴凉处晾干。如有少许的水迹也可用干净毛巾擦干。

（3）击蛋破壳　击蛋破壳是平湖糟蛋加工的特有工艺，是保证糟蛋软壳的主要措施。其目的是在糟渍过程中，使醇、酸、糖等物质易于渗入蛋内，提早成熟，并使蛋壳易于脱落和蛋身膨大。击蛋时，将蛋放在左手掌上，右手拿竹片，对准蛋的纵侧，轻轻一击使蛋产生纵向裂纹，然后将蛋转半周，仍用竹片照样击一下，使纵向裂纹延伸连成一线，击蛋时用力轻重要适当，壳破而膜不破，否则不能加工。

3. 装坛糟渍

（1）蒸坛　糟渍前将所用的坛检查一下，看是否有破漏，用清水洗净后进行蒸汽消毒。消毒时，将坛底朝上，涂上石灰水，然后倒置在带孔眼的木盖上，再放在锅上，加热锅里的水至沸，使蒸汽通过盖孔而冲入坛内加热杀菌。如发现坛底或坛壁有气泡或蒸汽透出，即是漏坛，不能使用，待坛底石灰水蒸干时，消毒即完毕。然后把坛口朝上，使蒸汽外溢，冷却后叠起，坛与坛之间用三丁纸两张衬垫，最上面的坛，在三丁纸上用方砖压上，备用。

（2）落坛　取经过消毒的糟蛋坛，用酿制成熟的酒糟 4kg（底糟）铺于坛底，摊平后，随手将击破蛋壳的蛋放入，每枚蛋的大头朝上，直插入糟内，蛋与蛋依次平放，相互间的间隙不宜太大，但也不宜挤得过紧，以蛋四周均有糟、且能旋转自如为宜。第 1 层蛋排放后再入腰糟 4kg，同样将蛋放上，即为第 2 层蛋。一般第 1 层放蛋 50 多枚，第 2 层放 60 多枚，每坛放 2 层共 120 枚。第 2 层排满后，再用面糟摊平盖面，然后均匀地撒上 1.6~

1.8kg 食盐。

（3）封坛　目的是防止乙醇、乙酸挥发和细菌的侵入。蛋入糟后，坛口用牛皮纸两张，刷上猪血，将坛口密封，外再用箬包牛皮纸，用草绳沿坛口扎紧。封好的坛，每4坛一叠，坛与坛间用三丁纸垫上（纸有吸湿能力），排坛要稳，防止摇动而使食盐下沉，每叠最上一只坛口用方砖压实。每坛上面标明日期、蛋数、级别，以便检验。

（4）成熟　糟蛋的成熟期为4.5~5.5个月，应逐月抽样检查，以便控制糟蛋的质量。根据成熟的变化情况，来判别糟蛋的品质。

第1个月，蛋壳带蟹青色，击破裂缝已较明显，但蛋内容物与鲜蛋相仿。

第2个月，蛋壳裂缝扩大，蛋壳与壳内膜逐渐分离，蛋黄开始凝结，蛋白仍为液体状态。

第3个月，蛋壳与壳内膜完全分离，蛋黄全部凝结，蛋白开始凝结。

第4个月，蛋壳与壳内膜脱开1/3，蛋黄微红色，蛋白乳白状。

第5个月，蛋壳大部分脱落，或虽有小部分附着，只要轻轻一剥即脱落。蛋白成乳白胶冻状，蛋黄呈橘红色的半凝固状，此时蛋已糟渍成熟，可以投放市场销售。

（四）糟蛋菜肴

食用时，将糟蛋放在碗或碟内，用小刀或筷子轻轻划破蛋膜，就可用筷子或调羹取来吃，食后余香满口，回味无穷。

思考题

1. 蛋主要由哪几部分组成？试述从外到内各层次的详细结构。
2. 皮蛋加工过程中基本原理是什么？浅谈当今人们对皮蛋文化的认识。
3. 中国传统蛋制品有哪些种类？试述传统蛋制品文化与技术和经济的相互关系。
4. 新型蛋制品有哪些种类？试述新型蛋制品文化与技术和经济的相互关系。

拓展阅读文献

[1] 马美湖．禽蛋蛋白质 [M]．北京：科学出版社，2016.

[2]（美）达莫达兰（Damodaran S.）等．食品化学（第四版）[M]．江波等译．北京：中国轻工业出版社，2013.

第九章
肉食文化

[学习指导]

通过本章的学习，了解肉食品的概念、分类与特征、加工方法及品味方法，思考肉食文化与技术和经济的相互关系。

第一节　肉、火与文明

一、火与人类文明

在定义人类时，火是至关重要的元素。是否会使用火，成为人类与地球上其他生物区分的重要标志（图9-1）。钻木取火之后，火帮助了原始人狩猎，进行农业活动以及手工业活动。更加重要的是，火的出现在潜移默化之间影响了人类的饮食。

图9-1　火

荷兰作家古德斯布洛姆在《火与文明》中提出：通过对生态及历史的考证，火的应用甚至出现于语言能力的形成或制造工具之前，其使人类有别于他们的祖先，且毫无疑问的区别于其他生灵。应该说早在380万年前生活在东非肯尼亚的早期猿人，以及170万年前生活在中国境内的元谋人，就懂得了用火。

火作为文明的要素——用于煮食、取暖、照明等（图9-2），并且实际上引发了工业革命。因此，火是人类文明之源。

图9-2 原始人熟制食物

二、 火与熟制

自从人类偶然发现雷电袭击后的森林中野兽被灼烧后会产生特有的香味，嚼食发现肉质酥烂，于是人类保留火源，开始了熟食生活。以后又发明了钻木取火和击石取火的方法，开始了长期熟食生活。因此，自从有了火，人类在饮食上产生了生与熟的划时代作用。长期以来，随着科学技术的不断提高，人们在肉制品加工业上充分利用火的作用，逐步提高、改善和利用火的效力。

人类从生食到熟食，被认为是一个极大的历史进步，同时，也伴随着人类寿命的大大延长。为什么要加热烹调呢？难道生吃食物就不能消化吸收吗？的确，很多食物能够不经加热烹调便消化吸收，包括生肉生鱼、生蔬菜和水果。鱼肉海鲜都是动物性食品，而动物细胞没有细胞壁，生吃和熟吃一样可以消化吸收。另外，生吃最大的好处是能保证维生素不受到破坏，这也是爱斯基摩人有生吃海豹习惯的原因。

实际上，肉的熟制目标主要有二个：一是为了杀灭微生物，保证饮食安全；二是为了调和风味，丰富口感，创造美食。与所提及的生食相比，消化鱼肉熟食还是会更容易一些，虽然现代科学界仍存在分歧，不过动物实验证明，熟食可以减少动物消化吸收食物所耗的能量。另外，肉的风味变化可能也是人类追逐熟食的原因之一，但人类味、嗅觉的进化与肉的熟制的因果关系仍不得而知，这也是值得探讨的科学问题。

那么人类在使用火之前，是如何烹饪食物的呢？《礼记·礼运》中提到："昔者先王未有宫室，冬则居营窟，夏则居橧巢。未有火化，食草木之实、鸟兽之肉，饮其血，茹其毛。未有麻丝，衣其羽皮"。《韩非子·五蠹》也有提及："上古之世，人民少而禽兽众，人民不胜禽兽虫蛇……民食果蓏蚌蛤，腥臊恶臭而伤害腹胃，民多疾病"。可以看到的是在上古时代的人不会使用火来烹饪食物，只能生食，因此产生多种疾病。正是由于火的使用，人类在饮食上产生了生与熟的划时代进步。

肉的熟制需要热量，可分为直接加热和间接加热。古时的食物熟制主要分为两种方式：烤和煮（图9-3)。“炉子”可以说是最古老的烤制工具，发现最早的实物是于公元前3万年，用来焗猛犸象肉的工具。另外，所谓的实质意义上的“煮”，也出现得很早，早期人类可能用贝壳作为煮制食品的工具。

图9-3　较早的“煮”“烤”工具

《韩非·五蠹》中提到，“有圣人作，钻燧取火以化腥臊，而民说之，使王天下，号之曰燧人氏”。《风俗考·皇霸·三皇》中提及“燧人氏始钻木取火，炮火为熟，令人无腹疾”。这说明燧人氏开始用火去除食物的腥臭味，食用熟食了。据记载，当时的烹饪方法主要有四种：炮，燔，烹，炙。同时，黄帝时期的夙沙氏“煮海为盐”，三国谯周《古史考》载：“黄帝始蒸谷为饭，烹谷为粥”。

如今，除了火之外，人们还发展了多种多样的食品熟制方式，如蒸汽、电热、电磁、微波等，其主要作用有：将制品烧熟；给制品着色；将制品杀菌灭菌；使制品脱水；赋予制品风味和质地。随着食品熟制方法的多样化，不同种类肉制品相应涌现，人类饮食也更加丰富多彩。

三、肉食的起源

人类食肉历史或许可以追溯到二百五十万年前。由于当时气候变化以及相应植物进化演变，导致人类消化器官结构与功能发生了显著改变，如小肠不断发展，盲肠不断萎缩，以及拥有了适合撕肉的门牙和适合磨肉的臼齿。因而，杀死动物和吃肉已成为人类进化的重要组成部分。应该说，人类从在含肉食物中摄取高质量的蛋白质，促进了大脑的发育；屠宰和分享肉类也促进了人类智力的发展，并促进语言、合作和社交能力。因此，肉制品的起源与发展与人类文明并行（图9-4)。

图9-4　肉制品的起源与发展与人类文明并行

中国古代文明中就有巢氏发明的“脍”和“捣”。“脍”是指用石刀把肉割成薄片，“捣”是用石锤把肉捣松散，而到商代有了“脯”，即肉干（图9-5）。香肠可以称得上是最早的完整肉制品，约五千年前，美索不达米亚的苏美尔人已学会用剁碎的肉灌进猪肠，制成了受欢迎的香肠。而我国著名的金华火腿，更可称得上是美味与艺术的融合体，据考证其始于唐代，而繁于宋。唐开元年间（713—742年）陈藏器撰写的《本草拾遗》载：“火腿，产金华者佳。”至于说起卤肉制品的起源，还要追溯到遥远的战国时期，也就是当时的宫廷名菜“露（同卤）鸡”。

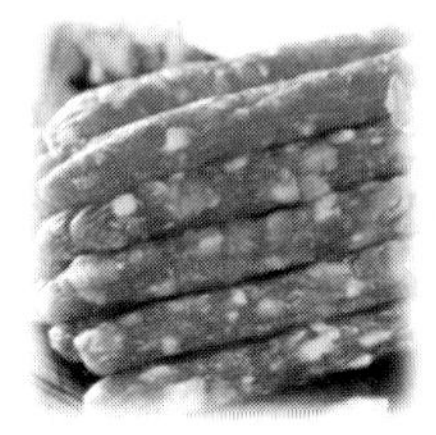

图9-5　肉脯、香肠类制品

四、肉食的发展

如今，经过不同年代利用火的方式的发展进步，人们对肉及其他食材已衍化成炒、爆、熘、炸、烹、煎、贴、瓤、烧、焖、煨、焗、扒、烩、烤、盐焗、熏、泥烤、氽、炖、熬、煮、蒸、拔丝、蜜汁、糖水、涮等几十种烹饪方式，以此生产的肉食种类也五花八门，举不胜举，极大丰富了我们人类的饮食生活（图9-6）。随着工业文明以及现代社会，特别是近几年消费结构发生变化，肉类加工也逐步由粗变精、生变熟等向深加工、再加工发展。

图9-6　各种加工肉类食品

第二节　肉的营养与功能

一、肉的结构组成

从食品加工的角度可将动物机体粗略的分成肌肉组织，脂肪组织，结缔组织，和骨组织四部分（图9-7）。一般情况下比例大致为：肌肉组织50%~60%，脂肪组织20%~30%，结缔组织 9%～14%，骨骼 15%～22%。与肉类加工相关的主要是肌肉。

肉的化学组成主要有蛋白质、脂肪、水分、浸出物和矿物质六种成分。

水分是肉中含量最多的成分，水分不是肉品的营养物质，但肉品中的水分含量及其存在状态会影响肉及肉制品的品质和储藏性。肉中水的存在形式有三种：不易流动水（80%），自由水（15%），结合水（5%）。

肌肉中除水分外主要成分是蛋白质，占 18%～20%，占肉中固形物的 80%，肌肉中的蛋白质按照其所存在于肌肉组织上位置的不同，可分为三类：肌原纤维蛋白质、肌浆蛋白以及肉基质蛋白质。

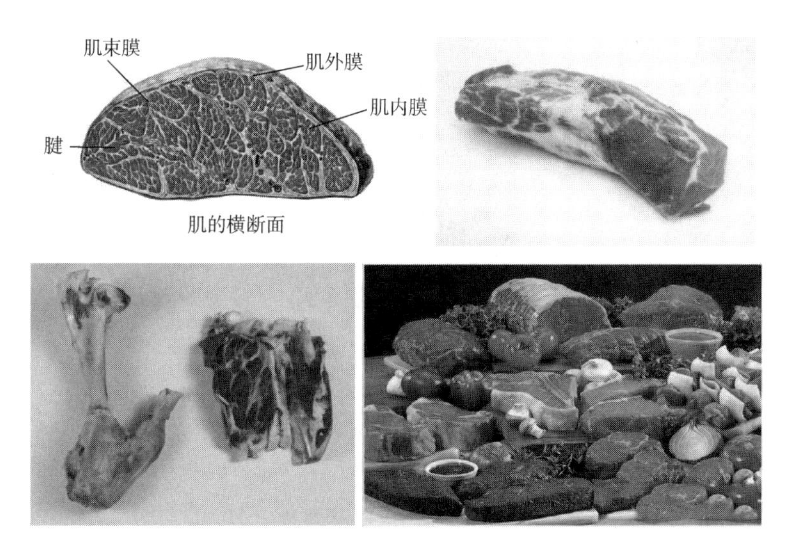

图 9-7　肉的结构组成

肌肉中富含 B 族维生素，但脂溶性维生素含量低。维生素含量易受肉畜种类、品种、年龄、性别和肌肉类型的影响，内脏中维生素含量比肌肉高。肌肉中含有大量的矿物质，其中钾、磷含量最多，但钙含量较低；肾和肝中的矿物质含量远高于肌肉组织。

脂类对肉的食用品质影响很大，主要影响肌肉的嫩度、多汁性和风味。家畜的脂肪组织 90%为中性脂肪，此外还有少量的磷脂和固醇脂。

而肉中结缔组织的数量及其溶解度（在烹饪过程中溶解的程度）可以直接影响肉的嫩度。例如，随着动物老化，它具有更多的结缔组织，发生交联，使肉变得高度不溶。

浸出物是指除蛋白质、盐类、维生素外能溶于水的浸出性物质，包括有含氮浸出物和无氮浸出物。表 9-1 展示各种肉类主要营养成分。

表 9-1　各种肉类主要营养成分表

名称	含量/%					热量/（J/kg）
	水分	蛋白质	脂肪	糖类	灰分	
牛肉	72.91	20.07	6.48	0.25	0.92	6186.4
羊肉	75.17	16.35	7.98	0.31	1.92	5893.8

续表

名称	含量/%					热量/（J/kg）
	水分	蛋白质	脂肪	糖类	灰分	
肥猪肉	47.40	14.54	37.34	-	0.72	13731.3
瘦猪肉	72.55	20.08	6.63	-	1.10	4869.7
马肉	75.90	20.10	2.20	1.88	0.95	4305.4
鹿肉	78.00	19.50	2.50	-	1.20	5358.8
兔肉	73.47	24.25	1.91	0.16	1.52	4890.6
鸡肉	71.80	19.50	7.80	0.42	0.96	6353.6
鸭肉	71.24	23.73	2.65	2.33	1.19	5099.6

二、 肉的营养与功能

肉类的营养价值很高，对人类的生长发育，生理功能的调节及维持正常活动起着重要作用。

1. 蛋白质

畜肉类蛋白质含量为10%~20%，其中肌浆中蛋白质占20%~30%，肌原纤维中40%~60%，间质蛋白10%~20%。畜肉蛋白中必需氨基酸充足，在种类和比例上接近人体需要，利于消化吸收，是优质蛋白质。但间质蛋白中必需氨基酸不平衡，主要是胶原蛋白和弹性蛋白，其中色氨酸、酪氨酸、蛋氨酸含量少，蛋白质利用率低。

2. 矿物质

畜肉类矿物质含量为0.8~1.2mg，其中钙含量7.9mg/g，含铁、磷较高，铁以血红素形式存在，不受食物其他因素影响，生物利用率高，是膳食铁的良好来源。

3. 维生素

畜肉中B族维生素含量丰富，内脏如肝脏中富含维生素A、核黄素。

4. 脂肪

一般畜肉的脂肪含量为10%~36%，肥肉高达90%。

以猪肉为例说明猪肉营养成分请见表9-2所示。

表9-2　猪肉营养成分表

营养素名称	含量	营养素名称	含量	营养素名称	含量
热量	1653.41/kJ	维生素A	16/μg	锌	0.84/mg
烟酸	2.80/mg	维生素 B_1	0.26/mg	镁	12/mg
碳水化合物	1.10/g	维生素 B_2	0.11/mg	钾	162/mg
胆固醇	69/mg	铁	2.40/mg	铜	0.13/mg

续表

营养素名称	含量	营养素名称	含量	营养素名称	含量
脂肪	30.80/g	维生素 C	1.00/mg	钠	57.50/mg
蛋白质	14.60/g	维生素 E	0.95/mg	硒	2.94/μg
钙	11/mg	磷	130/mg		

此外，根据中医理论，猪肉具有多种功效：猪肉性平味甘，有润肠胃、生津液、补肾气、解热毒的功效，主治热病伤津、消渴羸瘦、肾虚体弱、产后血虚、燥咳、便秘、补虚、滋阴、润燥、滋肝阴、润肌肤、利小便和止消渴。猪肉煮汤饮下可急补由于津液不足引起的烦躁、干咳、便秘和难产。

第三节　肉制品制作与文化

一、肉食种类

随着近代工业革命的兴起，肉食的生产也开始进入机械化、标准化的进程，并逐步脱离手工生产，形成了种类繁多、风味各异的产品，即通常人们所称的肉制品。肉制品是指用畜禽肉为主要原料，经调味制作的熟肉制成品或半成品，如香肠、火腿、培根、酱卤肉、烧烤肉等。也就是说所有的用畜禽肉为主要原料，经添加调味料的所有肉的制品，不因加工工艺不同而异，均称为肉制品，包括：香肠、火腿、培根、酱卤肉、烧烤肉、肉干、肉脯、肉丸、调理肉串、肉饼、腌腊肉、水晶肉等。根据肉制品加工工艺和产地不同，世界上肉制品主要可分为三大类：中国式、意大利式和德国式，而历史悠久、流传最广的首推中国式。多年以来，由于我国地域辽阔，各民族、各地区人民的饮食习惯存在差异，肉制品的种类极其丰富，关于分类原则和分类方法也有多种说法。

目前，根据我国肉制品最终产品的特征和产品的加工工艺，可以将肉制品分为 10 类：香肠制品、火腿制品、腌腊制品、酱卤制品、熏烧烤制品、干制品、油炸制品、调理肉制品、罐藏制品、其他类制品（表 9-3）。

表 9-3　肉制品的分类

序号	类别	产品
1	香肠制品	中式香肠、发酵香肠、熏煮香肠、生鲜肠
2	火腿制品	干腌火腿、熏煮火腿、压缩火腿
3	腌腊制品	腊肉、咸肉、酱封肉、风干肉
4	酱卤制品	白煮肉、酱卤肉、糟肉

续表

序号	类别	产品
5	熏烧烤制品	熏烤肉、烧烤肉
6	干制品	肉松、肉干、肉脯
7	油炸制品	挂糊炸肉、清炸肉
8	调理肉制品	生鲜调理肉制品、冷冻调理肉制品
9	罐藏制品	硬罐头、软罐头
10	其他类制品	肉糕、肉冻

二、 肉制品工艺

香肠是一种利用非常古老的食物生产和肉食保存技术的食物，是将动物的肉绞碎成条状，再灌入肠衣制成的长圆柱体管状食品。香肠以猪或羊的小肠衣（也有用大肠衣的）灌入调好味的肉料干制而成。中式香肠基本生产工艺：原料肉选择与修整→切丁→拌馅、腌制→灌装→晾晒或烘烤→包装→成品。

火腿是指以动物的腿（主要为猪腿）或大块的肉块为原料，经过盐渍、烟熏、发酵和干燥等处理而成的肉制品。中国的火腿原产于浙江金华，现代以浙江金华和江苏如皋，江西安福与云南宣威出产的火腿最有名。其中金华火腿具有俏丽的外形，鲜艳的肉，独特的芳香，悦人的风味，即色、香、味、形，“四绝”而著称。金华火腿基本生产工艺：鲜猪腿验收→修割腿坯→腌制→浸腿→洗腿→晒腿→整形→发酵→落架→分级、堆叠→成品。

腌腊肉制品是原料肉经过预处理、腌制、酱制、晾晒（或烘烤）等工艺加工而成的生肉类制品，食用前需经熟化加工，是我国传统的肉制品之一。腌腊制品具有方便易行、肉质紧密坚实、色泽红白分明、滋味咸鲜可口、风味独特、便于携运和耐储藏等特点。腊肉基本生产工艺：原料→检验修整→配料→腌制→烘干→检验→包装→成品。

酱卤肉制品是原料肉经预煮后，再用香辛料和调味料加水煮制而成。酱卤肉制品都是熟肉制品，产品酥软，风味浓郁。酱卤肉制品几乎在我国各地均有生产，但由于各地的消费习惯和加工过程中所用的配料、操作技术不同，形成了具有地方特色风味的多个品种，有的已成为地方名特产，如苏州酱汁肉、北京月盛斋酱牛肉、河南道口烧鸡、南京盐水鸭等。南京盐水鸭基本生产工艺：原料鸭选择→宰杀→浸泡→晾干→腌制→冲烫或烘烤→煮制→出锅→成品。

熏烧烤制品是经腌制或熟制后的肉，以熏烟、高温气体或固体、明火等为介质热加工制成的一类熟肉制品。熏烧烤制品基本生产工艺：选料与整理→腌制→烧烤→成品。

干肉制品是以新鲜的畜禽瘦肉为主要原料，加以调味，经熟制后再经脱水干制，水分降低到一定水平的干肉制品。干肉制品营养丰富、美味可口、体积小、质量小、食用方便、质地干燥、便于保存和携带，因此备受人们的喜爱。牛肉干基本生产工艺：选肉→分割→浸泡→煮制→切制→炒制→烘烤→检验→包装→入库。

油炸制品是指肉经过加工调味或挂糊后或只经过干制的生原料，以食用油为加热介质，经过高温炸制或浇淋而制成的熟肉制品。真空油炸牛肉的基本生产工艺：原料验收→分割→清洗→预煮→切条→调味→冻结→解冻→真空低温油炸→脱油→质检→包装→成品入库。

调理肉制品又称预制肉制品，是指鲜、冻畜禽肉（包括畜禽副产品）经初加工后，再经调味、腌制、滚揉、上浆、裹粉、成形、热加工等加工处理方式中的一种或数种，在低温条件下储存、运输、销售，需烹饪后食用的非即食食品。冷冻调理肉制品的基本生产工艺：原料肉及配料处理→调制（成形、加热、冻结）→包装金属或异物探测→冻藏。

罐藏制品是将处理后的原料直接装罐，在罐中按不同品种分别加入食盐、胡椒、洋葱和月桂叶等调料；或将经过处理、预煮或烹调的肉块装罐后加入调味汁液而制成的罐头产品。罐藏制品的基本生产工艺：空罐清洗→消毒→原料预处理→装罐→预封→排气→密封→杀菌→冷却→保温检验→成品。

三、肉食风味

除了营养外，肉制品的另一大特色就是风味，风味好坏直接影响了肉制品的质量。在科学用语中，风味物质是指一些挥发性的物质，具有肉类制品特殊气味的挥发性物质被称为肉类制品独特风味性化合物。

与果蔬等经自然成熟而来的一些香气成分不同，肉制品的风味成分不是由单一化合物而是由一系列的挥发性化合物共同作用的结果。风味作为肉制品最重要的食用品质之一，其成分复杂，形成途径多样。肉制品特异性风味与原料特性有关，如品种、年龄、饲养因素、屠宰因素、温度等。深加工肉制品风味物质的产生主要发生在加热熟化过程，如高压炖煮、微波加热、卤制、发酵、烧烤等。目前肉制品中检测到的挥发性香气成分多达千余种，主要包括醛类、酮类、醇类、酚类、呋喃、吡嗪等，这些物质主要来源于美拉德反应、脂肪氧化、氨基酸及硫胺素的降解等过程。

肉制品中风味物质的主要前体物质、反应方式及主要芳香成分见表 9-4 所示。

表 9-4　　肉制品中风味物质的形成

前体物质	反应方式	主要芳香成分
酯类	脂质氧化、水解	醇类、醛类、酮类、呋喃和内酯等
糖类	美拉德反应、焦糖化	酮类、醛类、醇类、呋喃及其衍生物等
硫胺素	热降解	呋喃、呋喃硫醇、噻吩和含硫脂肪族化合物等
氨基酸及肽类	美拉德反应、Strecker 分解	噻唑、噻吩及含硫化合物、吡嗪等
含硫化合物	热降解、美拉德反应、Strecker 分解	硫醇、硫酮、多硫化物、噻吩、噻唑等

四、肉食与艺术

正是由于有着特殊的风味和色泽，肉制品成为了一类美食，同时与其他许多食品一样，肉食也有着极其丰富的文化内涵，甚至可以称为艺术。从艺术的角度讲，既有丰富的内容，又有完美的形式。食品艺术不同于视觉和听觉艺术，是以人的味觉感觉为中心，兼以视觉和嗅觉为感觉受体的艺术，吃是味觉的享受，看是视觉的享受。完美的食品总是在内容和形式这两者关系上达到辩证的统一。各式各样的肉类艺术拼盘如图 9-8 所示。

图 9-8　肉类艺术拼盘

火腿本身可称得上一件艺术品，以西班牙伊比利亚火腿为例：瘦肉红亮，脂肪雪白，肥瘦相间，如大理石花纹般美丽；用特制长刀切下薄薄的一片来，肉绯红半透明，馨香扑鼻，鲜甜醇厚，肥而不腻，瘦而不柴，入口化渣（图 9-9）。

图 9-9　火腿薄片

火腿不仅制作周期长，而且片火腿也非常讲究。只有专业切片，才能做到油花均匀、薄如纸片，造成入口即化、两颊生香的至高品味。用特制长刀切下薄薄的一片来，瘦肉绯红半透明，中间均匀布满了如同大理石花纹一样甘美的脂肪，用拇指和食指抓起来整个放到嘴里，在口中化开如同一个饱满的亲吻。肉色绯红，肌肉周围的淡淡粉红色的脂肪，如云环绕，肌肉之间的纤维却犹如丝网密布成大理石的细纹理。顶级制品的外观则更像一件艺术品。

作为一道肉制品美食，火腿食用方法非常考究。比如，对于上等的火腿，最好的方式就是切薄片生吃，现切现吃。或是火腿薄片配上红酒或雪利酒，这是西班牙最典型的小酒馆味道。当然，也可以一片火腿配一块面包、饼干，这是南部安达卢西亚流行的吃法。也有用伊比利亚火腿卷蜜瓜的吃法，这是最开始在意大利盛行的吃法。其他还有如火腿批萨，火腿配配面包片，哈密瓜汁配火腿，火腿配奶酪片，火腿配无花果等众多美食吃法。

五、 肉食与文化

自古以来人类饮食就未曾离开过肉，肉类一旦摆脱了单纯的自然属性，成为人类物质生产与精神创造的对象，肉食文化系统便开始形成。肉食文化是指与肉食相关的各种文化现象，或以肉为中心的文化体系。肉食文化体现在物质成就和精神成果的诸多方面，并受制于社会的发展与人类文明的进步；它还有着地域之分、民族之别，同时又与社会习尚、宗教仪礼等密切相关。

肉食伴随人类几千年的文明，已衍化成不同的文化底蕴与艺术形式，与人们的社会生产紧密联系在一起。其中，火腿就是一种极具文化特色的肉类食品。相传火腿起源于中国唐代以前，唐代陈藏器《本草拾遗》中就有“火腰（同腿），产金华者佳”的描述。最早出现“火腿”二字的是北宋，苏东坡在他写的《格物粗谈 · 饮食》明确记载火腿做法，“火腿用猪胰二个同煮，油尽去。藏火腿于谷内，数十年不油，一云谷糠”。火腿是浙江金华的著名特产，传说抗金名将宗泽是浙江金华义乌人，有一次带着家乡腌制的猪腿进献给宋钦宗，咸猪腿肉色、香、味俱全，因为色泽鲜红如火，宋钦宗就赐名“火腿”，从此火腿便成了贡品，图 9-10 为唐宋时期宴饮盛况。

图 9-10　唐宋时期宴饮

第四节　肉食与现代工业和社会生活

一、肉类工业

伴随着人类文明的发展，肉类食品已深深地融入到现代社会，与我们的生活紧密联系。经过几十年的肉类工业多规格的格局发展，我国肉制品已形成一种种类繁多、产值巨大的工业化产品。2016年，我国肉类总产量达到8540万吨，肉类工业在食品工业乃至整个国民经济中占有重要地位。

目前，我国低温肉制品已经占到西式肉制品总量的60%，低温肉制品加工技术与工艺正逐渐接近、甚至部分已经达到国际先进水平，其相关的质量控制技术、保鲜技术等也在不断地完善与提高之中。同时，中式肉制品正由传统的作坊式制作向现代工厂化生产迈进，在保鲜、保质、包装、储运等方面获得突破。我国肉类工业通过技术进步正经历一场深刻的变革，对世界肉类产业发展产生着越来越重要的影响。

二、肉与人类生活

肉类是人类蛋白摄入的重要来源，也富含多种微量元素和维生素，具有平衡膳食、增强体能的作用。但是，一些研究表明肉类的加工不当和过量食用也会对人体健康产生潜在不良影响。

总之，在当今社会肉制品不仅作为人们健康饮食的重要来源，也是一类重要的工业产品，与我们的生活息息相关，而这一关系随着人类社会的不断飞跃发展将更加融洽和谐。

思考题

1. 请简要说明肉的熟制目的是什么？
2. 请说明中国古代记载巢氏发明的关于肉制品的“脍”和“捣”分别指的什么？
3. 根据我国肉制品最终产品的特征和产品的加工工艺，肉制品分为几大类？

拓展阅读文献

[1] Craig B. Stanford, Henry T. Bunn. Meat-Eating and Human Evolution [M]. New York: Oxford University Press, 2001.

[2] Nevijo Zdolec. Fermented meat products: health aspects [M]. London: Crc Press, 2016.

第十章 传统民族乳制品文化

CHAPTER 10

[学习指导]

通过本章的学习，了解中国饮食畜乳的起源，了解乳文化的发展历史，了解乳文化在民族中的拓展，掌握特色乳制品的分类及其制作方法，思考民族乳制品文化如何逐渐融入人们的日常生活。

第一节 传统民族乳文化的历史沿革

一、乳文化的起源、形成过程及内涵

牛乳是世界上最古老的天然饮料之一。有历史记载，6000 多年前在古巴比伦的一座神庙中的壁画上存留着人类喝牛乳的最早记录。当时人类驯服牛作为家畜，并把牛乳作为重要的饮品和食物来源。同时期的古埃及人已将牛乳作为祭品，埃及神话中象征丰产和爱情的神“哈索尔”就长着一颗乳牛的头。古巴比伦游牧民族还将马、羊和牛等家畜的乳做成发酵乳，除了饮用外，还将发酵乳当成药品，因为这种发酵乳制品中含有对人体有益的微生物，称为“益生菌”。除此之外，阿拉伯人在航海途中需要大量的饮品，就将牛乳和羊乳倒入皮革器皿中，却意外发现牛乳和羊乳的乳液发生改变，袋内的羊乳分成了两层，一层是透明状的乳清，一层是白块凝脂，经过高温形成半固体状态，也就是现在的芝士。公元前 2000 多年前，在希腊东北部和保加利亚地区生息的古代色雷斯人，他们掌握了用羊乳制作酸奶的技术，因此，酸奶最早源于古希腊，现代社会最好的酸奶被称为“希腊酸奶”。13 世纪末，马可波罗在著名的《马可波罗游记》中提到，成吉思汗的队伍长途行军时，携带干燥过的粉末状牛乳作为食物，这估计是关于乳粉的最早记录。1862 年，法国科学家巴斯德发明了巴氏杀菌法，这大大提高了牛乳的安全性，使牛乳成为了一种工业时代大规模生产的商品。20 世纪 40 年

代，无菌加工技术与包装被发明出来，并在60年代实现工业化生产，这给牛乳带来了新的革命。

乳具有丰富的营养保健价值，含人体所需的钙、蛋白质、氨基酸和各种维生素，能够补养气血、滋养肌肤、益寿延年。中医养生看重食疗，饮乳有助于降低高血压患病风险，促进骨骼发育。早期的乳制品主要来源于牛、羊、马、骆驼以及鹿等动物的乳汁。在膳食结构中，乳及乳制品具有不可替代的地位。中国的乳制品行业是非常古老的行业，同时，乳制品的新兴加工业又渲染了时代的气息，乳制品的利用和获得来源于悠久的历史之中，作为一个非常古老的行业，记载着历史的兴衰与成败。但凡传统食物，都含有某种文化的底蕴，是区域历史的一种沉淀。

“仓廪实而知礼节，衣食足而知荣辱”，文化不是与生俱来的，而是生产力发展到一定阶段的产物。“文化”一词最早出自《周易贲卦象传》：“刚柔交错，天文也；文明以止，人文也。观乎天文，以察时变，观乎人文，以化成天下。”即人们利用礼仪、风俗、典籍来教化百姓，使之具有丰富的精神内涵。因此，乳文化的狭义定义为人们在生产、消费乳制品的过程中，超出以允饥为目的，所发展出来的一切风俗习惯、生活方式等行为内涵，所赋予乳制品的民族、道德等精神内涵的统称。也有学者认为广义的乳文化是指乳制品从生产到食用的过程中，所产生的一系列物质财富和精神财富。乳制品的物质文化是指通过乳及乳制品独特的产品特色，将健康养生文化传达给消费者，精神文化是奶农在生产生活中，根据经验或习惯提炼出的产品中所蕴含的人文情结，即民俗艺术文化、精神信仰、风俗礼仪等。

乳文化主要起源于人类的农业活动，并在人类经济活动中注入文化内涵，使产品人格化，它是整个经济领域行为的人文理念、制度和行为习惯等的表现，受民族、地理、风土人情、生活方式和价值观念等的影响。中国人的奶食文化，拥有悠久的历史，早在秦汉时期，就已经有乳及乳制品的食用记载。而且，中国人的奶食文化，拥有其独特的人类学意义。奶食是中国人基于生态地理的选择，它不仅成为某些族群饮食的标志之一，而且是中国某些地区基于区域生态的饮食生产和消费。中国疆域广阔，生态地理情况复杂，这也造就了中国奶食文化的丰富性。同时，中国人的奶食文化深受中国传统的食疗观念和烹饪文化的影响，两者相互交融，影响着中国人的饮食选择。进入21世纪后，随着“每天一杯奶，健康中国人”口号的提出，乳制品越来越频繁地出现在国人的日常饮食中。鉴于文化会潜移默化地影响人们的生活方式，政府和企业也越来越重视乳文化的宣传，如近年来举办的中国西部乳都文化节、昭君文化节、洛阳羊乳文化节、国际酸奶文化节等，以乳为主题的文化活动不胜枚举。

二、中国乳文化的起源和历史沿革

我国乳业历史悠久，源远流长。早在史前时期，动物的乳就开始成为人类的食物。随着生产力的发展，人们逐渐学会和掌握了乳制品的制作技艺。在秦汉时期，乳及乳制品已经流行于中国北方的游牧民族，成为其饮食生活的重要组成。而在中原地区，人们也对奶食的营养价值有所认知。但在当时，奶食只是少数社会上层人士的专享。《中国餐饮服务大典》中提出，中国乳文化至少发展了万余年，经历了旧石器时代晚期的萌芽阶段、秦汉时期的形成阶段、魏晋南北朝的发展阶段、元朝的鼎盛阶段、明清到今天的衰落再发展阶段。也有人认为乳文化的起源不能从人类饮食畜乳开始，只有当人们有意识的发展和享受乳制品时，乳文化才算真正萌芽。而在西汉时期，人们已经将乳制品用于医疗养生、宴饮享乐等活动，因此可认为乳文化是从西汉初期才在真正意义上开始和传播。

从古籍文献记载和现代考古发现，无不证明我们中华民族不仅是乳业文明的创造者，也是乳业技术的发明者和践行者。任何历史时期，围绕乳畜乳汁的有关探索从未停止，不断满足民众营养健康需求，极大地丰富了中国传统乳文化，成为中华民族宝贵的物质文化遗产。下面列举几个不同历史时期的饮用各种畜乳的典故和事例。

1. 春秋战国的“鹿乳奉亲”

中国古代《二十四孝》中有春秋时期郯子“鹿乳奉亲”的典故，讲的是作为孝子的郯子取鹿乳为母亲治疗眼疾的故事。郯子，是春秋时期人。他非常孝顺，父母年老，双目失明，听人说喝鹿乳眼睛就会好，于是他借了一件鹿皮做的衣服乔装成一只鹿，冒生命危险跑到深山里，混进鹿群中取鹿乳来医治母亲的眼疾，使母亲重见光明。

这个故事本意虽然是弘扬孝道，但是从乳业文化角度来看，我们却能读到许多历史信息。一方面，春秋战国的郯国人不仅饮食乳品，而且还有畜乳入药的习俗。另一方面，故事特别提到以当时尚未驯养野鹿乳入药，这似乎说明牛乳和羊乳已经成为春秋时代的平常之物，不足以表达事亲至孝的虔诚之心。尽管从今天的科学角度看，畜乳或特指的鹿乳不一定真能治疗眼疾，但作为一种大众普遍遵循的民俗，对乳业文化的传承沿袭作用似乎耐人寻味。

2. 魏晋南北朝的“羊酪和莼羹”之争

《太平御览》中曾有记载：“陆士衡诣王武子，武子有数斛羊酪，指以示陆，曰：‘卿东吴何以敌此？’陆云：‘千里莼羹，未下盐豉’”，晋陆机（字士衡）去拜望王济（字武子），王济问陆机，你家乡有什么可以比得上羊酪的？陆机回答，有千里莼羹，还没有放上盐豉。从此羊酪和莼羹指两种不同地区各自特产的乡土美味。

魏晋南北朝时期，民族融合加强，北方游牧民族的奶食习俗逐渐传入内地。虽然在北方地区奶食已成为人们的日常饮食，但很多南方人仍然不习惯于食酪，在此背景下产生了有名的羊酪与莼羹之争的典故。在南北朝后期，南方人对乳酪的看法有所改观，并开始接受这种营养丰富的食品，但流行的程度远不如北方。北魏贾思勰的《齐民要术》中有《作酪法》《作干酪法》等专篇，介绍了乳酪的制作和加工技术，这是现存最早的关于乳品制作方法的汉字记载。

3. 隋唐时代的“羊酥真者胜牛酥”

隋唐时期，我国先民对乳汁的认识和利用已经延伸到医学保健领域。现存较早的食疗古代著作《食疗本草》系统总结了唐朝以前的各种食疗方法与经验，其中记述羊乳为“补肺肾气，和小肠。亦主消渴，治虚劳，益精气。羊乳治卒心痛，可温服之”，并且独树一帜的指出“羊酥真者胜牛酥”，这里“酥”是指乳中提取的油脂，意思是羊酥的真品要比牛酥好。唐天宝年间的藏医古籍《四部医典·论说医典》记有“山羊之乳常服平哮喘”，当谈及血脉失血的治疗时，指出外用敷法是“青黛地丁闹羊马兜铃，山羊乳酪共调敷之”，这些均佐证了我国古代对乳汁在临床与食疗功效方面的研究已经甚为专注。此外，在唐代，乳制品的消费达到了高峰，奶油、酸奶酪、马奶酒、干酪、凝乳和黄油相当流行。乳制品的普及也影响到了文学，从韩愈的诗句“天街小雨润如酥”，就可以看出“酥”在当时生活中的地位。

4. 成语“醍醐灌顶”

隋唐五代时期，奶食属于珍美的食品，人们常用乳制品来比喻美好的事物。如《新唐书·穆宁传》记载：“兄弟皆和粹，世以珍味目之。赞，少俗然有格，为‘酪’；质，美而多入，为‘酥’；员，为‘醍醐’；赏，为‘乳腐’云。”这一时期，北方游牧民族更多的是将乳及乳制品直接食用，而中原及南方的人们除直接食用外更多的是将其用于馔肴的制作。

其中，“醍醐”是一种经常出现在中国古籍和佛教经典中的乳制品。《涅槃经》中这样记载到：“牛乳成酪，酪生成酥，生酥成熟酥，熟酥出醍醐，醍醐是最上品。”醍醐是乳制品的最终产品，是酥油经过熬煮、过滤、冷却后制成的液态物，是一种精细提炼的奶油制品，营养价值很高，美味可口，醍醐在当时被作为滋补饮品来制作。成语“醍醐灌顶”，出于《敦煌变文集·维摩诘经讲经文》：“令问维摩，闻名之如露入心，共语似醍醐灌顶”，比喻给人灌输智慧，使之从迷惑中醒悟或彻底觉悟。唐代诗人白居易也曾作《嗟落发》，诗中赞到“有如醍醐灌，坐受清凉乐”。因此后世的文学作品在形容提到人头脑清醒、茅塞顿开时，常用“醍醐灌顶”一词来形容。

5. 宋朝的“乳酪院”

宋人主要从事农耕生产，但是他们并没有因为酪、酥等乳品是北方民族的主要食物而加以排斥。宋室的南迁，加快了南人接受乳酪的进程。为了保证宫廷的奶食消费，宋政府在光禄寺下设有“乳酪院”，专门负责乳畜的饲养管理和酥油以及干酪等乳制品的制造。但是由于中原地区畜乳产量有限，一般人不容易得到比较高级的酥，但在县一级的市场上人们也可以买到酪等乳品。此时，乳及乳制品也是制作馔肴的重要原料，尤其是在馔品制作中。《吴氏中馈录》中有“酥饼方”，还有“酥儿印方”。同时，人们重视奶食的养生功能，在一些食疗方中用到了它。在饮品方面，由于民俗传承的惯性，在宋代时的茶汤中添加盐、酪和辛香料的饮法仍然存在。

6. 元代的“马奶酒”

蒙古族人建立了游牧民族历史上最强大的一个王朝——元朝，此时，乳文化的发展也迎来了新的高潮。元朝建立以后，由于蒙古族所处的特殊地位，蒙古族饮食和汉族以及其他少数民族饮食的交流更加频繁，因此，和前代相比，不仅奶食被汉人普遍地接受，而且用其制作的馔肴和饮品大为增加，达到一个高峰。

在元代最有名的当属马奶酒。元朝军队将马奶和奶干作为常备的军旅食品，成吉思汗曾设立多个万匹养马场，出征时有几十万匹母马随军而行，以便战士取马乳食之，乳尽，则杀马食肉。这就克服了长途跋涉、粮草转运的困难，使军士保持强健的体力，勇猛作战而大获全胜，同时《蒙古秘史》卷四中记载：“成吉思汗……其颈被伤，……好生渴得甚，于车箱中寻马奶不得，止有酪一桶挈，又寻水来将酪浆调开与成吉思汗饮，成吉思汗旋饮旋歇，三次方已。”

成吉思汗铁骑大军驰骋于欧亚大陆，征服天下，上至将军下至士兵，无不喜欢马奶酒。《黑鞑事略》中曾述马奶酒的制作过程：“其军粮，羊与涕，手捻其乳曰涕，马之初乳，日则听其驹之食，夜则聚之以涕，贮以革器，倾桐数宿，味微酸，始可饮，谓之马奶子”。此外，马奶酒还有一种制作方法：在行军和倒场途中，将马奶装入皮袋中，令其与袋中旧奶混合，驮在马身上，在不断的颠簸中使其发酵、成熟，然后再饮用。马奶的上品称为哈喇赤，是马奶撞熟后，经过特殊过滤和加工而成的含有酒精的饮品，色清味甘，一般民众不容易得到。

当时的大将军耶律楚才对马奶酒喜好到了疯狂的程度。他曾专门赋诗吟诵马奶酒，把马奶酒比作琼浆玉液，最终一句是："愿得朝朝赐我尝"来表达其对马奶酒的赞颂。马奶酒是蒙古族的传统美味佳酿，是以马奶为原料发酵而成，不但清凉可口，富有营养，还能起到滋脾养胃、除湿、利便、消肿等作用，对治疗肺病效果更佳。在蒙古族人民心目中，马奶酒是一种高尚圣洁的饮品，常用来招待尊贵的客人。

7. 明朝的"金榜牛乳"

明朝初期，广东顺德的金榜村农户几乎都以种植水稻为生，大多数能加养水牛来犁地。但由于耕地少，仅仅靠种田是不足以养家的，村民就利用丘陵地区四季牧草繁茂的优势大养水牛。但是养水牛出售牛肉，生产周期长，不足以维持生计。一些金榜村的村民开始尝试挤售水牛乳来补贴生计。起初，村民只是在市集上出售鲜牛乳，但有时鲜乳卖不掉，又无法保存，聪明的金榜人就用醋和食盐将牛乳制成透明的牛乳片来出售，这种用醋和盐制成的牛乳片，不仅可以常温保存，而且风味独特，这就是金榜牛乳的由来。

8. 清代紫禁城的"饽饽局"

清代是民族饮食再次高度融合的时期，那时的人们对于奶食早已不再陌生。为保障皇室乳制品供给，清廷在紫禁城外组建了三旗牛羊群牧处、庆丰司等机构，并按照皇室成员的地位配给奶牛数量。清朝时期，北京是政治、经济、文化中心，在北京出现有以乳、奶油为主制做的食品，如奶油八件、奶油三台、奶乌突、奶酒、奶酪、奶干及奶卷等，这些乳制品做法有的至今已失传，只有奶酪，又叫扣碗酪、酪干及奶卷等流传下来。同时，一些制作精美的奶制品如奶油饽饽、奶戳子、奶油栗子等很早就成为达官贵人所享用的宫廷奶点。清廷奶点多为固态的点心，包括奶油类、蛋白类、奶点类、乳制冷饮类和点缀类等五大类几十个品种。清廷奶点在清末发展到高峰，慈禧太后懿旨设立的紫禁城西厨房共5个，其中有个局就叫"饽饽局"，是专门制作乳制品的内廷机构。但是，在清王朝的统治被推翻后，饮奶的习惯在中原也就逐步淡化。

9. 抗战时期的延安"红色牧场"

抗日战争时期，为打破日伪对陕北根据地的经济封锁，中共中央和陕甘宁边区组织开展大生产运动，发展畜牧生产。1939年，中共中央在延安南郊杜浦川的马家湾村创办了保健农场（后更名为光华农场），饲养了40多头荷斯坦乳牛和一批萨能乳山羊，所产鲜乳作为保健滋补品，主要供给延安中央托儿所的婴幼儿、医院伤病员，以及在延安的革命元老和中央领导同志。实施特殊日常配给制。在美国畜牧专家阳早、寒春夫妇技术指导下，光华农场的乳牛和乳山羊得到很好地发展，牛羊乳供应量有所增加。1948年后，大部分乳牛迁移到西安边县并成立光华农场（今三边牧场）。1949年，光华牧场搬迁到西安市北郊，成立了西安草滩农场，发展成我国著名的牛乳生产基地。

乳文化的发展始终与游牧民族的进退息息相关，难以摆脱自身的区域性和时代性，每当"牧进农退"，乳文化便随之强盛，而每当"农进牧退"，乳文化也随之衰弱，终究难以与茶酒文化比肩。因此，尽管乳文化在华夏大地发展了近2000年，却始终只能在汉人的饮食文化中偏安一隅。

第二节 传统乳制品在民族文化中的传承

其实，乳文化可以简单地理解为与乳业及乳制品相关的文化习俗。中国乳文化的形成具有鲜明的民族特点，在不断融入现代文明的过程中，也使自身得到了延伸和升华，展现了自身特有的传统内涵和文化魅力，充斥着游牧民族的精神和物质生活。在现在的中国，比较典型的畜牧民族是哈萨克族和蒙古族。哈萨克人说“宁可一日无食，不可一日无茶”（哈萨克人把吃饭称为“喝茶”）；又说“奶子是哈萨克的粮食”。古代文献中曾记载说哈萨克族、蒙古族等游牧民族的饮食特点是“不粒食”，即饮食中没有一粒粮食。现今在这两个民族的饮食中，乳和肉还占比较重的比例。此外，饮用奶食的民族还有鄂温克、塔吉克、藏、俄罗斯、维吾尔、塔塔尔、柯尔克孜，一方面他们的乳制品丰富，有牛乳、羊乳、骆驼乳等；另一方面他们对加工、储藏各种乳制品有着丰富的经验，日常乳制品有酸奶、奶皮子、奶酪、奶疙瘩、奶豆腐、酥油等。同时，他们还用乳或乳制品为原料来烹制其他美食。对于这些从事农牧业的少数民族来说，牛乳在其传统生活中逐渐占据了重要地位，并形成了具有鲜明特色的草原乳文化。他们在乳制品加工制作和饮用方面有着许多宝贵的经验，丰富了中国的乳制品文化。

一、游牧民族乳制品文化的形成

1. 因“牛羊群”而形成的蒙古族乳制品文化

众所周知，蒙古族被称为“马背上的民族”和“草原上的雄鹰”，充满着英雄气概，蒙古族的饮食也灌注着民族气节。蒙古人以“白”为尊，视“乳”为高贵的吉祥物品，包括奶豆腐、奶皮子、奶干、奶酪、奶油和酸奶等。世代身为游牧民族的他们对牛乳、羊乳和马乳有自己的一套做法。据历史记载，约在公元 12 世纪，酸奶被游牧民族装在羊皮袋里，是由细菌自然发酵而成的，当时这种发酵乳被称为“库米斯”，是军队重要的饮料和药剂。蒙古人发现这种乳的口味酸酸甜甜，又不容易变质，为了能继续得到酸奶，便将其接种到煮开后冷却的鲜乳中，经过一段时间的发酵培养，便获得了新的酸奶。奶酒也是蒙古人的主要饮料之一，由鲜乳经发酵提炼而成，绵厚醇香，已有 2000 多年的历史。后期，成吉思汗担任蒙古族将领时，由于重视发展军事，所以他带领将军们在行军途中为了解决温饱问题，将干燥的粉末牛乳作为食物保障，这就是乳粉的雏形。再后来，人们将乳液和茶相融合创造了奶茶，品种有奶茶粉、冰奶茶和热奶茶等，成为游牧民族的日常饮品。

清朝初期蒙古各部落首领归顺，为表示诚意献上数目不等的金银财宝和牲畜，为满足皇帝御膳房、茶点膳食房所用的红白食，祭祀天地神灵和先祖时使用的全羊以及宫内皇室贵族享用奶食、肉食的需求，清廷命察哈尔各旗抽调大批的牧户和牲畜，建立了“牛羊群”的皇家牧场。1675 年以后，清朝不断从察哈尔八旗中抽调牧户与牧地，把清初建立的小型马群、牛群、羊群扩大为四个大型牧场。即：供皇差祭陵及军用的商都牧群（初称马群），供坛庙祭品及膳房取用，并春秋支应乳饼乳皮之用的明安牧群（初称牛羊群），专供皇差祭陵及军需调用的太仆寺左翼牧群和太仆寺右翼牧群（两翼牧群）。

这些负责牧场畜牧业的察哈尔人民历代从事供给清朝皇室、军队、王公大臣们的马匹、肉食、乳制品需求的生产，从而形成了察哈尔部落旗独特的畜牧业产品加工制作文化。他们在为清廷皇室服务的过程中，将蒙古族传统饮食制作工艺在原有的基础上进一步的优化改进，使其传统饮食文化水平上升到了专供皇室享用的等级。就以锡林郭勒正蓝旗为代表的察哈尔部落乳制品为例，品种多样，工艺精湛、口味独特，是乳制品的珍品与精华，代表了蒙古传统乳制品生产技术的最高成就。2007 年 8 月，察哈尔正蓝旗被命名为《内蒙古自治区查干伊德文化之乡》，2011 年又命名为《中国查干伊德文化之乡》，同时认定为《中国查干伊德文化传承基地》。

蒙古族饮食文化内涵多样、风格独特，是蒙古族传统文化重要组成部分。随着社会生活的发展，蒙古人根据劳动经验随不同自然环境和劳动强度等自身需要调整食物种类，在“吃什么”到“怎么吃”的过程中加工利用畜产品的烹饪制作技艺逐渐完善。尤其在与农耕饮食文化的碰撞接触中，劳动人们用勤劳和智慧赋予农作物更多游牧特色，并通过借鉴汉族或其他民族地区的烹饪方法将传统畜乳的营养和味道有机结合，创造出了多种地方特色食物，丰富与创新发展了传统乳品饮食文化。同时，随人类精神世界的进步，人们对饮食物质文化增加了更多的新的内涵和社会功能。蒙古族用游牧特色饮食传达着宗教信仰、社会礼俗、人生礼节，丰富了其饮食文化内涵。例如，蒙古族人民用“乳汁般洁白的心”比喻人心的纯洁和善良；亲人或客人起程时，老阿妈都会将鲜乳洒向天空，以祈祷旅途平安；婚宴上，母亲会给新郎和新娘斟上一碗鲜乳，以祝福他们新生活美满幸福；祭神拜祖时，用早晨熬好的第一口奶茶祭祀祖先、膜拜神灵，以抒发崇拜之情；节日庆祝时，亲朋好友聚在一起，互相涂抹奶茶，以表达祝福之意。

2. 哈萨克族的食乳文化

我国的哈萨克族是一个以奶食为主要食物的民族。他们很早就开始放牧牛、马、羊和骆驼。鲜乳来源的丰富，为哈萨克人奶食文化奠定了基础。玉素甫・哈斯・哈吉甫在公元 1 世纪写成的著名长诗《福乐智慧》描写哈萨克族的一些游牧部落时写道：“他们是心地诚实的人，肩上担负着重任。吃穿、乘骑和战马，还有驼畜全靠他们供给。还有马奶酒、毛、油和酸奶疙瘩，还有使你住房舒适的地毯和毛毯”。从以上诗中可以知道，当时的哈萨克人已经在食用马奶酒。马奶酒的出现说明哈萨克人已掌握了发酵技术，饮食已由自然状态进入调制阶段。几千年来的牧业生产活动，促使他们掌握了各种制奶技术，食物的匮乏与鲜乳来源的富足，成为他们不断提高制乳技术的动力，可以说哈萨克族的饮食，特别是在食乳方面是非常发达的。发展到现在，哈萨克族的奶食品已有几十种，包括鲜乳、娇乳（牛、羊产羔后第一、二天挤的奶）、酸奶子、奶皮子、乳饼和马奶酒等。

哈萨克族虽然现在仍然保留有原始时期的烹饪术——石饪，但从整体上看，他们对奶食的加工方法是在不断进步的，从自然饮食状态——晒、晾逐渐发展为调制饮食状态——发酵法。萨克人在加工乳制品时，最常用的东西就是皮囊。这种皮囊可以用各种皮子缝制，也有的直接用牛肚子或羊肚子做成，它即可以制做乳制品，也可以存放奶食品。各种肠子也是制做奶食的好材料一这些东西在哈萨克人的生活地随处可见，他们充分利用这些材料，使自己的饮食丰富多彩又具有游牧民族的特点。

在长期食乳的过程中，哈萨克人不但创造出各种各样的乳制品，而且不断地丰富着自己的饮食文化习俗，形成了一个以食用为基础的，反映人们精神生活的文化圈。例如，丰富多样的乳制品是哈萨克人赖以生存的物质基础，他们夏日喝马奶酒，冬日吃奶疙瘩，客人来了敬献奶茶，甚至在蛇进入毡房时，也不能将蛇打死，而要给蛇身上洒些鲜乳，然后将其赶出。这是哈萨克人的一种古老习俗，他们认为乳是一种吉祥物，给蛇身上洒乳能带来吉利。过去的哈萨克氏族，部落的上层人物自视高贵，称自己是“白骨头”，而非贵族出身的平民则被称为“黑骨头”。“白骨头”和“黑骨头”之间不得通婚，等级森严。哈萨克人还认为最好的毡房是用白色的毡搭起来的，称为“白色的宫殿”。白色的马、白色的羊都是吉祥的。这种对白色的崇尚应该来自于对乳的崇拜，在哈萨克人中间早就有拜乳习俗的存在，在他们活动的重要场合奶食成为一种吉祥物。

此外，哈萨克族在长期饮乳的过程中产生了一些禁忌。按照哈萨克族的传统习俗，妇女怀孕后，首先忌食驼乳，如果饮用，孕期就会延长。喝奶茶时，不能喝一半剩一半离席。不能坐装有奶食的袋子。不允许从摆有奶食的餐布上跨越。出门人不能带酥油，特别是出远门者，如果带了酥油，家中的人便会做噩梦，如酥油流成河，因此，哈萨克人有忌带酥油出门的习俗。

二、 传统乳制品文化的传承

1. “酥油茶”——汉藏文化交融的标志

酥油有很高的营养价值，也是藏族地区主要的热能食物。对于藏族居民来说，酥油作为主要食品，一日三餐不可或缺。酥油中的脂肪含量极其丰富，尤其是功能性脂肪酸的发现，更是引起了营养学家的关注。除了食用，酥油还有很多其他重要用途，如软化皮革等。酥油还被赋予了浓重的宗教色彩，虔诚的藏传佛教信徒敬神供佛时，如点灯、煨桑等都离不开酥油。

据记载，唐代文成公主入藏时，带去了内地的茶叶，当时藏族群众逐渐将其与酥油结合，制成酥油茶，并成为藏族居民日常生活的必需品。在藏区，藏族居民一般早上都要先喝完酥油茶才会去劳动和工作，他们也会用酥油茶来招待客人。千百年来酥油茶成为汉藏文化交流和民族融合的标志。藏族谚语‘宁可三日无粮，不可一日无茶’，生动地说明酥油茶在藏族人民生活中的重要地位。

2. 蒙古族欢腾的“马奶节”

马奶节是内蒙古锡林郭勒盟蒙古族牧民的盛大节日，一般在每年农历八月末举行。农历八月，是锡林郭勒盟草原的“黄金季节”，到处是牛羊欢叫，骏马嘶鸣。蒙古民族崇尚白色，认为白色是最珍贵、最美好、最纯洁的颜色。牧民们为了祝愿健康、幸福和吉祥，以洁白的马奶命名为节日。节日前夕，牧民点的人们忙着宰杀牛羊，准备奶酪、奶干、奶豆腐、奶油和油炸果子，煮好手扒肉，拿出马奶酒，以便款待前来参加节日活动的牧民和各族客人。节日清晨，各牧民的男女老少穿上艳丽的民族服装，或骑马，或坐勒勒车，或搭汽车，前往露天会场，按划定地段就坐。活动开始，主持人向客人、蒙医敬献醇香的马奶酒和礼品，祝大家节日愉快。接着，在人们轻轻的歌声中，歌手们朗诵马奶节的献诗，琴师们托起扎有彩绸的马头琴，歌手们纵情的歌唱节日的献歌，然后举行赛马活动。

3. 哈萨克族的“克模孜毕”

“克模孜毕”（马奶酒舞）是通过模拟制作马奶酒的劳作过程来表达哈萨克族人对丰收的渴望。每年7月下旬和8月是哈萨克族盛产马奶的时间，在对马奶酒酿后，每户都会举行一个开囊饮酒仪式，其他邻居会前来祝贺，这时候就有“克模孜毕”的表演。依照弗雷泽使用的“顺势巫术”的论述，只要精细地模拟制作马奶酒的劳作过程就可以丰收马奶酒。“克模孜毕”的表演内容就是对马奶酒制作过程的模拟，该舞蹈在马奶酒酿造出来进行表演。因此，马奶酒制作的劳动生产步骤、动作决定了“克模孜毕”的动作与形式。换句话说，“克模孜毕”就是将哈萨克族制作和收获马奶酒劳动的整个过程用舞蹈进行展示，包括挤乳、舀乳、扎皮囊口、用木棍搅拌等动作。马奶酒的酿造作为哈萨克族最基本的生产实践劳动，而“克模孜毕”作为对马奶酒制作过程的艺术展现，已成为哈萨克族最经典的舞蹈，成为当地人生活、娱乐不可缺少的一部分。

哈萨克族游牧民俗中的马奶酒酿造作为一个特殊的文化标志保存在“克模孜毕”中，“克模孜毕”的风格韵味体现着哈萨克族游牧民俗的特点。

4. 酸奶是藏族“雪顿节”中的主角

雪顿节是西藏的传统节日之一，同时也是藏族乳文化的突出代表。在藏语中，“雪”是酸奶子的意思，“顿”是“宴”、“吃”的意思，雪顿节，就是吃酸奶子的节日。雪顿节最早起源于公园 11 世纪中叶，是我国藏族地区著名的宗教节日。藏历的 6 月 29 日至 7 月 1 日为雪顿节。相传佛教的戒律有 300 多条，其中最忌讳的是杀生害命。由于夏季温暖，百虫惊蛰，万物复苏，僧人外出活动难免踩踏生命，有违“不杀生”的戒律。因此，藏传佛教格鲁派戒律规定了藏历 4 月至 6 月间，喇嘛们只能在寺院活动，寺门关闭，静静修炼，直到 6 月底方可解禁。待到解禁之日，僧人们便纷纷出寺院下山，俗家百姓念其长期在寺院内修行十分辛苦，为了犒劳他们，就家家利用高原之宝牦牛的乳汁酿造美味的酸奶，赠给僧人饮用，这就是雪顿节的发端，因此雪顿节又称乳“酸奶节”。随着时代变迁，雪顿节的活动内容也逐渐丰富起来，除了喝酸奶，后来又逐渐增加了隆重的晒佛仪式，以及唱藏戏、赛牦牛等内容，形成了一套固定的节日仪式，所以又称“晒佛节”，慢慢演变成如今一年一度的藏族盛大节日。

目前，雪顿节主要在拉萨举行，节日期间，千千万万的佛教徒从全世界涌向拉萨，以最虔诚的心，一步一个顶礼膜拜，朝圣至高无上的佛祖。佛教信徒们到山上去修行，修行完毕时家里的亲人带着酸奶到山上去迎接他们。在回家的路上，人们吃酸奶、跳舞、唱歌。每年此时，西藏各地的藏戏主要流派会在拉萨罗布林卡连续几天进行表演和比赛，场面热闹非凡。产业部门也会把各种物资和节日食品运到罗布林卡内，摆摊设棚，供游人消费、品尝。

5. “世界牛奶日”——全世界人民的节日

世界牛奶日是上个世纪 50 年代，法国的促进牛奶消费协会提出了庆祝“牛奶日”的设想，这个设想在 1961 年被国际牛奶联合会所采纳，并做出了每年五月第三周的周二为“国际牛奶日”的决定，这一天在每年都不是固定不变的。2000 年经联合国粮农组织提议，兼顾到某些国家已经确定的日期，并征得了世界七百多位乳业界人士的意见，把每年的六月一日确定为“世界牛奶日”。每逢这一天，各地的大大小小的牛乳场都会打扫得干干净净，张贴介绍牛乳生产和乳制品的绘画，张灯结彩，吸引人们特别是附近学校的学生前来参观，以各种形式向消费者介绍牛乳生产，宣传牛乳营养价值和对人体健康的重要性，同时了解消费者对牛乳生产和乳制品供应商的需求。我国一些大中城市和乳品企业都会举办不同规模和形式的“世界牛奶日”公益宣传活动，普及牛乳知识，促进牛乳消费。

三、 乳制品文化中的礼仪

1. 就餐前行“德吉礼”

“德吉礼”是蒙古族饮食习俗中强调进餐顺序的一项礼节，即先敬神、再敬长。将熬好的第一杯奶茶洒向天空，或敬于诸神及先祖神位前，忌讳任何人在献礼前品尝。

在进餐前要向长辈、老人和父母献“德吉”，以此表达恭敬之意。在祭典、婚庆、聚会等重大宴席上，都要按年龄的长幼和地位的高低敬献茶饭。在盛大的全羊宴上，在烤全羊的头顶抹上黄油或放置一小块儿奶食。这些都是蒙古族视白色的乳制品为圣洁食物的一种表现。

2. 就餐顺序先白后红

蒙古族在就餐时讲究白食为先，先白后红。“白”指白食，即各类乳制品；“红”指红食，即各种肉制品。在宴席活动中都以食用乳制品为开端，这是视白食为饮食之尊的习俗。在宴席开始之前，主人会为客人献上一银碗牛乳，按辈分先后和年龄大小，有顺序地进行品尝之后，才能分享各种肉食。

3. “萨察礼”

“萨察礼”是指进食之前或祭祀仪式开始前，向天地诸神祭洒饮食，表达感谢、祈福的礼仪形式。如饮酒时用右手无名指将杯中酒向天空弹三次，喝茶前用勺子把奶茶向天空扬洒三次，吃肉时将切成小块的肉向天空抛三块。这些餐前礼表达的是同样的内涵：敬天，敬地，敬祖。

4. “迷拉礼”

“迷拉礼”是以乳品涂抹新生事物表达美好祝愿的礼节。仪式要由僧侣或长辈来主持，举行“迷拉礼”时，一边要口中祝诵，一边行涂抹礼。应用范围很广泛：孩子出生，把奶油涂抹在新生儿额头，祝福其茁壮成长；初学骑马，把奶油涂抹在小骑手和坐骑上，祝愿他成为一名好骑手；初学打猎，用奶油涂抹猎枪的枪身、枪口，祝福他成为一名好猎手。

凭借着象征富庶崇高、福禄、纯洁的“查干伊德”，行“萨察礼”、“迷拉礼”，表达对大自然的膜拜神灵的敬畏，对祖先的尊崇，对长者的尊敬，对新生的祝福，对美好事物的礼敬。

第三节 传统特色乳制品制作及发展

特色乳制品是指以特种生乳，如水牛乳、牦牛乳、马乳、驴乳、骆驼乳等为原料，经过加工而成的乳制品，一般具有显著的地域特色和民族民俗特色。明朝著名医学家李时珍在《本草纲目》一书中阐述了牛乳、羊乳、马乳、驼乳等乳制品，并在此基础上总结了奶酪、奶酥、醍醐、乳腐、乳团、乳线等乳制品的使用和制作方法。随着社会经济的发展，少数民族的社会风尚和饮食风俗也发生了变化，但饮乳的习惯却从来没改变过，他们所创造的许多具有本民族特点的乳制品至今仍然保留着，如奶皮子、奶豆腐、乳饼、乳扇、奶疙瘩、酸奶油、黄油、奶渣、醍醐、酥酪和马奶酒等，其中，醍醐、酥酪和马奶酒在古代被誉为“塞北玉珍”。此外，奶饽饽、奶卷和奶干等乳品曾经是宫廷珍馐，在一些景点均可觅其身影，古老的宫廷乳品及其制作技艺成为了传承饮食文化的载体。乳文化的产生进一步促进了乳制品的发展，形形色色的乳制品犹如夜空中闪烁的明星，点缀着我国饮食文化的天空。

一、 中国特色乳及特色乳制品的种类及地域分布

1. 特色乳

在我国，水牛主要分布于广西、云南、江苏、浙江等地，虽然水牛乳产量较低，但品质优良。

牦牛主要分布在我国西藏、青海、四川等少数民族居住的高原地区，牦牛奶乳脂和干物质含量较高，素有浓缩乳之称。

骆驼主要分布在内蒙古、新疆等地，驼乳富含维生素 C 和大量不饱和脂肪酸。

驴乳产业主要集中在我国新疆地区，驴乳的干物质比牛奶高，维吾尔族等少数民族经常用驴乳来制作驴酸奶。马奶的利用主要集中在我国草原牧区，由于马奶的乳糖含量高，容易发酵，因此特别适宜制作马奶酒。

2. 特色乳制品

对于蒙古族来说，奶豆腐和奶酪是其特色乳制品；而哈萨克族的特色乳制品有奶皮子和马奶酒等。

对于生活在青藏高原上的藏族居民来说，高原气候和严酷的生存环境，促成了其独具特色的膳食习惯和饮食文化。酥油茶、酸奶子、奶渣等便是藏族的特色乳制品。

中国的滇西北气候湿润，雨量充沛，因此牧草丰富，非常适宜发展养殖业，充足的乳源为制作乳制品提供了丰富的原料。云南白族等滇西北各民族普遍食用的乳制品是乳扇和乳饼。

二、 中国部分特色乳制品及其制作工艺

1. 奶皮子

奶皮子，蒙古语称为“乌如木”，是我国哈萨克族、维吾尔族、蒙古族等少数民族地区的一种传统乳制品，牧民经常用奶皮子做早点。奶皮子的主要成分是乳脂肪（80%）、乳蛋白（10%）和乳糖（3%），有特殊的乳香风味。成品大多呈圆饼状，半径 10cm 左右，厚约 1cm，色泽微黄，表面有密集麻点。

奶皮子的制作：将牛乳过滤后倒入锅内，用大火加热至将要沸腾时改为文火，同时用勺子不断翻扬，使其不至于达到沸腾的程度。以这样的方式加热，牛乳表面不会结皮，同时，还能够蒸发掉大部分水分，并破坏脂肪表面的蛋白质膜，使乳脂集聚。随着乳脂肪不断聚集，牛乳的表面会形成一层泡沫，把这种表层带有泡沫的牛乳置于阴凉处自然冷却约 10h，乳脂肪凝固，形成一层表面有密集麻点的厚厚的奶皮，将奶皮层取出后晾干，就做成了一张奶皮子。

食用方法：奶皮子食用方法很多，一般是多用于拌奶茶做早点；有时把它放在牛乳中食用；冬季则将其放在火炉上烤黄再食用，具有乳香和特别的风味。

2. 乳扇

乳扇是我国白族特有的一种乳制品，源于云南省河源县邓川镇，距今已有千余年的历史。乳扇色泽乳黄、油润光滑，清香甜美，是一种高营养的风味食品，含有约 49%的脂肪、

35%的蛋白质和7%的乳糖，是云南地区少数民族著名的风味小吃。

乳扇的制作：首先，在锅内加入适量特殊的酸水，加温至70℃左右，再把牛乳倒入锅内迅速搅拌，使其变成丝状凝块，然后将这种丝状凝块夹出并加水揉成“乳饼”。将乳饼的两翼卷入筷子，并将两只筷子像打开扇子一样慢慢撑开，使乳饼形成扇形，把扇形乳饼挂在架子上晾干即成乳扇。在晾挂其间，必须用手松动一次，以免干固后不易取下。按此方法制作乳扇时，在每制一张乳扇后，必须将锅内所剩余酸水倒出，重新放入新酸水。但使用过的酸水可以收集起来，以后还可以再用。一般放入锅内的酸水与鲜乳的比例约为1∶2，每10kg鲜乳可制作1kg乳扇。

酸水的制备：利用鲜木瓜或干木瓜加水煮沸后，经一定时间取其酸液即为酸水。在没有木瓜的季节或北方地区，可用乌梅代替木瓜。制作时，可按乌梅与水1∶3的比例，煮沸半小时，然后取其汁液即为酸水。

3. 酥油和酥油茶

酥油，是我国西藏、青海、新疆等地对奶油的俗称。酥油的脂肪含量约为99%、蛋白质0.1%、糖类0.7%、水分0.7%，其蛋白质和水分含量很低，因此酥油具有长期保存的特性，牧民每至产乳旺季即大量制作，以供长期食用。

元代人制作酥油的方法为：“牛乳中取静凝，熬而为酥”。酥油有白酥油和黄酥油之分。将鲜乳加热静止，分出稀奶油或奶皮，然后倒入木桶中，在经常搅拌下发酵一星期，再把表面凝结带有强烈酸味的凝固乳脂肪取出，挤出其中的乳汁，放在冷水中漂洗和揉搓，最后尽量挤去水分，即成为白酥油。将白酥油在锅内熔化，去掉浮于油脂表面的杂质，加热至锅内没有水分，将其倒出，去掉底部的渣子，冷却后即为黄酥油。在青藏高原地区酥油都是用牦牛乳制作。在过去，酥油的提炼需依靠传统的手工搅打，现在虽已发展到机械或电动搅打，但酥油在藏族人民日常生活中重要地位却一直没有改变过。

为了御寒保暖，以酥油为主要原料的酥油茶应运而生，并成为藏族居民日常生活的必需品。

酥油茶由酥油、茶和盐制成。传统且正宗的酥油茶是将煮好的浓茶滤去茶叶，倒至打酥油茶专用的酥油茶桶内，然后加入酥油和食盐，用搅拌器在酥油茶桶内使劲搅打，待酥油、浓茶和盐融合为一体后，倒进锅或者茶壶中即可饮用。现在制作酥油茶时，有时会加入鸡蛋、核桃仁、花生、芝麻等。除了使用酥油外，有的藏族居民还会用骨髓、牛乳、清油等打酥油茶，同样芳香甘美，而且可以御寒保暖、强身健体。

4. 曲拉（乳渣）

曲拉，又称乳渣，是深受藏族群众喜爱的一种传统乳制品。

传统制作方法是：牧民用传统酥油木桶打制酥油后，把油捞出，剩下“奶子”放锅里熬煮。熬好倒入干净的白布袋子内，让水慢慢沥出澄尽，剩下在布兜中的就是曲拉。把布兜取下置于干净的石板上，上面再压上石板块，靠重力挤压出剩余的水分，然后把曲拉倒在干净布上摊平，自然干燥后收藏，每次喝奶茶时放入碗中食用。当天的奶子熬熟后未进行沥水的，牧民称为“甜奶子”，其存放一段时间会变酸，用其熬制得到的曲拉，味道更为酸甜酥脆，别有风味。

5. 奶豆腐

察哈尔族祖辈擅长做乳制品。四方奶豆腐是察哈尔蒙古族，尤其是正蓝旗蒙古族独有的工艺。后随人们的迁徙往来，这一技术逐渐被更多其他部落的人们所掌握。但不管社会如何发展，迄今为止，四方奶豆腐的传统制作工艺仍以正蓝旗为代表，大大小小乳制品店及工厂都以四方奶豆腐为主要产品，家家户户的餐桌上也离不开切好的四方奶豆腐。制作奶豆腐的各类模具形状也是察哈尔蒙古族妇女盛大节日摆盘的基本工具。她们用传统的工艺制作出奶豆腐后装在各类模具中，待晾干后用于摆盘。据正蓝旗地方老学者根登在《故土人文追溯》中记载："白奶豆腐是清代时期上交御膳房的尚品"。清康熙末年，镶黄牛群旗曾有一座庙宇是专为制作、摊晒白奶豆腐的场所，此庙叫"宝日音庙"，该庙遗址在今河北省张北县宝日音庙乡。每年农历四月初三，三牛群抽调一定数量的带犊优质乳牛，集中在宝日音庙挤奶，称这些优质乳牛为白奶豆腐乳牛。这期间，内务府派来管事和受过专训的技术员在寺院内搭建的专门作坊里制作白奶豆腐，并腾出宝日音庙大殿，放置桌子，摊开奶豆腐晒干后收拢。白奶豆腐模子大小不一，是用银子、红铜、黄铜和木料制作而成的各种花纹图案的圆形或方形模子。

制作方法：过去的做法是，在乳中加入一定数量的醋，使乳蛋白质凝固，然后用滤布过滤，去掉乳清，再用布将凝块包扎压榨，即成奶豆腐。现在，则多用制作奶皮子后剩下的脱脂乳制造。其方法是，将脱脂乳置于容器中，使其自然发酵凝固，然后将乳清排出，将尚含相当水分的凝块放入锅内，加热搅拌，使部分水分蒸发、黏度增加，最后取出放置于定形的方匣中，冷却后即成奶豆腐。为了便于长期保存，可把制成的奶豆腐置于日光下晒干，则可长储不坏。

食用方法：奶豆腐可直接食用，其质柔软细腻，十分可口。由于水分含量较大，所以需冷藏。干的奶豆腐，牧民常于旅行或放牧中携带作为干粮。

6. 马奶酒

在众多民族乳制品中，最具民族特色的是奶酒。奶酒被视为"圣洁之物"，也一直被游牧民族作为礼仪用酒，出现在隆重的祭祀或盛大的节日中。如在一年一度的那达慕盛会上，蒙古族居民在演唱英雄史诗江格尔时都要饮奶酒；哈萨克族的牧民在伊犁大草原上要酿制的奶酒作为婚礼等宴会招待客人的名贵饮料。由此可见，奶酒在各游牧民族社会习俗和礼仪中的重要地位。

奶酒是以马乳、牛乳、驴乳等为原料，经过酵母菌和乳酸菌发酵制成的酒，也称为乳酒、马酒或马奶酒。马奶酒的特点是澄澈醇香，沁人心脾，酒性柔软，口感酸甜。因乳中小部分酪蛋白溶解，白蛋白变为胨，所以马奶酒具有易为机体吸收、能增加肠蠕动、加强新陈代谢，以及增加神经系统机能等作用。奶酒可用马乳或牛乳制作，关键是要有好的曲子，通常上乘的马奶曲子是酸奶汁或酸马奶，被蒙古族家庭视为传家宝。但是邻里之间并不保密，可随时调剂使用。我国新疆伊犁地区的牧民，各自家的酸马奶曲子可以在每年的酸马奶季节结束时，灌入容器密封好，埋入深深的地下冷凉保存，到第二年马乳产季再挖出作为酸马奶的曲子。

蒙古族酿造马奶酒的基本方法是：用一个较为大的皮囊作为容器，将马乳放入其中，并且用一根棒子作为搅拌工具，棒子两端不一样大，搅拌马乳的一端较大且内部掏空。在快速搅拌马乳的过程中，马乳伴有气泡产生，继续搅拌直到奶油产生，在搅拌过程中进行品尝，当马乳有酒辣味即产生酒精时，方可进行饮用，停止搅拌，马奶酒制作完成。马奶酒制作的基本原理就是根据酿酒原理，搅拌作用让马乳与空气充分接触，进行发酵，产生酒精。马奶酒入口口感比较烈，舌头会感到一定的刺激，饮用后，胃部有强烈的舒适感。相较于蒙古族，新疆哈萨克族牧民马奶酒制作方法有所差异，其制作方法相对简单，同样将马乳收集于粗帆布袋缝制做的皮囊中，然后在马乳中加入发酵乳饼或陈奶酒曲，将皮囊口扎紧，为了保持一定的温度，通常在皮囊上盖有衣物，每一天用棒子对其进行搅拌，重复一周左右，马奶酒制作完成。另外，据了解，七八月是酿造马奶酒最好的时间。

7. 扣碗酪

扣碗酪，又称米酒酪，是清代御膳房传入民间的一种宫廷奶酪，是由鲜牛乳加白糖溶解后，冷却状态下加入江米酒，经保温、凝固而制成。酪体密实，莹润细嫩，凝霜冻玉，醇香满口。

制作方法：将鲜乳在火上加热 10min 后，按鲜乳重量 12%加入蔗糖，然后冷却至 13℃左右，在不断搅拌下加入凝乳剂“江米酒”。加酒的数量则需视乳的新鲜度和江米酒的浓度而定，通常约为牛乳的 7%左右。加酒后迅速将其分装于小碗内，再分层将小碗装入大木桶中，木桶中间放一只装木炭的火盆，以提高桶内的温度，约 40min，即可将火熄灭，扣碗酪也就做成。扣碗酪的成品为白色的凝固体，组织细腻，无乳清析出，以能凝结在碗璧上为最好，将碗倒扣也可以不掉，所谓扣碗酪即由此而得名。这种凝块入口即溶化，并有凉、甜、香、嫩四大特点。如在扣碗酪中加入少量葡萄干、核桃仁、桂花等原料，则更美味可口。

凝乳剂“江米酒”的制备：取江（糯）米 5kg，用水清洗浸泡，用笼屉蒸熟，放凉以后加酒药 4 小块拌匀，放置于小缸中，用白纸密封缸口，至于温暖处发酵，夏季 4~5d（冬季 10d 左右）。成熟后，加凉开水 25kg，再用白纸封住缸口，进行发酵，发酵时间约与第一次相同。这种江米酒与一般江米酒不同，酒精度含量高，酸味较重，用时随用随滤，酒渣可作饲料。

8. 酪干

酪干，是在类似制作奶酪的基础上，经过加热浓缩和炒制而成，呈诱人的金黄色或琥珀色，常常配以花生、杏仁、芝麻、葡萄干、核桃仁、瓜子仁等辅料，营养丰富、黏软耐嚼、满口余香，是一种颇具特色的传统风味小吃。

9. 奶茶

奶茶被誉为草原的象征。奶茶是以砖茶、羊乳或马乳和酥油熬制而成，加糖则甜，加盐则咸，馥郁芬芳。

蒙古族喜欢的奶茶，是以砖茶和牛乳为原料加水熬制成的。每日清晨，主妇的第一件事就是先煮一锅奶茶，供全家整天享用。蒙古族制作奶茶，所用茶叶与汉族地区常饮用的茶不同，多为青砖茶或黑砖茶。因此，砖茶是蒙古族不可缺少的饮品。煮奶茶时，应先把砖茶打碎，将锅置于火上，盛水 2~3kg，烧水至刚沸腾时，加入打碎的砖茶 50~80g。当水再次沸腾 5min 后，掺入牛乳，用乳量在 1/5 左右，稍加搅动，再加入适量盐。等到整锅奶茶开始沸腾时，才算把奶茶煮好，即可盛在碗中待饮。

蒙古族居民酷爱喝奶茶，往往是每天要喝三次茶。奶茶不仅可作汤食下饭，也可作茶饮待客，奶茶也是蒙古族同胞招待客人的第一道食品。另外，在传统节日、婚宴等重要场合，主人会请来宾首先品尝奶茶，以表示对客人的尊敬。这种传统礼节被称为“品食物之精华”的礼仪。

藏族人民也同样喜欢喝奶茶。藏族的奶茶一般有两种。一种称为“卧甲”，就是将茶水烧开后，直接加牛乳放盐，这种奶茶在安多地区比较常见。另一种称为“甜茶”，这种茶必须用红茶熬汁，再加入牛乳、白糖。因为加入了白糖，所以又称为甜茶，因为甜茶香甜可口、营养丰富，所以深受人们的喜爱。甜茶在卫藏地区，特别是城镇最为盛行。后来有些地方喜欢把做好的奶茶倒入酥油茶筒内，放进一点儿酥油，用打酥油茶的方法搅匀，这样，不仅茶的营养价值高，味道也特别香。

10. 金特

哈萨克族有一种甜点心称为“金特”，其做法是将糜子（也可用小米）洗净后，放入锅中加入少量的酥油炒，炒熟后出锅，再配上适量的白砂糖、奶酪渣、奶疙瘩末、奶油、葡萄干等食物拌匀，放凉即可食用。这种食物既可以用勺舀着吃，也可以泡在烧开的牛乳里吃，味香甜可口，是招待客人的美食。

11. 沙尔阔勒

柯尔克孜族造型奇特的美食“沙尔阔勒”，意为“黄色的湖”，其原料为大米、牛乳和酥油，做法是用牛乳和大米做成黏饭，颜色洁白，放在椭圆形盘子的四周，堆成起伏的山峦状，盘子中央先空着，形成“低洼的盆地”，然后把黄灿灿的热酥油放在盘中央，犹若金色的湖水。牛乳做成的黏饭呈雪白色，饭粒中散发出来的热气，恰似雪山顶上的白云。

三、 中国近现代乳文化的发展

中国的传统乳文化是极具民族特色的，乳制品多局限于少数民族地区，而广大汉族和中原地带，并无真正的乳业和食用乳的习惯。近代以前，汉民族从未将牛乳真正纳入到饮食体系之中，对牛乳的几次尝试，主要是受游牧民族、佛教东传等外力的影响。可以说牛乳真正融入中国汉民族饮食体系是从近代才开始的，但最初仅仅只是作为滋补品。鸦片战争之后，中国国门逐渐打开，西方的生活方式以及餐饮习惯日益成为了中华民族开眼看世界后所接纳的新鲜生活方式。西方的奶酪，在那个时代被认为是一个神奇而新鲜的东西，尤其在相对开放的口岸，如东北的哈尔滨、大连，沿海的上海、广州等城市。西方的饮食习惯逐渐融入并影响了中国的传统饮食，汉人对乳制品的接纳程度也不断提高。但是直到20世纪20年代初，除哺育婴儿的代乳粉外，大部分牛乳产品被作为优质的补品，而不是食品或饮品向大众宣传。因此，当时在上海，牛乳主要集中在各大药房进行销售。当时中国本土牛乳行业极不发达，国人食用的乳制品几乎都是价格不菲的进口货，价格昂贵，普通家庭根本无法承受将牛乳作为日常饮用的滋补品。

为了满足中国人民追求乳制品的需要，外国资本竞相在中国设置乳产品制作工厂。牛乳制品的价格逐渐走低，销售地点开始向普通的食品店和杂货店拓展，之后牛乳产品种类细化，牛乳消费呈现出了由高档滋补品向日常食物转变的明显趋势。工业文明所带来的新鲜技术提高了传统牛乳摄取技术的效率与质量，并从一定角度带动了中国近现代牛乳工业的起步，为新中国在解放以后建立乳业这一民族工业奠定了基础。近代乳业的标志是兴办牧场，饲养乳牛、乳山羊，进行机械化加工乳制品，产品进入市场流通为主要标志的专业化和产业化经营。真正意义上的乳业确立、兴起和发展，是在中华人民共和国成立后，乳业伴随各项建设事业蓬勃发展而同步前进，从小到大，从弱变强，一改过去贫弱的落后面貌，实现新时代的历史跨越，开始了乳业现代化的进程。进入21世纪后，随着中国乳业的快速发展，牛奶才逐渐进入寻常百姓家中，走上了餐桌，成为了一种大众食品和日常食品。

总之，中国乳文化历史悠久，源远流长，在几千年的发展过程中，将乳品的食用价值、养生价值与审美价值熔于一炉，形成了自己独特的文化魅力。多姿多彩的乳品文化，不但在过去为民族的发展、壮大提供了重要的物质保障与饮食基础，在中华饮食文化圈中产生了重要的影响，而且在今天也同样影响并丰富着我们的生活。但是古代乳业的兴旺多局限于少数民族地区，广大汉族和中原地带并无真正的乳业和食用乳的习惯。乳制品始终未能在汉人主流的传统饮食文化中占据一席之地，使得乳文化对中国乳业经济的推动并不十分明显。但是饮食的方式与内容会因产业生产方式变革和时代背景氛围而改变。当国人受到西方乳文化的冲击时，人们逐渐改变了固有的食乳观念，一步步将牛乳作为日常饮品食用，刺激了乳业的迅猛发展。建国之后，乳品行业开始产业化发展，逐渐形成了朝阳产业。

从我国乳业发展的历史来看，乳和乳制品是伴随着不断的对外开放和我国经济的发展而逐步出现在我们生活中的新食品，但其本质上是一种具有悠久异族文化传统的食物。但是民族特色乳制品的生产大多是手工操作，而且沿用的是100多年前的传统方法，这在一定程度上阻碍了生产力的发展和技术的进步。中国人科学生产、加工和消费乳类的实现，本质上是中外文化交流和中华民族提升生活方式的一种升华。

思考题

1. 乳文化的狭义定义和广义定义分别是什么？
2. 思考中国传统乳文化的发展与游牧民族之间的关系。
3. 思考中国乳制品文化与世界乳制品文化的异同。

拓展阅读文献

［1］刘成果．中国奶业史专史卷［M］．北京：中国农业出版社，2013.
［2］刘成果．现代奶业发展史［M］．北京：中国农业出版社，2013

第十一章 奶酪文化

CHAPTER 11

[学习指导]

通过本章的学习，了解奶酪的发展史、概念、分类与特征，熟悉奶酪的制作原理、加工方法，思考奶酪的营养与健康、奶酪的发展和经济的相互关系。

第一节　奶酪概述

随着世界各国饮食文化的交流和融合，奶酪正在以各种各样的形式走进我们的生活，在国内的市场或者超市里面都可以看到奶酪的身影。世界上的奶酪共有1000多种，奶酪的形式也各异，有柔软的乳胶状、有粉末状、还有像坚硬的大理石状的奶酪，它们风格不同，口感迥异。

联合国粮农组织（FAO）和世界卫生组织（WHO）对奶酪的定义是：以牛乳、奶油、部分脱脂乳、酪乳或这些产品的混合物为原料，经凝乳（酸、酶）并分离乳清而制得的新鲜或发酵成熟的乳制品。奶酪的英文是cheese，法国人称它为“fromage”，德国人称它为“kaese"，意大利人称它为“formaggio”，在我国，cheese音译称芝士、起司、起士；意译为乳酪、干酪、奶酪，在我国的历史习惯和语义学的含义，“干”意味着水分的脱除，“酪”即半凝固食品，“干酪”顾名思义为脱水的凝乳；严格意义上说，干酪也包括一些水分含量很高，甚至未脱水的产品，如我国的姜撞奶，在本章节中我们统称为奶酪。

奶酪是一种绿色发酵乳制品，与常见的酸乳相似，制作中经历发酵过程，含有乳酸菌等益生菌，只是奶酪的浓度比酸奶更高而近似固体食物，营养价值也因此更加丰富，被誉为乳制品中的“黄金”。由于特殊的制作工艺，奶酪的营养成分特别容易被人体消化和吸收，其中蛋白质的吸收率达到96%~98%，对青少年生长发育、提高身体耐力有极大的益处。就工艺而言，奶酪是发酵的乳；就营养而言，奶酪是浓缩的乳。从广义上来说，奶酪可以分为天然奶酪和再制奶酪两大类。在鲜乳中加入乳酸菌或酶使其自然成熟的是天然奶酪；将天然奶酪加热溶解，再使其乳化凝固的就是再制奶酪。

第二节 奶酪的起源与发展

一、奶酪的起源

奶酪是最古老的加工食品之一。公元前约3000年，苏尔美人记载的大约20种软奶酪是奶酪诞生最早的证明，在欧洲和埃及发现的遗留下来的奶酪制造设备也出现在那个时候。大约公元前10000年，山羊和绵羊被家养，人们用皮革、陶瓷或木制容器来盛放挤好的乳，因为这些容器很难保持干净，鲜乳很快变酸而凝固结块。牧人开始利用变酸的羊乳或牛乳分离出凝乳和乳浆，再经过沥干、成形、干燥和凝乳就可以变成一种简单而有营养的新鲜奶酪。这些奶酪在制作中没有用到凝乳酶，口味独特酸中带刺激。奶酪制作就此从古代美索不达米亚地区向世界各地传播开来，传播方向大致有三个：西边的地中海沿岸，中亚，东南方向。

首先是地中海沿岸，奶酪制作传到了土耳其、希腊、意大利。在希腊曾经用无花果汁制作凝乳剂使乳汁凝聚。从希腊传到意大利，奶酪的制作已经有了一个很大的发展。随着古罗马帝国的繁荣，奶酪制作也得到了进一步的发展，不久就传遍了欧洲大陆。其次是中亚，游牧民高度依赖牛乳、羊乳等，他们自古以来就掌握了乳制品加工技术，甚至可以想象他们在古代美索不达米亚的奶酪制作传来之前就可能制作奶酪了。在蒙古，用绵羊、山羊、马、骆驼、牦牛等家畜乳汁作为原料，加热或加酸凝聚乳汁，这种奶酪的制作方法至今还在流传。然后是东南方向，其传播的途径是先到印度，在印度，人们不吃牛肉，乳制品成了重要的食品。

用凝乳酶凝乳是奶酪制作过程的一个飞跃，在3世纪或4世纪，奶酪的生产制作工艺已经相当成熟，在罗马时代欧洲人将模制和压制工艺与凝乳酶的使用相结合。那时奶酪是罗马帝国士兵常备的主要食品之一，奶酪也随着罗马帝国的不断扩张而传播到世界各地。13世纪以后，欧洲农民学会了制造奶酪，奶酪逐渐进入平民生活。18世纪的法国，特别是有着浓厚地方色彩的奶酪，经过农妇们手工制作上市销售，再经过巴黎美食家们挑剔改良，演变成更为美味可口的奶酪，同时也推动了德国、荷兰、丹麦、瑞士、英国等国奶酪制作发展。1815年瑞士建立了第一座制造埃曼塔尔奶酪的工厂。19世纪60年代，在奶酪的制造过程中引入巴斯德杀菌法，干酪制作工艺从此得以改变，第一次使奶酪的大规模生产成为了可能。这些生产技术在过去的100多年中得到正式应用，大规模生产的奶酪制品逐渐取代了小规模的传统生产的奶酪，在很多国家，奶酪制造商对全世界的奶酪品种进行拷贝，使它们大规模生产，从而出现在世界各国消费者的餐桌上。1911年，瑞士发明了再制奶酪，之后在1988年，瑞士用基因重组酵母工程制成凝乳酶，并在市场出售用于奶酪的制造。20世纪90年代初美国的菲扎公司也用基因重组的大肠菌生产凝乳酶从而大幅度增加凝乳酶的生产，发酵剂和凝乳酶的生产与应用加强了生产工艺的方便性和生产控制。

二、各国的奶酪

（一）法国

自古以来在法国就有“一村一奶酪”的说法，在全世界 1000 多个奶酪品种中，法国就占了 400 多种。法国是人均奶酪消费最大的国家之一，奶酪是法国人家必备食品，他们形容没有奶酪的晚餐，就像失去眼睛的美女。法国奶酪的历史是从罗马大军侵占瑞士和比利时之后开始的，其最古老的洛克福奶酪（Roquefort）已经有 2000 多年的历史，是以当地的新鲜羊乳为原料，并在洞窟中经过 6~9 个月的时间精制而成，原产地洛克福村在中世纪时也被查尔斯六世独占从而成为历代王室贵族的奶酪专供地。洛克福奶酪与戈贡左拉奶酪（Gorgonzola）及斯蒂尔顿奶酪（Stilton）一起被称为世界三大蓝纹奶酪。

除此之外，布里奶酪也是法国最著名的奶酪之一。在法国路易十六当政时期，欧洲各国曾举办过一次奶酪大赛，欧洲各国大臣带着本国制作的最精美的奶酪去奥地利皇宫参加比赛。大赛中，法国的布里奶酪击败了波西米亚奶酪和英国柴郡奶酪以及其他近 50 种奶酪一举夺魁。从那时起，法国奶酪便享誉欧洲。

“奶酪王国”法国的奶酪文化的一大特色表现在其奶酪与产地的紧密联系，即欧洲原产地保护奶酪（A. O. P.）认证。原产地保护认证制度（Protected Designation of Origin system）简称“原保制度”，针对奶酪产品而言，要获得 A. O. P. 原保认证并不容易，产品必须满足三点：

①出产来自专门限定的地区地域；

②符合特定的生产规范及标准；

③享有公认的声誉。

A. O. P. 原保认证是欧洲用来保护地方美食及其特产文化遗产的制度，它充分保证了产品生产地的确实性和独特性。获得原保认证，是奶酪品质的保证。截至 2016 年，已经有 48 个奶酪品牌得到了 A. O. P. 认证。

（二）意大利

意大利的奶酪历史可以追溯到公元前 1000 年左右，是欧洲奶酪的发源地，据说是由伊特鲁里亚人通过海路传到了意大利北部。伊特鲁里亚人在尼罗河沿岸建立了奶酪工厂，并发明了用凝乳酶加工奶酪的方法，这其实就是现代奶酪加工工艺的基础。著名的帕米迦诺·雷佳诺奶酪（Parmigiano Reggiano）、佩科里诺·罗马诺奶酪（Pecorino Romano）等硬质奶酪以及戈贡左拉奶酪（Gorgonzola）、芳提娜奶酪等半硬质奶酪都是起源于这里。意大利北部生产的奶酪主要以牛乳为原料，比如帕米迦诺、雷佳诺、芳提娜、戈贡左拉奶酪等，而南部地区生产的奶酪主要以羊乳为原料，比如佩科里诺奶酪，此外还有以水牛乳为原料的马苏里拉奶酪等。在意大利，为了保证奶酪的品质，也推出了一种称为 D. O. P.（Denominazione d' Origine Protetta）的制度，意思是原产地名称认证。与法国的 A. O. P. 一样，这个制度是用于保证商品的品质，防止假冒伪劣，维护厂商的权益的。截止到现在，已经有超过 30 种奶酪通过了认证。

（三）英国

中世纪的时候，英国以牛羊为主要畜牧业，后来从南欧引进了奶酪加工工艺，开始了奶酪生产。英国产的大多是硬质奶酪，其中最著名的是切达奶酪（Cheddar），其销量是世界第一，产于英国索莫塞特郡切达，历史悠久，组织细腻，口味柔和，质地较软，颜色从白色到浅黄不等，味道也因为储藏时间长短而不同，有的微甜（9 个月）、有的味道比较重（24 个月）。切达奶酪很容易被融化，所以也可以作为调料使用。随着英国人的移民，切达奶酪的工艺被带到美国、加拿大、澳大利亚、新西兰等国家和地区，成为了世界最知名的奶酪产品。另外，世界三大蓝纹奶酪之一的斯蒂尔顿奶酪（Stilton）也是英国的代表性奶酪，尽管它的名声是在英国西部的斯蒂尔顿村得到的，但事实上这种奶酪的配方来自于附近的奎比教堂（Quemby Hall），之前被称作比蒙特夫人奶酪（Lady Beaumont's cheese），现在由斯蒂尔顿奶酪制造者协会投资生产。英国的奶酪制造在 19 世界得到很大的发展，但是由于巴氏杀菌法和工厂大规模生产技术的建立，使很多旧式农家传统奶酪在市场上消失了。然而 20 世纪后期，消费者对高质量、风味浓郁的奶酪需求越来越大，小规模的奶酪制作有所复苏。

（四） 瑞士

瑞士的奶酪也有着悠久的历史。早在公元前，瑞士的凯尔特老祖先们就用简陋的容器来制作干酪。他们把容器架在炭火上，用松枝来搅动及切割凝乳。制成的奶酪有坚硬的壳、耐藏且能抵御气候变化。在瑞士，奶酪被当成社会地位的衡量物。家中地下室里奶酪的年代和数量被视为财富的象征。奶酪可以作为货币代替一部分现金付给牧师、工匠和工人，也可以作为孩子生日的传统礼物。

瑞士的奶酪不仅历史悠久，而且种类繁多。最具瑞士代表性的是像汽车轮胎一样大的埃曼塔奶酪（Emmental），又称“奶酪之王”，它起源于 15 世纪后半期，以巨大的“奶酪眼（气孔）”为主要特征，口感柔和，味道独特。此外，还有 12 世纪出现的格鲁耶尔奶酪（Gruyére）和起源于 8 世纪左右、历史较长的一些奶酪制品。在这些品类繁多的奶酪中，埃曼塔奶酪和格鲁耶尔奶酪占总产量的 80%以上。在瑞士有两种闻名于世的美食——奶酪火锅和煎刮奶酪（Raclette）。奶酪火锅是将葡萄酒中加入埃曼塔或格鲁耶尔奶酪并加热，再用专门的叉子穿上面包等食物在锅里煮熟后食用；煎刮奶酪是将奶酪表层刮开后再搭配果酱和面包一起食用。

（五） 荷兰

荷兰的奶酪工业始于 9 世纪，多出产于弗里斯兰省（Firesland），供莎琳玛格宫廷（Charlemagne）享用。自古以来，荷兰就是奶酪的出口大国，为了保证长途输送过程中奶酪的品质，并且易于运输，古达奶酪（Gouda）和埃达姆奶酪（Edam）因此而诞生，其通过陆路运送到德国，甚至通过海运送到波罗的海和地中海的更远地方。古达奶酪产自荷兰南部地区，是一种黄色的半硬质奶酪，一般经过 6~8 周后就可以食用，其产量占荷兰全部奶酪产量的 60%。埃达姆奶酪产自荷兰北部，外观鲜红通透，惹人喜爱，成熟期分别有 2、12 及 24 个月三种，可长期保存。

（六） 美国

美国的奶酪工业虽然从 1851 年开始，但是美国现在是世界上最大的奶酪生产国。欧洲人在发现美洲新大陆之后就把他们的奶酪加工方法一同带了过来。与澳大利亚一样，美国的奶酪产品主要是以切达奶酪为主，最主要的奶酪产地在威斯康星州和加利福尼亚州。在过去的几十年中，美国奶酪工业掀起了一场特色奶酪制作的复兴运动。600 多种类型的奶酪出自有经验的美国奶酪制作者之手。这些品种既包括常见的马苏里拉、切达和帕尔玛（Par-Mesan）奶酪，也包括源于美国的奶酪品种如蒙特里杰克（Monterey Jack）、科尔比（Colby）

和奶油奶酪（Cream Cheese）。美国奶酪制造商继续发展奶酪制作的艺术，以取悦全世界消费者的口味。面对几百种风味的奶酪，购买者和终端用户将可获得满足自己切实需求的奶酪品种。

第三节　奶酪的制作与分类

一、奶酪的制造原理

奶酪首先要成酪，就是形成凝乳，凝乳有酸法和酶法凝乳两种方法，天下奶酪均使用这两种方法或者是两种方法不同程度的结合。

（一）酸法凝乳

通过人工发酵或者自然发酵的方法，降低牛乳的 pH 到 4.6 以下时，鲜乳中酪蛋白达到等电点，不带电荷的酪蛋白发生絮凝。这是酸性凝乳奶酪如稀奶油奶酪、夸克、农家奶酪和我国的酸性凝乳奶酪如乳扇、乳饼、奶豆腐凝乳的共同机理。

（二）酶法凝乳

牛乳中的酪蛋白（占牛乳蛋白质的 80%）以大的、多分子聚集体的胶束形式存在。酪蛋白胶束形状近似于酪蛋白的球状聚合体，构成聚合体的酪蛋白主要有：αs1、αs2、β、及 κ-酪蛋白，酪蛋白与无机离子结合形成的胶束统称为胶体磷酸钙。整个胶束上不同种类的酪蛋白分布不均，特别是 κ-酪蛋白基本分布在胶束的表面，κ-酪蛋白主要起着稳定胶束的作用。酶法凝乳是利用皱胃酶或其他凝乳酶作用在鲜乳的 κ-酪蛋白上，改变了酪蛋白胶束，使其失去稳定性，形成凝块，然后在 Ca^{2+}存在的条件下就诱导了胶束聚沉，形成凝乳。

（三）酸酶凝乳

酸酶凝乳是将酸法和酶法凝乳结合。在加酶之前在鲜乳中加入菌种发酵液，一是为凝乳酶创造合适的 pH，二是乳酸菌会参加后期的成熟过程。国外大多数奶酪都是酸酶凝乳法制造的，我国特有的合碗酪和姜撞奶等软质奶酪则是酶凝方法制造的产品。

二、奶酪的制造过程

奶酪的制作方法如图 11-1 所示：首先是牛乳和山羊乳等原料的标准化和杀菌，然后加入乳酸菌或者凝乳酶创造适宜的 pH 并使其发酵，鲜乳会慢慢变成白色的凝乳，在奶酪槽中就像一块巨大的豆腐脑，这时需要把凝乳切成小块，排除乳清，分离出凝乳颗粒并且要加热让水分蒸发或者通过压榨将水分除去，堆酿凝乳颗粒，形成具有一定质构的团块（dough），接下来再加入盐进一步去除水分，并抑制多余的微生物的繁殖，增加奶酪的香味，得到奶酪雏形以后再添加白霉菌或蓝霉菌、洗浸表面或利用酵母促进成熟，从而完成奶酪的制作。

（一）鲜乳的标准化

鲜乳的来源决定了奶酪的品质，来自病牛或动物的乳或正在进行抗生素治疗的动物既不能用于奶酪生产，也不能用于其他的乳制品。鲜乳在收集和称重后，立即进行加工处理，根据所要生产的奶酪种类，通过增减奶油含量和添加脱脂乳粉的方式来调整牛乳或羊乳的脂肪及蛋白质含量使奶酪保持一致性。

（二） 牛乳的巴氏杀菌

虽然不是所有的奶酪都是由经过巴氏杀菌的鲜乳制成，但大多数国家都提倡进行杀菌处理，采用的多是巴氏杀菌法。巴氏杀菌法是把牛乳加热到一定温度以杀死所有病原体的过程，所需的温度包括高温短时杀菌，如将牛乳加热到 72 °C（即 161 °F）并保持 15 s，和低温长时杀菌，如将牛奶加热到 63 °C（145 °F）保持 30min。这个步骤之后，那些可能影响奶酪质量的细菌会被杀死，而酵母菌和益生菌会继续繁殖。

由鲜乳或未经巴氏杀菌的乳制成的奶酪必须经过 60 天的成熟期之后方可销售。由于奶酪中存在高浓度的酸和盐，同时存在与发酵剂的竞争，60 天的成熟期可以完全除去不需要的细菌。

经过巴氏杀菌后的鲜乳被送入干酪槽开始凝乳过程。许多小型奶酪生产厂家和特色奶酪生产商都采用敞开式干酪槽，但现在大多数大型奶酪生产商采用全封闭系统，即自动化的操作过程，这样更加卫生，并且每天可以处理更大体积的牛乳和凝乳，同时由于密封的体系，在产品制作过程中增加了对产品的保护。

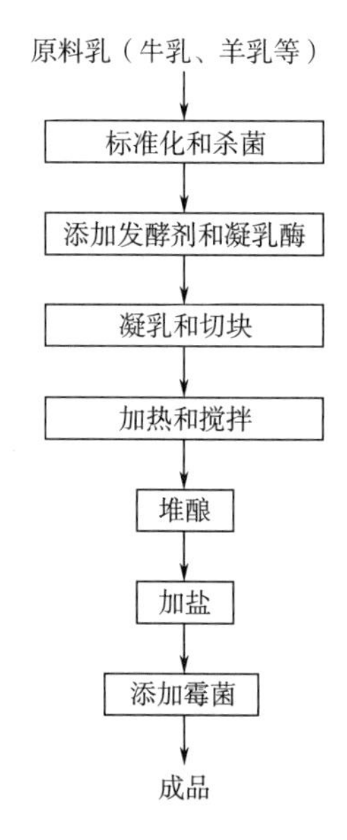

图 11-1　奶酪的制作过程

（三） 加入发酵剂

发酵剂在奶酪的加工中有非常重要的使命。最常用的发酵剂可以是单株菌，也可以是由几种菌种混合而成的，包括嗜温菌和嗜热菌。在乳中加入发酵剂不仅可以产生乳酸，使乳的 pH 降低，使乳凝固，还可以生成香味物质和二氧化碳，从而确定所制作奶酪的最终风味和空穴的形成。

（四） 加入凝乳酶和凝乳切块

凝乳酶是一种帮助鲜乳凝固的酶。除了几种类型的鲜奶酪，如农家奶酪、夸克奶酪，它们的乳主要通过乳酸来凝固，其他所有奶酪的生产全是依靠凝乳酶或类似酶的反应而形成凝块。凝乳酶中的主要活性成分是皱胃酶，其凝乳过程可分为两个阶段：首先在凝乳酶的作用下，酪蛋白转化为副酪蛋白，然后在钙离子存在的情况下，副酪蛋白沉聚。当凝乳达到适当的硬度之后，需要使用凝乳刀将其与分离出来的被称为乳清的液体剥离。为了不让乳清再次融入凝乳中，需要不停的搅拌。

（五）加热凝乳块和乳清

除了切割凝乳块外，凝乳块和乳清也可进行适当的热处理。热处理会使产酸细菌的生长受到抑制，也可促进凝块的收缩，凝乳的质地发生变化，使之变得更为紧密并伴随乳清析出，得到的奶酪质地更硬。加热的温度在41~49℃或更高的温度间波动。对凝乳块和乳清进行搅动的时间越长，从凝乳块中排出的乳清就越多，凝乳块也就越坚硬，直到达到期望的坚硬程度。析出的乳清可进一步处理制成甜乳清粉、乳清蛋白浓缩物、乳糖或其他乳清制品。

（六）使凝乳块黏在一起——堆酿

在切达干酪的制作过程中有一个独特的步骤，称为堆酿。首先，让凝乳沉淀在干酪槽的底部，在乳清之下。当凝乳开始黏在一起的时候就把乳清吸出。然后把凝乳切成厚片，这些厚片被翻转、堆叠和旋转，层层挤压大约1~2h。最后形成类似鸡胸肉类型的质地。用这种方法生产出的奶酪质地紧密，呈蜡状体薄片，弹性和切削性好，并在熟化过程中获得最浓郁的令人满足的风味。

（七）在奶酪中加盐

所有的奶酪，除了最软的稀奶油奶酪和农家奶酪，都需要加盐。具体的操作方法有直接在凝乳中加盐和用盐水洗浸表面两种。一般向奶酪中加入奶酪重量1%~2%的盐，可增加奶酪的味道，抑制有害微生物的生长，促进乳清从凝乳中分离出来以控制最终奶酪成品的湿度，还有助于调节奶酪成熟过程。

（八）奶酪的成熟

除了鲜奶酪以外，其他的奶酪在经凝块化处理后，都要经过一系列的微生物、生物化学和物理方面的变化，也就是奶酪的成熟，来完成整个的奶酪制作过程。奶酪的成熟是一个非常复杂的过程，其化学成分在微生物和酶的作用下从复杂的有机分子慢慢分解成一些小分子物质，这些变化涉及乳糖、蛋白质和脂肪的降解，在此过程中，奶酪逐渐形成其特有的质地和风味。

奶酪的成熟是在特殊的储藏室里进行，室内的温度和湿度要控制适当。储藏温度要低，以确保所需的微生物包括起始菌株的低缓稳定的生长繁殖速率；湿度要控制在相对较高的水平，对硬质奶酪来说，湿度应该80%左右，软制奶酪在95%左右。高湿度可有效防止奶酪表面干燥。成熟的时间对于奶酪的质地和风味形成也是极为重要的，成熟期为6~8个月的切达奶酪与成熟期12~18个月的奶酪吃起来口味完全不同。

三、奶酪的分类和标准

奶酪的分类依据有很多，其中有些是以生产工艺为依据，有些以质地或形状外观为依据，还有的以闻起来的味道为依据。但事实上如果想把每一种奶酪都精确定位在某一类中非常困难，因为奶酪的配方五花八门且变化无穷，很可能一种奶酪会属于两种或两种以上的类别。

（一） 根据奶酪的质地分类

最常见的分类方式是根据奶酪的质地来分类，它与奶酪的水分含量直接相关，奶酪越软，其水分含量越高。

（1）特软奶酪　水分含量80%，可用勺子挖的奶酪，包括几乎全部的新鲜奶酪；

（2）软制奶酪　水分含量50%～70%，易涂抹奶酪，包括布里奶酪、卡门贝尔奶酪、庞特伊维克奶酪等；

（3）半软制奶酪　水分含量为40%～50%，可做切片奶酪，具有微弹性的胶状质地，如荷兰产古达和波特·撒鲁特奶酪；

（4）半硬质奶酪　水分含量为40%～50%，清脆或松软的奶酪，包括法国罗奎福特奶酪、英国斯蒂尔顿奶酪和有蓝色霉菌花纹的法国德奥福格奶酪；

（5）硬质奶酪　水分含量为30%～40%左右，有三种情况，一种是质地坚硬、微脆，第二种是质地坚硬且有一定弹性，第三种是质地非常坚实。例如切达奶酪（坚硬微脆类），格鲁耶尔奶酪和埃曼塔尔奶酪（坚硬微弹性类），帕尔梅散奶酪和陈化的佩科里诺奶酪（坚实类）。

（二） 根据奶酪的原料和加工方法分类

根据奶酪的加工方式，可将奶酪划分为天然奶酪（有时也称为原味奶酪或原制奶酪）与再制奶酪（通常也称其为加工奶酪）。天然奶酪是使用乳为原料直接制作而成，步骤上主要是先以乳酸菌和酶使牛乳凝结，经过切割、搅拌、去除乳清与水分的过程后，填装于模型内，再压榨、加盐，等待其熟成。再制奶酪是根据消费者的口味与偏好在原制奶酪的基础上再次加工，添加了各种营养强化剂、调味素等。我们最常用来夹面包、作三明治、超市货架上随处可见的，都是再制奶酪。通常情况下摄入相同质量天然奶酪的营养价值要高于同等质量的再制奶酪，这主要是因为再制奶酪中添加了很多其他成分，从而减少了固体乳成分的含量比例。

天然奶酪根据原料和加工方法可分为7种类型（表11-1）。其中最基本的是将鲜奶发酵后得到的鲜奶酪，其他6种类型都是在它的基础上添加霉菌或细菌，然后再采用洗浸、压榨等方法让水分分离出来制成的。

1. 鲜奶酪（fresh cheese）

不经熟成，直接将牛乳凝固之后，去除部分水分而成的新鲜乳酪，其水分充足、酸味清爽、口感嫩滑，呈现出洁白的颜色与柔软湿润的质感，散发清新的奶香与淡淡的酸味，十分爽口。

2. 白霉奶酪（white mould cheese）

表面上覆盖着一层白霉是白霉奶酪的主要特征。它采用传统的加工方法，在鲜奶酪中加入白霉菌促进成熟。在成熟的过程中，霉菌在表面繁殖发酵，微生物产生的酶可以分解蛋白质并释放香味，使表面变成橘黄色，奶酪内部也会随之渐渐成熟变黄，切开后还会流出液体状的物质。因为白霉的作用，这类乳酪的质地十分柔软，尤其是已达完全成熟状态的，更是浓稠滑腻，尝来奶香浓郁、口感独特。

3. 蓝纹奶酪（blue cheese）

蓝纹奶酪是所有奶酪中风味最特别的一种，所以人们对它的评价相对两极分化。这种类型的奶酪是将蓝霉菌与凝乳均匀混合后，一起填装于模型中进行熟成，因其组织中满布着如大理石纹般美丽的蓝色纹路，被称为蓝纹奶酪，其滋味也有别于温和的白霉奶酪，流露着强劲刺激的香味和较咸的口感，个性十足。其中最著名的，是来自法国、据说已有 2000 年历史的、获得“法国原产地名称保护法（A. O. C.）”认定的洛克福奶酪（Roquefort），深受英国女王伊丽莎白二世喜爱的斯蒂尔顿奶酪（Stilton）以及可以追溯到 9 世纪的意大利戈贡左拉奶酪（Gorgonzola），它们并称世界三大蓝纹乳酪。

4. 洗浸奶酪（wash rind cheese）

洗浸奶酪是利用细菌进行熟成的乳酪，熟成期间以盐水或当地特产酒再三擦洗表皮，使之渐渐产生馥郁强烈的香气与黏稠醇厚的口感；尤其是经过当地酒擦洗制成的乳酪，往往特别带有着浓厚的地域气息，格外迷人。用盐水等将奶酪的表面洗浸，可以促进微生物的新陈代谢，增加表层的香味，同时又不影响奶酪内部的松软。成熟时间不同，奶酪的最终口感也不同。洗浸奶酪最好与无盐黄油或者面包、水果等一起食用。

5. 半硬质奶酪（semi-hard cheese）

半硬质奶酪是在制造过程中强力加压、去除部分水分后所形成的，由于口感温和顺口，故而最容易为一般人所接受与喜爱。并且由于其水分较少可长时间保存，颇易于溶解，也常被大量用于菜肴烹调（意大利面或比萨饼）以及再制奶酪的制造上。

6. 硬质奶酪（hard cheese）

质地坚硬、体积硕大沉重的硬质乳酪，是经过至少半年到两年以上长期熟成的乳酪，不仅可耐长时间的运送与保存，且经久酝酿浓缩出浓醇甘美的香气，十分耐人寻味。硬质奶酪一般会有一层坚硬的表皮，这点和其他类型的奶酪不同。

7. 山羊奶酪（chavre cheese）

以山羊乳为原料制成的奶酪要比牛奶酪的历史还要悠久。生活在高山地区的山羊，乳汁中的营养成分更高，且香味更浓郁，但它们的酸味也更重一些。由于山羊奶酪多半采用干燥熟成，故质地结实，且随产地与熟成程度的不同而有形形色色的形状与风味，并且体积都不大。

表 11-1　天然奶酪的分类

天然奶酪的类型	成熟方法	代表性的品牌
鲜奶酪	非成熟	奶油奶酪（Cream Cheese）、农家奶酪（Cottage Cheese）、白奶酪（Fromage Frais）、马苏里拉奶酪（Mozzarella）
白霉奶酪	霉菌成熟	卡蒙贝尔奶酪（Camembert）、圣安德烈奶酪（Saint André）、布里奶酪（Brie）
蓝纹奶酪	霉菌成熟	洛克福奶酪（Roquefort）、斯蒂尔顿奶酪（Stilton）、戈贡左拉奶酪（Gorgonzola）、巴伐利亚蓝纹奶酪（Bavaria Blue）
洗浸奶酪	表面洗浸与细菌成熟	邦勒维克奶酪（Pont L´évêque）、曼斯特奶酪（Munster）、利瓦罗奶酪（Livarot）

续表

天然奶酪的类型	成熟方法	代表性的品牌
山羊和绵羊奶酪	霉菌成熟与细菌成熟	瓦朗赛奶酪（Valencay）、圣苏歇尔奶酪（Selles-Sur-Cher）、巴侬奶酪（Banon）
半硬质奶酪	细菌成熟	古达奶酪（Gouda）、玛利波奶酪（Maribo）、萨姆索奶酪（Samsoe）
半硬质奶酪	细菌成熟	帕米迦诺·雷佳诺奶酪（Parmigiano Reggiano）、帕达诺颗粒奶酪（Grana Padano）、埃曼塔奶酪（Emmental）

四、奶酪的包装和储藏

（一）包装的种类

对奶酪生产商来说，所有奶酪的包装是确保产品完整性以及保护奶酪的关键一步。

1. 真空包装

使用各种热缩袋来包装各类大型奶酪。这种方法可以减缓霉菌的生长。对切达干酪来说，这可以防止切达奶酪在成熟时表面形成乳酸盐晶体。

2. 薄膜包装

塑料薄膜可以有效的阻挡氧气和湿气。有时候也可作为成熟奶酪上蜡的替代品，可以减少奶酪的损失。

3. 蜡涂层

石蜡可以用来包覆许多轮状和块状的美国奶酪，如切达奶酪、布里克奶酪（brick）、意大利硬质奶酪（Italian-stylehard cheeses）。蜡的各种不同颜色有时用于表明奶酪的成熟度。有时石蜡外面还要加第二层柔韧的蜡。

4. 自封式的包装

自封袋通常用于消费者和餐馆包装切丝的或小方块的奶酪。自封式的杯型或盆型包装通常用于奶油奶酪。这种包装额外的方便，并且减少了浪费或储存的损失。

（二）奶酪的储藏

储藏奶酪需要遵循一个基本原则：水分含量低的奶酪（含水量低于50%）可以在较高温度下储藏；而水分含量高的奶酪（含水量高于50%）可以在低温环境下储藏。然而，为了维持奶酪的高质量并最大限度的延长它的保存期限，必须遵循更具体的储藏、常温保存及冷冻的指导原则。在适当的温度和湿度条件下储藏奶酪能够减少奶酪变味、乳脂析出或霉菌滋生的风险。

如果奶酪表面长出霉菌，只要将霉菌部分及其以下1cm（0.39英寸）的奶酪切除即可。这样就不会影响剩余奶酪的质量。而对利用霉菌成熟的奶酪，例如巴伐利亚兰文奶酪、法国布里白乳酪和卡门贝浓味软乳酪就不需要切除。

1. 货架期

水分含量和成分是影响奶酪储藏质量的首要因素。一般说来，柔软、水分含量高的奶酪，比如农舍奶酪和新鲜的莫萨里拉奶酪保存期限较短。硬质奶酪，比如切达干酪，保存期限可以更长些。

2. 保质期

为了帮助购买者估算奶酪的储藏期限，制造商会在奶酪的零售包装上标注保质期。这个标注并不是美国法律强制规定的，它是制造商对奶酪口味和质地最佳期的估算。然而即使过了这个日期有些奶酪也可以放心食用。在管理储藏期少于 1 个月的软质奶酪存货时，这个日期对购买者也很重要。

3. 常温摆放

硬质奶酪如帕尔马干酪、罗马诺干酪、成熟的切达干酪和科尔比氏干酪，可以常温陈列展示，以促进零售或作为样品展示。大量散装陈列的奶酪或靠近样品展示台的奶酪必须用塑料薄膜包装或者原包装密封摆放。产品应避免阳光直射、远离高温多湿的环境。陈列的奶酪要轮流摆放。即使只是短时间陈列，也要标记上室温下摆放过。

4. 冷冻奶酪

一般不推荐冷冻奶酪，因为冷冻的过程会使奶酪的质地变成粒状或粉末状。霉菌成熟的奶酪（包括干酪皮、巴伐利亚蓝纹干酪和洗皮奶酪）冷冻的时候，有益的霉菌会被杀死，冷冻及解冻之后也不会再继续生长。大多数奶酪不应该冷冻，但如果需要的话，要遵循以下指导方针：

①奶酪应尽快冷冻到-23℃（-9 ℉）；

②冷冻的奶酪应该在冷藏温度 0~1℃（32~34 ℉）之间解冻数天；

③奶酪解冻后应该在 0~1℃（32~34 ℉）下储藏 3 周再使用，这个过程称为“回性处理”，以确保奶酪的质地和融化性没有受到冷冻储藏太大的影响；

④为了确保最好的味道，奶酪冷冻不应超过 6~9 个月；

⑤恰当的冷藏方法能极大的延长奶酪货架期。储藏方法因奶酪类型不同而各异。但总的来说，奶酪应该尽可能低温保存，而不要冷冻。新鲜软质奶酪以及容易变质的奶酪可以在0~1℃（32~34 ℉）下保存。硬质奶酪可以在 1~4℃（34~39 ℉）下保存。

第四节　奶酪的营养与保健功能

一、奶酪的营养价值

奶酪，又被称为“白肉”，是欧美人膳食中重要的营养素来源，每千克奶酪制品都是由 10kg 的牛乳浓缩而成，含有丰富的蛋白质、钙、脂肪、磷和维生素等营养成分，是纯天然的食品。奶酪是具有极高营养价值的乳制品，其营养价值高于牛乳，也比同属于发酵乳制品的酸奶高（表 11-2），而奶酪中含有的高钙成分很容易被人体吸收。比如，每 100g 古达奶酪（Gouda）中的蛋白质含量相当于牛肉的 1.5 倍，同时还含有 50mg 左右的钙等矿物质。因此，对于孕期或更年期的女性及成长发育旺盛的青少年、儿童，奶酪是最好的营养食品之一。中国人目前日均钙质摄取量只有人体必须量的一半，缺钙是一个比较普遍的问题，而食物是补钙的最好方法，乳制品又是食物补钙的最佳首选，奶酪则正是乳制品中含钙比例最高的产品。每份奶酪和奶酪制品的相对营养素含量比较如表 11-3 所示。

表 11-2　　奶酪和酸奶及牛奶营养价值差异比较表/100g

营养素	奶酪	酸奶	牛乳
热量/kJ	1373	301	226
蛋白质/g	27. 5	2. 5	3
脂肪/g	23. 5	2. 7	3. 2
碳水化合物/g	3. 5	9. 3	3. 4
维生素 A/μg	152	26	24
硫胺素/mg	0. 06	0. 03	0. 03
核黄素/mg	0. 9	0. 15	0. 14
烟酸/mg	0. 62	0. 2	0. 1
维生素 E/mg	0. 6	0. 12	0. 21
胆固醇/mg	11	15	15
钙/mg	799	118	104
镁/mg	57	12	11
铁/mg	2. 4	0. 4	0. 3
锰/mg	0. 16	0. 02	0. 03
锌/mg	6. 97	0. 53	0. 42
铜/mg	0. 13	0. 03	0. 02
磷/mg	326	85	73
硒/μg	1. 5	1. 71	1. 94

表 11-3 每份奶酪和奶酪制品的相对营养素含量比较/100g

软质奶酪，新鲜	每份/g	水分/g	能量/kcal	来自脂肪的能量/kcal	蛋白/g	总脂肪/g	总碳水化合物/g	钙/mg	铁/mg	镁/mg	磷/mg	钠/mg	锌/mg	硫胺素/mg	核黄素/mg	烟酸/mg	泛酸/mg	维生素B_6/mg	叶酸/μg	维生素B_6/μg	维生素A/IU
农家奶酪（糊状）	100	78.96	103	40.59	12.49	4.51	2.68	60	0.14	5	132	405	0.37	0.021	0.163	0.126	0.213	0.067	12	0.62	163
农家奶酪（低脂，1%乳脂）	100	82.48	72	9.18	12.39	1.02	2.72	61	0.14	5	134	406	0.38	0.021	0.165	0.128	0.215	0.068	12	0.63	41
农家奶酪（脱脂，干凝块）	100	79.77	85	3.78	17.27	0.42	1.85	32	0.23	4	104	13	0.47	0.025	0.142	0.155	0.163	0.082	15	0.83	30
奶油奶酪	100	53.75	349	313.83	7.55	34.87	2.66	80	1.20	6	104	296	0.54	0.017	0.197	0.101	0.271	0.047	13	0.42	1346
Feta 羊奶酪	100	55.22	264	191.52	14.21	21.28	4.09	493	0.65	19	337	1116	2.88	0.154	0.844	0.991	0.967	0.424	32	1.69	422
马苏里拉奶酪（部分脱脂）	100	53.78	254	143.28	24.26	15.92	2.77	782	0.22	23	463	619	2.76	0.018	0.303	0.105	0.079	0.070	9	0.82	481
马苏里拉奶酪（全脂）	100	50.01	300	201.15	22.17	22.35	2.19	505	0.44	20	354	627	2.92	0.030	0.283	0.104	0.141	0.037	7	2.28	676
Neufchatel	100	62.21	260	210.87	9.96	23.43	2.94	75	0.28	8	136	399	0.52	0.015	0.195	0.126	0.566	0.041	11	0.26	1134
Ricotta（全脂）	100	71.70	174	116.82	11.26	12.98	3.04	207	0.38	11	158	84	1.16	0.013	0.195	0.104	0.213	0.043	12	0.34	445
软奶酪，霉菌成熟型																					
Camembert 奶酪	100	51.80	300	218.34	19.80	24.26	0.46	388	0.33	20	347	842	2.38	0.028	0.488	0.63	1.364	0.227	62	1.30	820
半软奶酪																					
Brick 奶酪	100	41.11	371	267.12	23.24	29.68	2.79	674	0.43	24	451	560	2.60	0.014	0.351	0.118	0.288	0.065	20	1.26	1080
埃达姆奶酪																					
古达奶酪	100	41.46	356	246.96	24.94	27.44	2.22	700	0.24	29	546	819	3.90	0.030	0.334	0.063	0.340	0.080	21	1.54	563
蒙特里杰克	100	41.01	373	272.52	24.48	30.28	0.68	746	0.72	27	444	536	3.00	0.015	0.390	0.093	0.210	0.079	18	0.83	769
Muenster 奶酪	100	41.77	368	270.36	23.41	30.04	1.12	717	0.41	27	468	628	2.81	0.013	0.320	0.103	0.190	0.056	12	1.47	1012

续表

软质奶酪，新鲜	每份/g	水分/g	能量/kcal	来自脂肪的能量/kcal	蛋白/g	总脂肪/g	总碳水化合物/g	钙/mg	铁/mg	镁/mg	磷/mg	钠/mg	锌/mg	硫胺素/mg	核黄素/mg	烟酸/mg	泛酸/mg	维生素B_6/mg	叶酸/μg	维生素B_6/μg	维生素A/IU
马苏里拉奶酪(全脂低水分)	100	48.38	318	221.76	21.60	24.64	2.47	575	0.20	21	412	415	2.46	0.016	0.270	0.094	0.071	0.062	8	0.73	745
马苏里拉奶酪（部分脱脂低水分）	100	46.46	302	180.27	25.96	20.03	3.83	731	0.25	26	524	528	3.13	0.101	0.329	0.119	0.090	0.079	10	2.31	517
Provolone 奶酪	100	40.95	351	239.58	25.58	26.62	2.14	756	0.52	28	496	876	3.23	0.019	0.321	0.156	0.476	0.073	10	1.46	880
半软质奶酪，霉菌成熟																					
蓝纹奶酪	100	42.41	353	258.66	21.40	28.74	2.34	528	0.31	23	387	1395	2.66	0.029	0.382	1.016	1.729	0.166	36	1.22	763
Brie 奶酪	100	48.42	334	249.12	20.75	27.68	0.45	184	0.50	20	188	629	2.83	0.070	0.520	0.380	0.690	0.235	65	1.65	592
Limburger 奶酪	100	48.42	327	245.25	20.05	27.25	0.49	497	0.13	21	393	800	2.10	0.080	0.503	0.158	1.177	0.086	58	1.04	1155
硬质奶酪																					
切达奶酪	100	36.75	403	298.26	24.90	33.14	1.28	721	0.68	28	512	621	3.11	0.027	0.375	0.080	0.413	0.074	18	0.83	1002
科尔比奶酪	100	38.20	394	288.99	23.76	32.11	2.57	685	0.76	26	457	604	3.07	0.015	0.375	0.093	0.210	0.079	18	0.83	994
格鲁耶尔奶酪	100	33.19	413	291.06	29.81	32.34	0.36	1011	0.17	36	605	336	3.90	0.060	0.279	0.106	0.562	0.081	10	1.60	948
瑞士奶酪	100	37.12	380	250.20	26.93	27.80	5.38	791	0.20	38	567	192	4.36	0.063	0.296	0.092	0.429	0.083	6	3.34	830
特硬质奶酪																					
帕尔玛奶酪	100	20.84	431	257.49	38.46	28.61	4.06	1109	0.90	38	729	1529	3.87	0.029	0.486	0.114	0.325	0.049	10	2.26	442
罗马诺奶酪	100	30.91	387	242.46	31.80	26.94	3.63	1064	0.77	41	760	1200	2.58	0.037	0.370	0.077	0.424	0.085	7	1.12	415

巴氏杀菌再制奶酪类产品																					
巴氏杀菌再制奶酪（美国）	100	43.21	330	226.62	18.40	25.18	7.83	570	0.57	31	439	1265	3.19	0.068	0.517	0.170	0.974	0.073	7	1.26	761
巴氏杀菌再制奶酪食品（瑞士）	100	43.67	323	217.26	21.92	24.14	4.50	723	0.60	28	526	1552	3.55	0.014	0.400	0.104	0.500	0.035	6	2.30	856
巴氏杀菌再制奶酪涂抹食品（美国）	100	47.65	290	191.07	16.41	21.23	8.73	562	0.33	29	712	1345	2.59	0.048	0.431	0.131	0.686	0.117	7	0.40	653
冷包装奶酪																					
冷包装奶酪（美国）	100	43.12	331	220.14	19.66	24.46	8.32	497	0.84	30	400	966	3.01	0.030	0.446	0.074	0.977	0.141	5	1.28	705

注：1kcal＝4.18kJ

二、奶酪中的营养素

（一）蛋白质

奶酪是优质蛋白质的重要来源之一。蛋白质是肌体内所有细胞的主要功能性和结构性组分。奶酪中的蛋白质是“完全”蛋白质，含人体所需的所有必需氨基酸，所以其可弥补以“不完全”蛋白为主的谷物类膳食所导致的蛋白质缺乏。奶酪易于消化，是优质蛋白的良好来源，最新的研究表明奶酪对健康有益，主要在于乳蛋白对于体重控制、代谢活动和健康老龄化的作用。天然奶酪通常不含谷蛋白，但是有些会加入一些小麦、大麦或黑麦的提取物。

（二）碳水化合物

成熟奶酪，如切达奶酪含少量或不含乳糖，乳糖是牛乳中的主要糖类物质。在奶酪生产过程中，乳糖转移到乳清中或是在奶酪成熟过程中转化成乳酸。再制奶酪和农家奶酪中的乳糖含量取决于添加的辅料，如脱脂乳粉和乳清粉的量。

（三）脂肪

除了蛋白质，奶酪中还含有大量的脂肪，其含量决定着奶酪的口感。奶酪的脂肪含量、饱和脂肪含量和胆固醇含量很大程度上取决于用于生产奶酪的鲜乳类型（如全脂乳、低脂、脱脂牛乳）。据统计，每100g天然奶酪中含25%~30%的脂肪。例如，一份切达奶酪（42g）含14g脂肪、9g饱和脂肪和45mg胆固醇。奶酪生产商开发了许多低脂奶酪，无脂农家奶酪（113g）含0.5g脂、0.3g饱和脂肪和8mg胆固醇。除此之外，每份低脂奶酪中脂肪含量都≤3g。脱脂奶酪的脂肪含量必须比传统奶酪少25%的脂肪，每份无脂奶酪的脂肪含量应<0.5g。

（四）维生素和矿物质

奶酪中维生素含量取决于生乳原料以及加工工艺。因为牛乳中大多数脂肪留在奶酪凝块中，因此奶酪含有所用牛乳中的脂溶性维生素（如维生素A），而水溶性维生素，维生素B_1、核黄素、烟酸、维生素B_6、维生素B_{12}、叶酸则残留在乳清中。因此，奶酪中水溶性维生素的含量则取决于奶酪中残留的乳清含量。不过需要注意的是，虽然奶酪中含有多种人体所需的营养元素，却几乎没有维生素C，所以在享用奶酪的时候最好搭配上一些富含维生素C的水果和蔬菜。

（五）钙

大多数奶酪是多种矿物元素，尤其是钙的良好天然来源。成人每天需要摄取600mg左右的钙，处于发育期的中小学生、孕妇及中老年女性摄取800mg以上。每100g再制奶酪中含有630mg钙，每100g帕尔玛奶酪中的钙含量更是高达1300mg。奶酪中的蛋白质可以帮助钙的吸收，所以奶酪是一种最方便有效的补钙食品。然而奶酪的钙含量也依加工工艺而异。例如，切达奶酪、Brick奶酪和Swiss都富含钙，而农家奶酪则含钙量要相对低一些（表11-3）。

（六）盐

盐（钠）在奶酪制作过程中扮演着很重要的角色，它影响着奶酪的水分含量、质构、味道、功能性和食品安全性。一种普遍的消费认知认为奶酪为日常饮食提供了大量的钠。然而，以美国饮食为例，奶酪只占据美国人钠摄入量的7%，每100g奶油奶酪中只有0.7g盐，每100g水分较少的硬质奶酪中只有3g盐，即使是含盐量最高的蓝纹奶酪，每100g中也只有3.8g盐。根据2010年和2015年美国和其他卫生当局提出的饮食指南中减少总膳食钠盐摄入量的建议，奶酪制造商也正在努力增加低钠含量，以供应高质量的奶酪。对于那些期望降低钠摄入量的人来说，也有许多低钠奶酪可供选择。每份低钠奶酪的含钠量为140mg或更低，每份极低钠奶酪的钠含量为35mg或更低；每份无钠奶酪的含钠5mg或更低。盐的摄入量因人而异，成人每天的盐摄取量最低为3~5g，最高为10g，所以食用奶酪并不会影响身体健康。

三、奶酪的保健功能

（一）美容食品

奶酪含有丰富的维生素A和B族维生素。天然牧草中的维生素A转变到奶酪中，能增进人体抵抗疾病的能力，保护眼睛健康并保持肌肤健美；B族维生素含可以增进代谢、加强活力、美化皮肤。

奶酪中丰富的钙含量不仅能够坚固骨骼，还可以促进大脑的发育及激素的分泌，帮助肌肉的收缩，防止机体的老化，保持皮肤的光泽。

奶酪中的乳酸菌及其代谢产物有利于维持人体肠道内正常菌群的稳定和平衡，防治便秘和腹泻。通常原味奶酪比奶酪切片的风味更浓郁，含有更丰富的乳酸活菌。

（二）减肥作用

很多人认为奶酪中的脂肪和热能都比较高，过多食用容易引发肥胖，其实奶酪中的脂肪呈乳化状态（水与脂肪融为一体），很容易被身体消化；其次，胆固醇含量却比较低，对心血管健康也有有利的一面；另外奶酪中的乳酸菌、酶以及维生素B_2还会帮助脂肪燃烧，只要不过量摄取，不会引起肥胖问题。对那些期望减少卡路里膳食的消费者来说，低脂奶酪包括部分脱脂马苏里拉奶酪、Ricotta和无脂农家奶酪可供选择。同时，近年来奶酪制作者生产出了具有与传统全脂奶酪相似风味和结构的低卡路里奶酪制品。消费者在选择时可综合考虑全脂奶酪和低卡路里食物相结合的平衡膳食结构。

（三）降低心血管疾病的风险

奶酪的消费似乎对心血管疾病风险标记具有有利的影响。一些研究已经表明，与具有相似脂肪含量和组成的黄油相比，干酪摄入降低了低密度脂蛋白（LDL）胆固醇（即“坏”胆固醇）的浓度，同时会增加高密度脂蛋白（HDL）胆固醇（即“好”胆固醇）的浓度。以奶酪作为主要饱和脂肪来源的食物会增加apo A-1（HDL的主要蛋白组分）的浓度，因此研究者们认为，相比于低脂肪高碳水化合物的食物，食用奶酪不太可能增加心血管疾病的发病率。奶酪的影响机制还有待确认，可能涉及其较高的钙含量，脂肪酸的组成，蛋白质和其他成分。

日常饮食中可以食用适当的奶酪，例如防治高血压的饮食方法（dietary approaches to stop hypertension，DASH）是低脂肪饮食，包括每天三份乳制品（例如常规和低脂奶酪，低脂和无脂肪的牛乳和酸奶）和每天八至十份水果和蔬菜。该方法有助于降低心脏病发生的风险因素，包括高血压、血液总量、低密度脂蛋白胆固醇和同型半胱氨酸。

（四）适合乳糖不耐受人群

一些人在食用液态牛乳时发生腹胀、腹泻等不适，因为胃肠道里缺乏可以消化乳糖的酶，喝牛乳时小肠无法消化乳糖，当乳糖进入大肠被细菌发酵而产生气体时便发生胀肚、腹泻等症状，医学上称为“乳糖不耐受症”。奶酪中则几乎不含乳糖，其中的乳糖已经在发酵过程中全部转化为乳酸了，乳酸则不会引起“不耐受”的问题。

（五） 降低龋齿发生率

摄入奶酪可防止儿童龋齿的发生。经实验证明，许多奶酪，如切达奶酪、蓝纹奶酪、艾德姆奶酪、蒙特里杰克奶酪、马苏里拉奶酪古和达奶酪均具有降低龋齿发生几率的作用。美国儿童牙齿研究院建议，儿童的营养快餐中应包括奶酪和其他食物（例如蔬菜、酸奶、巧克力牛乳等），这可保护牙齿并有助于全面的健康和营养。

（六） 补充钙元素

奶酪中的钙具有易被人体吸收的特点，很好地迎合了中国人目前强烈的补钙需求，资料显示每100g牛乳含钙49mg，而每100g奶酪含钙720mg，是牛乳含钙量的14倍。钙是使骨密度最大化的最重要的营养素，可降低成年后骨质疏松症的发生。美国儿童研究院认识到了在生长期儿童摄入足够量钙促进骨骼健康的重要性，鼓励儿童每日摄入三份富含钙的乳制品，包括奶酪，青少年每日摄入四份富含钙的乳制品，同时也可提供其他必需营养素。

第五节　我国的传统奶酪及其发展

一、 中国的奶酪文化史

中国有制作和食用奶酪的历史。据史料记载，我国先秦时民间即有吃乳酪的习俗。至秦汉（公元前221—公元190年），乳品生产又进一步发展，奶酪已成为蒙古族的普遍食品。北魏高阳太宗贾思解著《齐民要术》（公元530—550年）详细记叙了乳制品加工技术，这部巨著是世界上最早的食品加工百科全书。《养羊第五十七篇》记有“作酪法”、“作奶酪法”、“作漉酪法”（湿酪）、“作马酪酵法”（发酵剂）、“抨酥法”（制奶油）等，科学而详尽地论述了牛羊牧养、挤乳、加热杀菌、冷却、搅拌、保温、发酵等加工技术，指出冬夏冷暖作酪时不同的保温条件，其工艺过程与现在基本相符。北魏时已有商业化的乳业，即作酪手工作坊，进行一定的规模化奶酪生产和销售。

汉朝开始有相关史书记录，《通俗文》所述有酪和酥两类。酪是用搅拌或煎煮方法炼成的乳制品，酥是酪上的乳脂，即酥油，用以加工的乳类以牛乳、羊乳为主，汉代还有用马乳加工成酪的，当时称为“马酒”。唐朝（公元618—907年）政治、经济、文化繁荣，乳业兴旺。《唐书·地理志》记载，奶酪是外国和少数民族经常上呈的贡品。唐朝开国一大景象是“胡气满长安”，这其中“胡气”就包含了奶酪的香气。唐代流行奶油、酸奶酪、奶酪。唐代诗人韩愈的诗句“天街小雨润如酥”。宋朝（公元960—1279年）乳业又有新发展，设有专门管理乳制品生产的机构，宋史《职官志》记有：“牛羊司乳酪院，供造酥酪”，负责乳畜的饲养管理奶油、奶酪的制造。乳制品加工方法在沈括著《梦溪笔谈》中做了详细的记录。元朝（1206—1368年）乳业成为蒙古人的主业。元朝军队将马乳和奶干子作为常备的军旅食品，既有营养又携带方便。明朝（公元1368—1644年）李时珍著《本草纲目》记叙了酪、酥、醍醐、乳腐、乳团、乳线等乳制品的制作方法和食用疗效。

蒙古产的乳制品在清朝已广泛进入商品流通。《游蒙日记》中记“奶酪，系牛乳合糖搅匀成饼，出蒙古销内地”有内蒙古蓝白两旗、乌珠穆沁、苏尼特等地乳制品销往内地。斑驳的史料记录着奶酪在我国源远流长的历史与文化，至今仍是我国西北的蒙古族，哈萨克族等游牧民族的传统特色食品，在内蒙古称为奶豆腐，在新疆俗称乳饼，完全干透的奶酪又叫奶疙瘩。在我国央视报道“舌尖上的中国·转化的灵感”中有专门的介绍其加工制作的方法。在我国新疆、青海、宁夏、内蒙古、云南等地区也有奶酪消费传统，青藏高原的牦牛乳硬质奶酪也已经进入欧美市场。

二、中国的传统奶酪

虽然奶酪还不是我国人民的主流食品，但我国已有多种传统奶酪制品，可分为两大类：酶凝奶酪和酸凝奶酪。

（一）酶凝奶酪

最著名的是北京的“奶酪魏”。制作过程首先是牛乳加糖，然后进行巴氏杀菌和冷却，接下来加入破碎均质的酒酿，静置30min，形成凝乳，然后进行烘烤或汽蒸，清朝和民国时期是在木桶里边放入炭火盆，烘烤，最后冷却形成奶酪。其中加入酒酿和加热的步骤很关键，因为酒酿使用米曲霉发酵制成，其中的蛋白酶可以水解酪蛋白形成凝乳，但是水解过度会出现液化和苦味的现象，所以需要加热灭酶，同时加热也起到蒸发水分、增加固形物的作用。这种方法做成的奶酪也称“合碗酪”或“扣碗酪”，意思是把碗反过来，奶酪也不会松散，流淌。“新鲜味美数燕都，敢与佳人赛雪肤，饮罢相如烦解渴，芳生斋颊润于酥”，这诗句是用来形容“奶酪魏”的奶酪。

广东的姜撞奶是另一个我国著名的酶凝奶酪。首先将牛乳加热煮沸，冷却到60℃左右时，把姜切碎，取汁，与乳混合。姜撞奶的美味就在于牛乳与姜汁的激情碰撞，甜与辣在一瞬间的完美融合。在倒牛奶时，要将杯子提到一定高度，至少要在4~5 s内倒把杯子以特定角度倾斜，让牛乳快速倾入姜汁中，才能产生完美的口感。60℃和“撞”是关键点，因为姜里边的蛋白酶最适作用温度是60℃，冲撞使姜汁和牛乳混合均匀，姜撞奶形成的凝乳很软，如果搅拌，就不可能形成完整嫩滑的质构了。

（二）酸凝奶酪

我国的最著名的酸凝奶酪是奶豆腐和乳扇。

发酵酸化的牛乳加热脱水成为黏稠的奶豆腐泥，入模成形，放置阴凉处缓慢干燥即成奶豆腐。做奶豆腐的木模因地而异，形状各异，有的块头大，有点像方砖，有的与月饼模具相似，刻有非常精致的民族传统纹理、图案，花纹，这样做出来的奶豆腐就不仅仅是一种食品，而且也包含了一定的艺术成分。脱脂乳酸化后干燥的产品，称为奶疙瘩。

乳扇是我国云南省白族人民的传统食品。乳扇实际上为超硬质奶酪，水分含量10%左右，油炸或烘烤后食用。清代嘉庆元年（公元1769年）的《邓川州志》记载：“凡家喂四牛，可作乳扇四百张，八口之家，足资府邸矣。”乳扇不仅在当地销售，还销售到省外及缅甸、东南亚等国，给当地农户带来了近乎小康的经济效益。乳扇的加工和奶豆腐有相似的地方，都有加热和酸凝乳，但是差别在于乳扇的加热温度较低（70℃以下），捞出凝块，把凝乳揉捏成团块，再拉伸延展团块形成薄膜。这些过程更接近制造马苏里拉奶酪的过程。

总之，在漫长的历史中，在世界各地的饮食世界中，奶酪这种古老而与充满活力的乳制品，已经不仅仅是一种食品，其蕴含的意义早已超出了果腹的需求和口舌之欲，人们以它为礼物、为纪念品、作画写书，还有以其为原料做雕塑，各式各类的奶酪文化节更是每年在世界各地延续不断，在诉说推广着奶酪这种奇特美食所承载的独特文化和持久魅力，吸引着我们去探究、去品味。中国奶酪产业虽然尚处于初步阶段，但也不乏传统奶酪的加工制作企业和个人，奶酪在我国的研究、制造、销售和应用，如星星之火，蓄燎原之势。更有意义的是，在奶酪界的吉尼斯世界纪录中，有一项是中国创立的——中国国际奶业展览会 2016 年 4 月 23 日成功举办了包括有 489 个品种的奶酪展示会，继英国 ShortList 杂志创造的 375 个品种的奶酪展示会之后，赢得当今世界“最大规模的奶酪品种展示吉尼斯世界纪录”。相信在不久的将来，奶酪这种“旧时王谢堂前燕”，必将“飞入寻常百姓家”。

思考题

1. 奶酪生产的关键原料及关键生产步骤是什么？
2. 奶酪的分类方法有哪些？
3. 奶酪的营养价值以及与健康之间的关系是怎样的？
4. 如何实现奶酪走出门店的规模化生产？
5. 科学进步如何推动了奶酪文化的发展？

拓展阅读文献

[1] 刘亦觉等 . 奶酪百科 [M] . 北京：电子工业出版社，2017.

[2] 特里斯坦 . 西卡尔 . 奶酪原来是这么回事儿 [M] . 周劲松译 . 北京：中信出版集团，2019.

第十二章

巧克力文化

[学习指导]

通过本章的学习，了解巧克力的概念、分类、特征、加工方法及品味方法，理解巧克力文化特点。思考巧克力文化与技术和经济的相互关系。

巧克力被誉为“诸神的美食”（图 12-1），它有着孩童的纯真可爱，女人的柔媚甜美，男人的拙朴厚重。只要将小小的一块放入口中，那种微苦的甜蜜就会随着妖娆的芬芳渗入每一个味蕾，与此同时，一种沁人心脾的美妙感觉就包围了你，它让人心情轻松愉悦却不轻浮，在甘甜与苦涩的两极之间拿捏恰到好处的平衡。法国女作家让娜·布兰说：“我怀着热爱生活、尽情享受它的馈赠这样的信念来到了这个世界，而巧克力恰恰是可以想象到的最诱人的馈赠之一。”巧克力这种奇妙的食品在我们人类世界里已经流传了上千年，并继续吸纳许多故事的流传，焕发着日益光鲜的生命力。

图 12-1　诸神的美食
（赛娜编著．爱上巧克力，2004）

第一节　巧克力的起源与发展

在我国的国家标准中将巧克力定义为：以可可制品（可可脂、可可块或可可液块、可可油饼、可可粉）为主要原料，添加或不添加非可可植物脂肪、食糖、乳制品、食品添加剂及食品营养强化剂，经特定工艺制成的在常温下保持固体或半固体状态的食品。巧克力可以直接食用，也可被用来制作蛋糕、冰激凌等。

因为巧克力在制造过程中所加入的成分不同，也造就了它多变的面貌（图 12-2）。市面上的纯脂巧克力，依照国标 GB/T 19343—2016《巧克力及巧克力制品、代可可脂巧克力及代可可脂巧克力制品》可分为黑巧克力——总可可固形物≥30%；牛奶巧克力——总可可固形物≥25%及总乳固体≥12%；白巧克力——可可脂≥20%及总乳固体≥14%。巧克力中的非可可植物脂肪添加量不得超过5%。而在以巧克力为原料（含量不低于25%），再混配其他原料如坚果、果干、脆米等制成的产品被称为巧克力制品。

图 12-2　巧克力及巧克力制品

制作巧克力的原料是一种原产于热带中南美洲的可可树的豆子。巧克力诞生之初的模样是一种用可可粉、发酵的玉米糊和小辣椒等搅和在一起制成的、苦涩辛辣而多泡沫的糊状汁液，被称为糟克力（xocolatl）。它是神秘遥远的玛雅人虔诚的宗教仪式里不可替代的圣物。每出生一个孩子，便要栽种一棵可可树，以此祝福新生婴儿健康成长。玛雅人认为可可树属于天神，可可果是天神赐予人类的礼物，而可可豆是“神的食物”。

在阿兹台克人婚礼仪式上，新人饮用一杯巧克力饮料并互相交换可可豆；阿兹台克人相信饮用巧克力饮料能够赋予人们神灵一般的智慧和力量，称这种饮料为“诸神的美食”和“液体黄金”；可可被看作是神灵的源头，可可树是人类世界通向天堂的桥梁。

图 12-3 中所示的这只黑色敞口陶瓶属于公元前 600 年，是在属于中美洲国家伯利兹北部的科拉（Colha）遗址出土的，科学家使用新型光谱分析技术在里面发现了制造巧克力的原料。

图 12-3　玛雅陶瓶

在 1502 年寻找东方香料海上航线的哥伦布最早将巧克力带回欧洲，但那时的人们并没有意识到可可豆真正的价值所在。17 年后西班牙人荷南·考特斯被当作羽蛇神的再生得到了阿兹台克国王蒙特祖玛二世的款待，作为招待贵宾的可可饮料摆在了他的面前。当时的他怎么会被这种苦涩、充满泡沫和辛辣味的特殊饮料所吸引已无从考证。可以肯定的是，在 1528 年，他把经过口味改善的巧克力饮料引荐给查理五世的宫廷，这是巧克力被现代人类社会认识的一个重大里程碑。考特斯不仅用可可豆作为货币来交换物品，还在加勒比海周围建立大片的可可树种植园。接下来，南美洲、非洲等更多的国家也纷纷建立了可可种植园。可可豆的生产从此走向全世界。

1580 年，西班牙建立了世界上第一个巧克力工厂。随即，巧克力开始风靡其他欧洲国家。巧克力饮品也因此成为当时欧洲最受欢迎的饮料。

在古代的中美洲，人们简单地将可可豆磨成粉末，用水冲泡，这就是最初的可可饮品，又黑又苦，充满油脂，且必须冷着喝。后来，阿兹台克人在煮玉米粥时，加入了巧克力，此时，巧克力玉米粥以热饮的形式出现了，这种食用方法在如今餐桌上依然能见到。这时候的巧克力饮料，仍然是不加糖的，因为在当时，还没有糖来调味。

巧克力饮料在封建领主中盛行，他们在其中加入许多其他调味品来调和巧克力的苦涩，西班牙历史学家发现，当时可能选择的调味料有辣椒、多香果粉、丁香、香草、某种黑胡椒粉以及各种各样的花瓣、坚果等。这些奇怪的调味一直持续到阿兹台克被西班牙占领后，为了迎合西班牙人嗜甜的口味，巧克力饮料才开始加入糖、肉桂等调味品，这时巧克力饮品终于开始有了和今天相似的味道。

西班牙人对可可豆进行烘烤、脱皮和碾磨，与香料一起磨成细糊，制成巧克力块，这就有了现代巧克力的雏形。但此时的巧克力块也只是用来冲泡饮料，仍然不是糖果，直到荷兰人范·霍腾的压榨机出现——他成功地分离了可可脂和可可粉，而用可可粉制作的巧克力饮料大受欢迎。

但是，如何利用分离出的可可脂成为这一产业面临的难题，无法将其用于饮料，废弃又太可惜。这种状况一直持续到一个可可加工者的偶然发现：融化的可可脂加上磨细的可可豆，再与糖混合后，就会成为一种高温下是液态，冷却成型后却是固态的巧克力，这就是世界上了第一块“可以咬着吃的巧克力”。

此时的巧克力虽然是固体，但尝起来仍有颗粒感。精炼机的出现改善了这一状况，口感粗糙的巧克力经过精炼机的摔打精炼，开始变成拥有细腻丝滑、入口即化的特有质地的现代巧克力。

之后，美国人在此基础上，研发出了牛奶巧克力。在“二战”时，大量的巧克力因其热量丰富，口味受人喜爱的特性，被大量应用于战争，送到战士们的手里，巧克力产业也获得了极大的发展。在漫长的历史进程中，巧克力的制作方法不断改良，品质不断提升，巧克力也由饮品逐渐演变成目前色彩缤纷口味多样以糖果甜食为主形态的样子。

第二节　“天堂之树”——可可树

制造巧克力的原料是来自可可树的豆子，可可树是纯粹的热带植物，多被栽培在赤道带，北纬20°与南纬10°之间。主产国有非洲的加纳、科特迪瓦、尼日利亚、喀麦隆及南美洲的巴西、厄瓜多尔、哥伦比亚、委内瑞拉等。

可可树种植与管理严苛。可可树与茎花如图12-4和图12-5所示，通常，每棵树上可以收获果实100~200个。每个可可果中有20~60粒种子，即可可豆（图12-6）。可可豆是加工一切可可制品的原料，全世界平均产量在350万吨/年。

图12-4　可可树

图12-5　可可树的茎花

图12-6　可可树的果实

可可果长在树干或主枝上，成熟的果实不会自动脱落，采摘时需特别小心，不要伤害到会继续开花、结果的茎花。把可可豆连同周围的果肉挖出，用香蕉叶包起来（也可选择放入发酵箱中）发酵三到七天形成香气。发酵之后进行干燥。

干燥的目的有二：一是为了降低可可豆的水分，防止发酵过的可可豆发霉而影响巧克力终产品的风味；二是晾晒的过程可促进可可风味进一步发展。干燥后的可可豆即可作为商品，通过海运运到世界各地的可可加工厂，开始可可制品的生产加工。

从原产地运来的可可豆，经常混有石块、沙粒及尘埃等杂物，必须利用吹风装置、比重振动、磁铁等方法来分离除杂。另外，设法分离出碎裂豆、未熟豆、虫蛀豆、黏着豆等，以免风味劣化。然后进行焙炒，可可豆最佳焙炒温度是110~140℃。焙炒可有效降低产品苦涩味，形成巧克力独特的香气与色泽，利于后续破碎分离过程，还有可可豆杀菌等重要功能。对焙炒后的可可豆进行破碎，分离可可壳，再将可可仁碱化（或不碱化），送入研磨机研磨，即可得到“液态”膏体状的可可液块。可可液块经机榨脱脂等工艺可制成可可饼，可可饼经过粉碎后即制成可可粉，压榨出的油脂就是可可脂（图12-7）。

第三节　巧克力的加工

基于巧克力产品的外观和口味，赋予巧克力工厂甜蜜和梦幻的色彩，巧克力是如何由可可制品与糖、乳等原料混合、精磨，进行巧妙的结合才形成口感丝滑、香味浓郁的巧克力的呢？下面结合巧克力加工工艺流程，重点介绍巧克力加工技术要点。

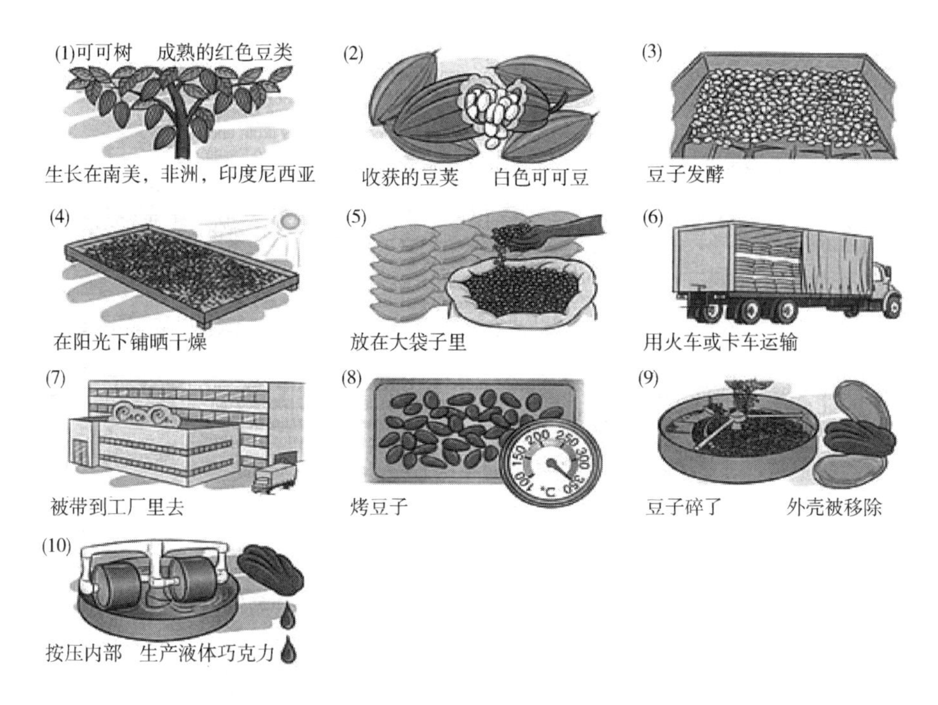

图 12-7　可可豆到可可制品的加工流程示意图

一、巧克力加工工艺流程

巧克力加工工艺流程如图 12-8 所示。

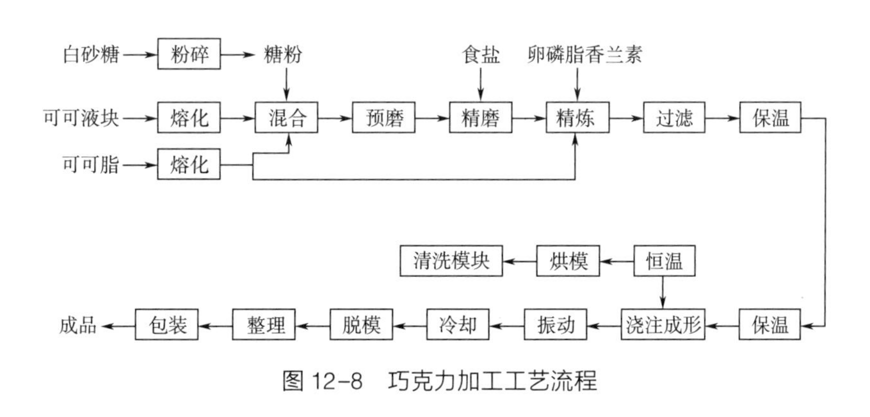

图 12-8　巧克力加工工艺流程

二、巧克力加工技术要点

巧克力的加工必须有原辅料预处理、混合、精磨、精炼、调温、注模成形和包装等工序。

（一）原辅料预处理与混合

可可液块和可可脂在常温下均为固体原料，应在夹层锅或保温槽内加热熔化，熔化后的可可酱液和可可脂的温度一般不超过60℃，保温时间不宜太长。为了加快熔化速度，可先将大块原料分切成小块。另外，原料中的砂糖应先加工成糖粉，然后再投料。

在精磨前进行混合处理，可以缩短巧克力的精磨时间，提高设备利用率，降低设备的磨损率，延长其使用寿命，同时，使巧克力酱料研磨细度更加均匀，符合标准。

（二） 精磨

精磨的主要作用就是把巧克力各物料研磨达到所要求的细度，在精磨过程中，如果物料温度保持一定，精磨得很细的物料就会显得稠厚，物料黏度增加，流动性降低。因此，在精磨过程中，需要对巧克力酱料进行稀释和乳化，同时，精磨过程会有效地降低巧克力酱料中的水分含量，使之具有良好的流变性。

此外，通过精磨可促使各种物料混合均匀，构成巧克力高度均一状态的分散体系，并能有效地挥发除去巧克力研磨过程中产生的不愉快气味，便于巧克力的增香和调香，使其香气和滋味更加舒适。

（三） 精炼

精炼的作用是使巧克力物料更为细腻滑润，使之具有良好的口感；使巧克力物料中的水分含量进一步降低；促使巧克力物料的黏度降低，使物料变得较为稀薄和容易流散；去除巧克力物料中残留的、不需要的可挥发性酸类物质，使巧克力的香味效果更加优美，并提高巧克力的外观色泽。

巧克力物料经精磨后，大部分都可达到或接近细度标准要求，但有部分的颗粒仍粗糙。精炼设备的机械作用将颗粒的多角体磨平，变成光滑的球体，弥补了精磨过程带来的不足。在精炼过程中，物料颗粒变得较小和光滑，同时均匀地分散在液态油脂的连续相内，在不断推撞和摩擦作用下，在物料内乳化剂的表面活性作用下，降低了颗粒间的界面张力，油脂由球体变成膜状，膜状油脂又均匀地把糖、可可及乳固体包裹起来，彼此紧紧吸附在一起，形成高度均一的物态分散体系，物态的这种乳浊状态在冷固后具有高度的稳定性。

物料在精炼过程中黏度随着水分降低而有明显的降低，但长时间的作用后，物料黏度有所增加。为此，可在精炼后期添加磷脂。磷脂是一种表面活性剂，在巧克力物料中除了起乳化作用外，还起着非常重要的稀释作用。此外，磷脂还具抗氧化作用，防止油脂氧化。

经过精炼，物料色泽变得柔和，这可能是高度乳化的结果。经过精炼，也明显地改善了巧克力的香味，精炼过程一方面除去原有的不愉快气味，一方面又增进新的香味，因而使香味效果更趋完善。

精炼过程对巧克力的品质起着相当重要的作用，但要达到巧克力的品质要求，精炼必须达到一定的时间要求，一般的周期需要24~72h，时间过短，不能取得明显效果。同时，精炼过程要保持一定的温度，这一技术条件随产品品种而变，深色巧克力一般为55~85℃，牛奶巧克力一般为45~60℃。

（四） 调温

控制巧克力物料中可可脂晶型的变化的过程称为调温。其作用是控制巧克力物料在不同温度下相态的转变，使物料产生稳定的晶型，并使稳定的结晶在整个过程达到一定的比例，从而达到调质的作用，使巧克力获得稳定的质构。并且，调温可提高巧克力物料在成形过程中的收缩性能，利于脱模。未经调温或调温不好制成的巧克力，外观黯淡无光，质构粗糙松软。储藏日久，产品将变得更为粗劣，而完全丧失商品价值。

巧克力的调温过程包含晶核形成和晶体成长的整个过程，需要一定的温度和一定的时间才能完成。经过精炼的巧克力料一般在45℃以上，物料中不存在油脂的任何晶型。因此，精炼后的物料最好先在贮缸内冷却一段时间后再进行调温。调温的第一阶段，物料从40℃冷却至29℃，温度的下降是逐渐进行的，使油脂产生晶核，并转变成其他晶型。调温的第二阶段，物料从29℃继续冷却至27℃，使稳定晶型的晶核逐渐形成结晶，结晶的比例增大。调温的第三阶段，物料从27℃再回升至29~30℃。这一过程在于物料内已经出现多晶型状态，提高温度的作用是使熔点低于29℃的不稳定晶型重新熔化，而把稳定的晶型保留下来。

（五） 成形

1. 浇模成形

浇模成形是把液态的巧克力物料浇注入定量的模型盘内，移去一定的热量，使物料温度下降至可可脂的熔点以下，使油脂已经形成的晶型按严格的结晶规律排列，形成致密的质构状态，产生明显的体积收缩，变成固态的巧克力，最后从模型内顺利地脱落出来，这一过程也就是浇模成形所要完成的工艺要求。因此，浇模成形要能顺利进行，必须有各种条件的配合，包括：处于良好状态下的巧克力酱料，应是已达到调温工艺要求，并具有良好的黏度和流散性；性能正常的浇注器，在浇注过程中能保持物料应有的温度要求和物料分配的准确性；符合浇注要求的模型盒，并保持洁净；使物料冷却、凝结、固化成形得以进行的低温区，并能满足温度变化的工艺要求。

2. 连续浇模成形

巧克力连续浇模成形生产线是把原来间歇的断续的操作程序放在完整的循环的装置系统上进行。包括定量浇模、模盘振动、预冷、冷却硬化、脱模、模具再热等工序，组成整体连续机械装置。生产速度和劳动生产率大大提高，产品质量稳定，食品卫生条件改观，这是巧克力生产工艺的一大进步。

近年来又发展了巧克力夹心连续浇模成形生产线，这类设备有更高的工艺技术要求，包括：外衣和心子的物料应有较低黏度和良好的流散性，以适应物料输送、浇注和分配的要求；心子物料要求在较低温度和较短时间内凝结，并且不影响夹心巧克力的收缩特性。夹心巧克力连续浇模成形机组设备更为复杂，操作要求更高。

3. 涂衣成形

涂衣成形又称吊排或挂皮成形。就是在各种心子外面涂布一层巧克力外衣，产品被称为夹心巧克力。夹心巧克力涂衣成型工艺一般有四个主要程序，即：制成可供涂衣用的涂衣巧克力；制成具有一定形态的糖食心子；在心子外面均匀涂上一层融化的涂衣巧克力；经冷却凝固成一种光亮而可口的巧克力制品。

在选择一种涂布巧克力外衣的心子时，应充分考虑巧克力外衣和心子的协调性，无论从形态、质构、香气和滋味等方面，都应配合恰当。

涂衣成形一般既可手工进行，也可以在涂衣机上进行，应严格控制涂布用巧克力物料的温度和黏度，在循环使用时产生差异，应随时调节；控制心子温度，一般低于巧克力外衣温度5℃左右；控制产品的冷却硬化速度，涂衣成形机组的冷却温度保持7~12℃；冷风速度不超过7m/s；冷却时间为15~20min；冷却后期要求保持较低的相对湿度。

（六） 包装

要经久保持巧克力制品应有的外观、质构和香味特征，除了要提供适宜的保藏条件，包装也起着不可忽视的作用，如防热、防水气侵袭、防香气逸失、防油脂析出、防霉和虫蛀、防一切污染等。包装也应力求美观。

要达到以上包装要求，用一般包装纸是做不到的。巧克力制品常用的包装材料有铝箔、聚乙烯、聚丙烯等，也可采用金属与塑料复合的薄膜材料。根据巧克力制品不同质构和形态等方面的要求，可选用不同类型的包装机进行包装。巧克力包装室温度应控制 17~19℃，相对湿度不超过 50%。

第四节　巧克力的品鉴

品尝巧克力的最佳时间是在两餐之间，在室温下从嗅觉、视觉、触觉、听觉、味觉等多方面进行：

嗅：带有巧克力芳香味，不应有过量的甜味。若是夹心巧克力，夹心的气味不应压倒外层的巧克力香味。

观：巧克力的外观颜色应该自然均匀，平滑而带光泽。

掰：巧克力应一掰即断，伴随清脆的响声，断层干净且细密均匀。

品：将适当大小的巧克力放在舌头的正中央，耐心地停留几秒，巧克力会很快溶化；巧克力的香气逐渐在口腔里细密地融合、缓慢地释放，直到被上颚完全俘获；融化的巧克力浆此时慢慢向口腔深处滑动，直到一点点消失，而口腔还留存可可的芬芳。

第五节　巧克力的保存

巧克力好吃，还要会保存。在生活中，我们常遇到这样的场景：随身带上一块美味的巧克力，想着休息的时候慢慢品尝，结果打开包装，却发现巧克力早已化得没了形状；还有些时候，我们会发现巧克力表面上有一层未知的白色物质。很多人会猜测这巧克力是不是变质了，但这其实是一种正常现象——起霜，虽然这个观象不影响吃，但影响外观与口感。

原来，温度和湿度都会影响巧克力的保存。巧克力的最佳贮藏条件为温度≤20℃，相对湿度≤50%。此外，还要保证巧克力制品储存环境的清洁，因为巧克力的气味很容易被污染，且易产生陈宿的不愉快气味，因此，储存环境应保持良好的通风，并定期排除储存环境中可能产生的任何不良气味。

对于一些已经打开食用的巧克力，应该用保鲜膜密封，然后放置在阴凉、干燥及通风的地方，并注意保持温度恒定。而对于一些巧克力酱或馅料食品，则必须要放入保鲜柜中储存，这样才能保证巧克力纯正的风味以及口感。

第六节　巧克力对文化的影响

现代研究表明，巧克力含丰富的儿茶素和花青素，属多酚类，是对健康有益的植物成分，可降低低密度脂蛋白氧化，调节血小板活动，从而改善心血管健康；此外，还含有丰富的镁、钾等人体均衡饮食所必需的矿物质，而镁还具有安神和抗忧郁的作用。

巧克力的魅力就在于它会带给你一种愉悦的感觉，因为可可豆本身具有醇浓香味；巧克力的熔点接近或低于人体温度，会在口中恰到好处的融化，造成一种独特的口感；苯乙胺能够治疗忧郁症，振奋精神。

欧洲有许多以巧克力作为主题的活动和展示，其中以巴黎的巧克力沙龙是最为著名。巴黎的巧克力沙龙每年举行一次，每次都有一个主题，但不管怎样变化，各式各样的可可豆和巧克力都是绝对的主角。来自世界各地的巧克力制造商及巧克力雕塑家们可尽情施展各自的绝活。而现场的巧克力发烧友们除了能大饱口福，品尝各种口味、外形各异的巧克力产品外，还可以亲自体验手工巧克力制作过程。

欧洲拥有数十座“巧克力博物馆”。它们对巧克力的历史和制作有详尽的讲解，博物馆内小型巧克力加工机生产的新鲜巧克力也可供游客品尝。

在复活节的时候，人们一般要制作巧克力彩蛋和兔子邦尼。据法国零售商人估计，法国人在复活节期间消费的巧克力达3万吨之多，平均每个法国人吃掉约500g的巧克力。复活节期间是巧克力制品在法国最畅销的季节，占全年销量的10%~15%。

近年来也涌现出一种巧克力新型吃法——巧克力火锅：选择质量好的巧克力原料制作锅底，用“双煮法”将其融化；依据个人随意搭配水果、玉米等作为菜料进行菜式创新。如甘甜黑巧克力火锅、浓香棕巧克力火锅以及润滑白巧克力火锅。

巧克力虽然美味，富含营养，但与其他食品一样，要适度食用。此外，消费者应注意区分巧克力与代可可脂巧克力，二者最大的区别在于所使用的油脂不同。代可可脂，又称可可脂代用品，简称CBS，是由其他植物油脂经选择性氢化制得的一类专用硬脂。代可可脂熔点高，且熔距较大，因而口感较差，也没有可可香味——这也是代可可脂巧克力从香味和口感上都略差于纯可可脂巧克力的原因。此外，植物油氢化后，可能生成反式脂肪酸，而反式脂肪酸的危害与心血管疾病有相关性。另外，适度食用也可防止总脂肪摄入量超标。

第七节　巧克力在中国的发展

巧克力的历史，在中国可以追溯到清朝的康熙时期，1706年，武英殿总监造赫世亨得到康熙皇帝要求他去找巧克力的圣旨。于是，他找到罗马教廷派来的特使铎罗，向他要了150块巧克力。然而，康熙皇帝更关心利用西药疗疾，而没有品尝药效不明的巧克力。这是中国历史记载里关于巧克力的第一次出现（图12-9）。

图 12-9 巧克力顶着“绰科拉” 的名头被送入清朝皇宫

巧克力在中国的生产历史约半个世纪，规模化生产始于20世纪70年代，在90年代开始迅速发展。历经几十年的发展，国内巧克力市场已初具规模。

中国是世界上最有发展潜力、增幅最快的巧克力市场。我国目前巧克力的年消费量约30亿元，仅占国际市场的0.5%；人均消费为每年40～70g。中国巧克力市场将有每年10%～15%的增长率。加工企业需做好原料精选、设备升级，技术上主动出击，与国际接轨；营销上加强品牌经营，广建营销网络；加大产品开发力度、加快产品更新换代速率从根本上提高国产巧克力品质，增强国产巧克力品牌竞争力。

思考题

1. 利用网络引擎搜索下列词组或短语：可可树，巧克力豆，巧克力以获取更多的相关信息。

2. 思考并理解巧克力文化特点。

拓展阅读文献

[1]（英）露莎妲．巧克力全书［M］．林怡君，译．台北：猫头鹰出版社，2005.

[2]（英）尚塔尔·考迪（Chantal Coady），巧克力鉴赏手册［M］．葛宇，译．台北：猫头鹰出版社，2001.

第十三章

CHAPTER 13

调味品文化

[学习指导]

通过本章的学习，掌握调味品的概念、分类与特征、加工方法及品鉴方法，了解调味品文化与技术和经济的相互关系。

第一节　调味品概述

我国的饮食文化源远流长，历经千年的积淀和升华，形成了品种繁多、滋味万千的调味品文化。从“吃”到“饮食”开始，调味品文化就伴随着人间袅袅炊烟延绵不止。众所周知，开门七件事“柴、米、油、盐、酱、醋、茶”，其中有四件（油、盐、酱、醋）属于调味品（图 13-1）。

图 13-1　各种调味品

调味品是指在饮食、烹饪和食品加工中广泛应用的，用于调和滋味和气体并具有去腥、除膻、解腻、增香、提鲜等作用的产品。

调味品也称调料，主要是指香草和香料。香草是各种植物的叶子。它们可以是新鲜的、风干的或磨碎的。香料是植物的种子、花蕾、果实、花朵、树皮和根。香料的味道比香草浓烈得多。有些调味品由多种香料混合而成（例如红辣椒粉），或者由多种香草混合而成（例如调味袋）。调味品种类繁多，它能赋予食品滋味和气味，改善食品的质感和色泽，满足消费者的感官需要，从而刺激刺激食欲，增进人体健康。

中国食物色、香、味俱全，调味品更是丰富多彩。其中有属于东方传统的调味品，也有引进的调味品和新兴的调味品品种。对于调味品的分类目前尚无定论，从不同角度可以对调味品进行不同的分类：

1. 按来源分类

按来源分为动物性（鸡精）、植物性（黑胡椒、芥末、姜）、矿物性（食盐）、化学合成类。

2. 按加工过程分类

（1）酿造类　酿造类调味品是以含有较丰富的蛋白质和淀粉等成分的粮食为主要原料，经过处理后进行发酵，即借有关微生物酶的作用产生一系列生物化学变化，将其转变为各种复杂的有机物，此类调味品主要包括：酱油、食醋、酱、豆豉、豆腐乳等。

（2）腌渍类　腌渍类调味品是将蔬菜加盐腌制，通过有关微生物及鲜菜细胞内的酶的作用，将蔬菜体内的蛋白质及部分碳水化合物等转变成氨基酸、糖分、香气及色素，具有特殊风味。其中有加淡盐水浸泡发酵而成湿态腌菜，有的经脱水、腌渍发酵而成半湿态腌菜。此类调味品主要包括：榨菜、冬菜、梅干菜、泡姜、泡辣椒等。

（3）鲜菜类　鲜菜类调味品只要是新鲜植物。此类调味品主要包括：葱、姜、蒜、辣椒、辣根、香椿等。

（4）干品类　干品类调味品大都是根、茎、果干制而成，含有特殊的辛香或辛辣等味道。此类调味品主要包括：花椒、胡椒、干辣椒、八角、芥末、桂皮、姜粉等。

（5）水产类　水产类调味品由水产中的部分动植物经干制或加工而成，蛋白质含量较高，具有特殊鲜味。此类调味品主要包括：鱼露、虾米、虾皮、虾酱、虾油、蟹制品、淡菜、紫菜等。

（6）其他类　不属于前面各类的调味品，主要包括：食盐、味精、糖、黄酒、咖喱粉、芝麻油、花生辣酱等。

3. 按状态分类

按状态分为液态（如食醋、卤水汁）、油态（如鲜虾油）、粉状（如胡椒粉、大蒜粉、鸡粉）、糊状、膏状（如沙茶酱、酸梅酱）。

4. 按味感分类

按味感分为咸味调味品（如食盐、酱油、豆豉）、甜味调味品（如蔗糖、蜂蜜）、酸味调味品（如食醋、茄汁、山楂酱）、鲜味调味品（如味精、虾油、鱼露）、酒类调味品（如黄酒）、辛香料调味品（如花椒、葱）、复合及专用调味品（如甜面酱、花椒盐）。

5. 按人们的口味和习惯分类

按人们的口味和习惯分为单味调味品（如醋、糖盐）、基础调味品（如酱油、味精、面酱、辣椒油)、复合调味品(如辣椒酱、蛋黄酱、番茄酱、烤肉酱、沙茶酱、调味醋)。

6. 按调味品的性质、来源分类

按调味品的性质、来源等可以将其分为化学调味品、复合调味品、核苷酸调味品、天然调味品、原始辛香调味品、西式调味品和酿造调味品等8类。

7. 按用途分类

按用途主要分为快餐调味品、复合调味品、西式调味品、方便食品调味品、膨化食品调味品、火锅调味品、海鲜品调味品及速冻食品调味品等。

第二节 盐文化

一、起源和发展

盐是人类最早发明的调味品，是人类文明的起源。从神农炎帝时代到春秋战国时代，我国先民对盐有了初步认识。其后，汉代许慎著《说文解字》提到了卤和盐的关系，并从采集的方式对卤和盐下了定义。新石器时代的人们就能够制盐。海水煮盐技术的出现和发展，对进一步开发和认识盐起巨大的推动作用。中华民族盐文化，已延续5000年以上。自盐之三宗完全确立，便进入盐文化自觉的时代，这也有2500年以上。

人类社会进入熟食阶段前通过寻找有盐的食物来维持身体所需，经过长期生理进化，人类形成了寻找机会吃盐，并在身体中储备盐的习惯。人类对盐的生理需求演变为生理习惯甚至依赖后，“盐”变成了刺激人类食欲、味觉，用来改善食品滋味的调味品，人类学会了用盐，并用盐来调味。从历代封建政权对食盐的垄断或限制经营也可反映出，盐对百姓生活的重要性——即主要以饮食活动为媒介的食盐或食盐制品摄取。

人们对食盐的认识不仅仅局限在食用，还通过“鱼盐之利”改变了局部的生产关系和人与人的阶级关系。在社会经济实力不断发展和劳动工具不断改善的基础上，盐人、盐商、盐产地、国家和食盐的经营、流通(产、供、销)之间关系会不断发展变迁，进而孕育出先秦以来中国更为灿烂的盐历史和盐文化。

二、加工技术及其演变过程

五千年前神农时代，夙沙氏首先向大海取盐，被后人誉为“盐宗之首”。从先民采集自然盐开始，这种对盐的最初开发，一般都是采取因地制宜和直接的采集手段。三代时期(指夏朝、商朝和西周)，池盐是较早发现并被使用的一种食盐。利用地理上的优势，通过分田灌溉，利用自然风和阳光，得到海盐。这也是较为朴素的采集手段，却是无不体现出中国居住在临海附近先民的聪明才智。到秦汉时期，我国井盐制盐得到开创和发展。汉代采集盐井已有一定程度的机械设备。从《天工开物》中可以看出，早在宋代，我国制作井盐的技术就已经相当发达了。北宋四川人发明了绳索冲击式凿井技术，凿出数以千计的井眼如碗口大的盐井。到了清道光年间，自贡开凿出了世界第一口超过千米的深井。明代朱孟震《游宦余谈》、张瀚《松窗梦语》中都叙述了明代川北火井开发与煮盐工艺的历史性成就。

人类采盐最原始的方法是直接从含盐量高的干涸河床刮下盐结晶块。但没多久人类便发明了较复杂的产盐方法。并生产出了不同种类的盐，但主要的盐的种类有三种：海盐、井盐和矿盐。海盐主要依靠日晒和自然蒸发，在日照丰富、地势平坦的海边开发盐田，从而使盐分析出来。同样，在含盐量较高的湖泊采盐，也是采用这种自然蒸发的方法。这样生产出的盐又称湖盐。通过打井的方式抽取地下卤水，制成的盐就称为井盐。早期非洲人从含盐量高的盐土中采盐。把盐土用水过滤，得到的盐水经蒸发便得到了盐晶。从汉代起，中国就利用盐井取盐。随着井盐业的发展，清道光年间，四川自贡盐区钻出了当时世界上第一口超千米的深井——燊海井。矿盐就是从盐矿开采来的盐。盐矿开采技术与煤矿相同，沿着矿脉挖出深深的矿井。另外，生活在热带雨林中的玛雅人，从植物中提炼盐。他们烧掉特定种类植物的棕榈叶和绿草，将灰烬浸泡在水中，然后蒸发成盐。这样的取盐方法中国古代也有过记载，《晋书・四夷传》记述了古代东北肃慎氏没有盐，人们“烧木作灰，取汁而食之”。这就是焚薪成盐。

食盐按加工程度的不同，又可分为原盐（粗盐）、洗涤盐、再制盐（精盐）。原盐是从海水、盐井水直接制得的食盐晶体，除氯化钠外，还含有氯化钾、氯化镁、硫酸钙、硫酸钠等杂质和一定量的水分，所以有苦味；洗涤盐是以原盐（主要是海盐）用饱和盐水洗涤的产品；把原盐溶解，制成饱和溶液，经除杂处理后，再蒸发，这样制得的食盐即为再制盐，再制盐的杂质少，质量较高，晶粒呈粉状，色泽洁白，多作为饮食业烹调之用；另外，还有人工加碘的再制盐，为一些缺碘的地方作饮食之用。

三、 品鉴方法

食盐的生产量变大，并且不同地区通过不同办法，在不同地质条件下开采的食盐，质量也有很大不同。甚至在相同制盐工艺下，同一生活地区的食盐品种也有差异。食盐质量可从其颜色、外形、气味和滋味方面进行品鉴。

1. 颜色鉴别

感官鉴别食盐的颜色时，应将样品在白纸上撒一薄层，仔细观察其颜色。优质食盐颜色雪白；次质食盐呈灰白色或淡黄色；劣质食盐呈暗灰色或黄褐色。

2. 外形鉴别

食盐外形的感官鉴别手法同于其颜色鉴别。观察其外形的同时，应留意有无肉眼可见的杂质。优质食盐结晶整洁一致，坚硬光滑，呈透明或半透明，不结块，无反卤吸潮现象，无杂质；次质食盐晶粒大小不匀，光泽暗淡，有易碎的结块；劣质食盐有结块和反卤吸潮现象，有外来杂质。

3. 气味鉴别

感官鉴别食盐的气味时，约取样 20g 于研钵中研碎后，立即嗅其气味。优质食盐无气味；次质食盐无气味或夹杂稍微的异味；劣质食盐有异臭或其他外来异味。

4. 滋味鉴别

感官鉴别食盐的滋味时，可取少量样品溶于 15～20℃蒸馏水中制成 5%的盐溶液，用玻璃棒沾取少许尝试。优质食盐具有纯正的咸味；次质食盐有稍微的苦味；劣质食盐有苦味、涩味或其他异味。

第三节 酱油文化

一、起源和发展

酱油起源于中国，历史悠久。早在三千多年前就有制酱的记载了，周王朝的《周礼》中有“不得其酱不食”的描述。公元533—544年间，由北魏贾思勰所著的《齐民要术》中提及的豆酱清实为酱油。酱油是由‘酱’演变而来。而酱油之酿造纯粹是偶然地发现，酱油起源于中国古代皇帝御用的调味品，人们在制酱的同时，往往从中取出一部分汁液作为调味品，这种汁液就是具有特殊香气、色红褐、有光泽、味鲜美的酱油。最早的酱油是由鲜肉腌制而成，与现今的鱼露制造过程相近，因为风味绝佳渐渐流传到民间，后来发现大豆制成的酱油风味相似且便宜，才广为流传食用。肉剁成肉泥再发酵生成的油，称为“醢”（即肉酱油之意）；另有在造酱时加入动物血液的版本的酱称为醢。黄兴宗认为《齐民要术》内所指的“豆酱清”，可能是植物酱油的前身。

中国历史上最早使用“酱油”名称是在宋代的《山家清供》中。在宋代，酱油已被人们接受，宋朝人将加工酱和豉得到的各种酱汁称为酱油。宋时“酱油”已多见于文人笔录，如北宋人苏轼曾记载了用酽醋、酱油或灯心净墨污的生活经验：“金笺及扇面误字，以酽醋或酱油用新笔蘸洗，或灯心揩之即去。”到清代，酱油的使用远超过酱。

“酱油”一词的出现具有特别的意义，这意义不仅在于中国酱油从此有了一个更规范雅驯称谓的表象，真正重要的还在于这一新称谓之下的历史文化内涵的更新内容，“酱油”一词的出现，是中国酱油历史上科技进步的合乎逻辑的反映。“酱油”一词出现之后，逐渐取代了“清酱”等各种称谓并存使用的现象，这一取代过程无疑同时也使酱油更加普及，深入走进庶民大众日常生活的过程。其间，虽然“清酱”一词还仍然一定程度留存于北方局部地区民众世俗生活的口头语言表达层面，但它的意义已经与唐代以前、汉魏《四民月令》“清酱”、《齐民要术》“酱清”的原始义完全不同了。至于后来又有了“豆油”、“秋油”、“母油”、“麦油”、“油”、“套油”、“豉油”、“豆酱清”、“酱汁”、“酱料”、“豉汁”、“座油”、“伏油”、“双套油”，以及近现代仍在流行的“老抽”、“生抽”、“生清”、“淋油”、“晒油”、“子母油”、“露油”、“泰油”、“顶油”、“上油”、“头油”等称谓的出现，那也只是旨在表示不同风味品质的“酱油”类别，而这一切恰恰又充分表明，中国酱油文化形态的丰富多彩与中国人对酱油品味理解的深刻独到。

自中国历史上第一代酱油出现以后，漫漫两千余年的时间里，由自给自足小农经济决定的中国人的生活方式几乎一直是“周而复始”地运转酱油的生产方式，长时间里也基本以“酱园”作坊模式存在。大概正因为如此，中国酱油的传统称谓才能够经受历史时间的颠簸考验，一直保留在近十四亿人的嘴上，如同酱油本身一样至今浓香依旧，毫不褪色。中国酱油虽有如此众多的称谓，却并不产生歧义；但比较而言，百姓日常生活中更多则称它为“清酱”，文献记载，中国人沿用至今至少已经有二千二百年以上的历史。

中国历史上的酱油具有很耐人寻味的两个明显特征：①直言与中国酱的关系，即它是

“酱”或“豉”的“清”、“汁”或反过来称为“清”的“酱”或“清”的“豉”；②最初的一些称谓经过两千余年至今几乎仍在沿袭使用。中国酱油上述两个特征，或称两大文化属性，至少表明了其称谓具有很强的寓意合理性及与大众心理认知的亲和力。公元755年后，酱油生产技术随鉴真大师传至日本。后又相继传入朝鲜、越南、泰国、马来西亚、菲律宾等国。

如今，酱油的品种非常多，按行业标准分为酿造酱油和再制酱油。

（1）酿造酱油　酿造酱油是以谷类或其他粮食为主要原料，经曲菌酶分解，使其发酵成熟制成的调味汁液，可供调味及复制用。酿造酱油可分为高盐发酵酱油、低盐发酵酱油和无盐发酵酱油。

高盐发酵酱油是指原料在生产过程中应用高盐发酵工艺酿制的调味汁液。可以细分为高盐固态发酵酱油、高盐固稀发酵酱油。高盐固态发酵酱油是指原料在发酵阶段采用高盐度、小水量固态置醅工艺，然后在适当条件下再稀释浸取的调味汁液。

低盐发酵酱油指原料在生产过程中应用低盐发酵工艺酿制的调味汁液。产品通常用于调味及复制。可细分为低盐固态发酵酱油、低盐固稀发酵酱油两类。低盐固态发酵酱油是指原料在发酵阶段采用低盐度、小水量固态制醅工艺，分解成熟后再稀释浸取的调味汁液；低盐固稀发酵酱油是指原料在发酵阶段以低盐度、小水量固态制醅工艺，然后在适当条件下再以一定浓度盐水稀释成，继续分解成熟制取的调味汁液。

无盐发酵酱油指原料在生产过程中不添加食盐，采用固态发酵工艺进行酿制的调味汁液。产品通常用于调味及复制。

（2）再制酱油　再制酱油是以酿造酱油为基料，添加其他调味品或辅助原料进行加工再制的产品。其体态有液态和固态两种，均供调味用。

液态再制酱油指利用酿造型调味汁液直接配制的产品或经简易再加工获得的复制品。固态再制酱油指以酿造酱油为基料，经加热或以其他方式浓缩并加入适当充填料制成的产品，稀释后用于调味，可分为酱油膏、酱油粉、酱油块等。酱油状调味液以主要原料水解液为基料，再经发酵后熟制成的调味汁液。

在商业流通中，有的按生产方法分类，有的按添加风味物质分类，还有的按形态分类，常见种类如下。

（1）抽油　古法提取酱油时，以有蜂眼的管子插入酱缸中，让酱油渗入管内，然后抽取而出，故得名抽油。第一次抽取的汁液质量最好，称“头抽”；第二次抽取的质量次之，称“二抽”；第三次抽取的质量最差，称“三抽”。

（2）生抽　生抽是一种不用焦糖色素调色、增色的酱油。一般以精选的黄豆和面粉为原料用曲霉制曲经曝晒、发酵成熟后提取而成，并以提取次数的先后分为特级、一级、二级。其风味、使用方法与普通酱油基本相同。

（3）老抽　老抽是在生抽中加入用红糖熬制成的焦糖，再经加热、搅拌、冷却、澄清而制成的浓色酱油。按生抽的级别相应分为特级、一级、二级。其风味、使用方法与普通酱油基本相同，尤其适用于色泽要求较深的食品。

（4）复制红酱油　复制红酱油是在酱油中加入红糖、八角、山柰、草果等调味品，用微火熬制，冷却后加入香味剂制成的酱油。可用于冷菜及面食的调味。

（5）白酱油　白酱油是未经调酱色或酱色较浅的化学酱油。风味与普通酱油相同，只是色泽呈浅黄色或无色。多用于要求保持原料原色的菜肴及食品，如白蒸、白煮、白拌等。

（6）甜酱油 甜酱油是以黄豆制成酱醅，添加红糖、饴糖、食盐、香料、酒曲等酿造而成的酱油，色泽酱红、质地黏稠、香气浓郁、咸甜兼备、咸中偏甜、鲜美可口。用法同普通酱油，尤以浇拌凉菜为宜。

（7）美极鲜酱油 美极鲜酱油是用大豆、面粉、食盐、糖色、鲜贝提取物等加工制成的浅褐色酱油，其味极鲜，多用于清蒸、白煮、白焯等菜肴的浇蘸佐食或用于凉拌菜肴。

（8）辣酱油 辣酱油是在酱油中加入辣椒、生姜、丁香、砂糖、红枣、鲜果及上等药材，经加热、浸泡、熬煎、过滤而成的酱油。其色酱红，具有咸、鲜、辣、甜、酸、香等多种味感。多用于蘸食及调拌冷菜。另外在西餐中较多使用。

（9）加料酱油 加料酱油是在酿造过程中加入动物或植物性原料，制成具有特殊风味的酱油。如草菇老抽、香菇酱油、虾子酱油、蟹子酱油、五香酱油等。

二、 加工技术及其演变过程

酱油的加工工艺不断演变。酱油制作发展为独立的工艺在明代，以《本草纲目》中“豆油法”及《养余月令》中“南京酱油方”为标志。酱油的加工在相当长的时期内是手工作业，使用的工具只有缸、坛、蒸笼、木锨等。到了近代，才逐步出现机械化生产。20 世纪60、70 年代，开发出了快速发酵法，即低盐固态发酵法。采用豆粕和麸皮为原料，只用两周时间就可以制出成品酱油，大大降低了酱油的生产成本。由于成本低、速度快，该生产工艺在中国得到了普遍推广。随着对酱油的研究，一种以“酱油就是蛋白质水解液的思想”替代了酱油的传统文化内涵。此后，酸水解蛋白液在酱油配制过程中使用。近年来，在激烈的竞争中，传统酱油小作坊逐渐被淘汰，取而代之的是大型规模化的酱油企业。新型的工业化酱油企业，完全脱离了传统手工作坊的形态，以大型发酵罐替代了传统的酱缸。随之，以酱缸为特色的酱缸文化也逐渐消失。

现代酱油的加工工艺因产品种类不同而不同，典型的酿造酱油的工艺过程如下。

（1）原料验收 合格原辅料方可用于生产。

（2）粉碎 粉碎的目的是使原料有适当的粒度，便于润水和蒸煮，增加米曲霉的繁殖面积和酶的作用面积，有利于原料成分的充分分解。

（3）混合 制曲原料的配比，各地不一。既要考虑酱油的质量，又要照顾各地区酱油风味特点。若需酿制鲜味较浓的酱油，在原料配比中可适当增加蛋白质原料；如需酿制出香甜味浓且体态黏稠的酱油，在原料配比中可适当增加淀粉质原料。常用的原料配比是：豆饼（豆粕）：麸皮为8：2或7：3或6：4或5：5，粉碎后的豆饼与麸皮应按一定比例充分拌匀，混合均匀。

（4）润水 润水是给原料加入适量的水分，使原料均匀而完全地吸收水分的工艺过程，以利于蒸煮时蛋白质适度变性，淀粉充分糊化，溶出曲霉生长所需的营养成分，同时也为曲霉生长提供所需的水分。目前润水的方式有三种，即人工翻拌润水、螺旋输送机润水、旋转式蒸煮锅直接润水。

（5）原料的蒸煮及冷却 蒸煮是使原料中的蛋白质适度变性、淀粉糊化，有利于被酶水解；杀灭原料中的有害及致病微生物。蒸熟后的原料应立即冷却至接种温度，常压蒸料可采用摊冷法或扬凉法，旋转式蒸煮锅蒸料可用扬送机扬凉，刮刀式蒸煮锅蒸料可将熟料缓慢送入凉料机中风冷。

（6）制曲　制曲是在熟料中加入种曲，创造曲霉生长繁殖的适宜条件，使它能充分繁殖，同时产生酱油酿造时所需各种酶类的过程。制曲是酿制酱油最关键的环节。

（7）发酵　酱油发酵是利用成曲中曲霉、酵母、细菌所分泌的各种酶类，对曲料中的蛋白质、淀粉等物质进行分解，形成酱油独有的色、香、味成分。在成曲中拌入多量的盐水，使其呈浓稠的半流动状态的混合物成为酱醪；在成曲中拌入少量的盐水，使其呈不流动状态的混合物称为酱醅。酱油发酵的方法很多，根据醪和醅状态的不同，可分为稀醪发酵、固态发酵及固稀发酵；根据加盐量不同，可分为高盐发酵、低盐发酵和无盐发酵；根据发酵时加温情况不同，又可分为日晒夜露发酵及保温速酿发酵。无论何种发酵方式，其目的都是为了创造酶促反应的有利条件，避免有害杂菌污染，使酱醅（醪）能顺利、正常地发酵与成熟。

（8）酱油的浸出（提取）　浸出是指在酱醅成熟后，利用浸泡及过滤的方式，将有效成分从酱醅中分离出来的过程。浸出包括浸泡和过滤两个工序。浸出法代替了传统的压榨法，节省了繁琐而沉重的压榨设备，减少了占地面积。改善了劳动条件，提高了生产效率及原料利用率。浸出原则是尽可能将固体酱醅中的有效成分解离出来，溶解到液相中，并保持绝大部分浸提成分快速分布到成品中去。浸出方式有原池浸出和移池浸出两种方式。

（9）酱油的后处理　酱油的后处理包括加热处理、产品的调配、澄清与防腐。加热处理作用是杀灭产品中的有害及致病微生物，钝化各种酶类，调和香气及风味，改善酱油色泽，脱除热凝固物、促进酱油澄清，提高酱油的保藏稳定性及食用安全性。产品的调配目的是调整风味和理化指标，使产品符合相应标准规定。杀菌后的酱油应迅速冷却，在无菌条件下自然放置4~7d，使热凝固物沉淀并凝聚、沉降到下层，从而获得上清液。也可以采用过滤器进行过滤澄清；可添加防腐剂法进行防腐，常用的有苯甲酸钠、山梨酸钾，其最大用量不能超过0.1%。

（10）灌装、封口、检验及储存　采用玻璃瓶、聚酯瓶或塑料薄膜袋对酱油进行包装，包装材料应符合食品卫生要求。产品应进行检验，合格者方可出厂，成品酱油应当在阴凉、干燥、避光、避雨处存放。

三、 品鉴方法

酱油质量可从体态、色泽、气味、滋味、着色力、泡沫等几方面进行鉴别。

（1）体态　观察酱油的体态时，可将酱油置于无色玻璃瓶中，在白色背景下对光观察其清浊度，同时振摇，检查其中有无悬浮物，然后将样品放一昼夜，再看瓶底有无沉淀以及沉淀物的性状。或者直接将酱油瓶倒置，一看瓶底有无沉淀，再将其竖正摇晃；二看瓶壁是否留有杂物，瓶中液体是否混浊，有无悬浮物，优质酱油应澄清透明，无沉淀、沉渣，无霉花浮膜；三看酱油沿瓶壁流下的快慢，优质酱油因黏度较大，浓度较高，因此流动稍慢，劣质酱油浓度低，一般流动较快。

（2）色泽　将酱油置于有塞且无色透明的容器中，在白色背景下观察，优质酱油应呈红褐色或棕褐色（白色酱油除外），色泽鲜艳，有光泽，不发乌；如果光泽发乌或无光泽，说明质量低劣。对酱油不能单纯以色论质，优质酱油如天然酿制的黄豆酱油，颜色往往并不很深。

（3）气味　感官鉴别酱油的气味时，应将酱油置于容器内加塞振摇，去塞后立即嗅其气味。优质酱油应具有浓郁的酱香、酯香和豉香，且无其他不良气味；质量差的或掺假的酱油所带香气甚少或带有焦味、糖稀味、酸臭味、霉气和哈喇味。

（4）滋味　品尝酱油的滋味时，先用水漱口，然后取少量酱油滴于舌头上进行品味。优质酱油咸甜适口，滋味鲜美、醇厚柔长，诸味调和，无异味。如果有酸、苦、涩、麻和焦霉异味的为劣质酱油。

（5）着色力　取少量酱油倒入白色陶瓷碗内，将碗轻轻摇动，优质酱油因含较多的脂类物质，对碗壁着色力较强；质量差的酱油，脂类物质含量很少甚至没有，则酱油对碗壁的着色力弱，附着时间短。

（6）泡沫　优质酱油含有较多的有机物质，将它倒入碗内，用筷子搅拌时起泡多，且泡沫不易消失；质量差的酱油搅拌起来泡沫少，且易消失。

第四节　醋文化

一、起源和发展

醋，本字为酢，醋又作“醯”。《周礼·天官》有“醯主人作醯”之记载。关于醋的起源有很多不同的说法，其中一种说法是，相传在两三千年前，因擅长造酒被人誉为“酒仙”的杜康的儿子黑塔不经意酿成了“醋”。我国山西地方就流传有“杜康造酒儿造醋”的说法。中国是世界上谷物酿醋最早的国家，早在公元前8世纪就已有了醋的文字记载。醋是奴隶社会诞生的最有代表性的调味品。殷商时期，发酵变酸了的“苦酒”被用来调味，这就是早期的“醋”。春秋战国时期，已有专门酿醋的作坊，到汉代时，醋开始普遍生产。南北朝时，食醋的产量和销量都已很大，当时的名著《齐民要术》曾系统地总结了我国劳动人民，从上古到北魏时期的制醋经验和成就，书中共收载了22种制醋方法，这也是我国现存史料中，对粮食酿造醋的最早记载。经过2500年的发展，现在食醋的种类已越来越多。

（1）按原料分类　米醋、麸醋、果醋、酒醋、代用原料醋等。著名的有四川保宁麸醋、广东果醋。

（2）按所用糖化曲分类　大曲醋（山西老陈醋）、小曲醋（镇江香醋）、红曲醋、麸曲醋（辽宁喀左陈醋）等。

（3）按发酵工艺分类　固态发酵醋：山西老陈醋、镇江香醋；液态发酵醋：福建红曲醋、广东果醋；固液发酵醋：北京龙门醋、四川麸醋。

（4）按成品的色泽分类　熏醋、淡色醋、白醋。传统酿造白醋中主要有两种方法，一个是以白酒为主要原料，添加营养液，以喷淋法塔醋工艺生产的白醋；另一个是以白酒、米酒醪为原料，采用分次添加，平面静止发酵生产的白米醋。此外，多数酿造厂用酒醪经其他醋酸工艺发酵成醋酸后，再用活性炭脱色，经过滤后配兑成不同规格的白醋，这些白醋多少存在着酸度低，色泽不稳，易返黄，沉淀的缺陷。

西方醋的种类如下。

（1）英国麦芽醋　用啤酒为原料再经醋酸发酵就变成了麦芽醋。特点是：具有浓郁的柠檬味，所以多用于腌制蔬菜，在烹饪中，时常用作柠檬的代用品。

（2）西班牙雪利醋　雪利醋是由雪莉酒制成。正宗的雪莉醋须在西班牙雪莉金三角地区于橡木桶内陈放半年以上，酸度高达 7%，属于特别酸的种类。雪莉醋具有核果与木质的香气，风味令人联想到原料雪莉酒。其用来替代色拉酱汁或三明治里添加的红酒醋，或者用来调味西班牙西红柿冷汤（salmorejo）均很不错。

（3）奥地利苹果醋　奥地利苹果醋是用苹果为原料而生产的醋，此醋的发酵容器也是在橡木桶里进行的，发酵期通常为五年。发酵结束后，一般还要加入苹果汁和蜂蜜用来调整其品味。

二、　加工技术及其演变过程

醋的最初制法，是用麦曲让小米饭先发酵糖化，继之酒化，然后再在醋酸菌的作用下转化为醋酸。北魏大农学家贾思勰在自己的采访记闻中记录了诸如“大酢”三法、“大麦酢”、“秫米神酢”、“酒糟酢”、“粟米曲酢”等 23 种醋的酿造方法。到了元代，又有人总结庶民社会大宗醋品制作方法 10 余种，如“造大麦醋法”、“造小麦醋法”、“造麦黄醋法”、“造糟醋法”。到了清代文献记载民间造醋之法既简便易行又规范严格，如具代表性的“七七醋”造法如下：“黄米五斗，水浸七日，每日换水七日满。蒸饭，乘热入瓮，按平封闭。次日番（翻）转，第七日再番，入井水三石，封。七日搅一遍，又七日再搅，又七日成醋。”现代食醋生产工艺，按在醋酸发酵阶段的状态可分为固态发酵、液态发酵两大类，固态为醅，液态为醪。固态发酵制醋是我国食醋传统生产方法，其特点是采用低温糖化和酒精发酵，应用多种有益微生物协同发酵，配用多量的辅料和填充料，浸提法提取食醋。成品香气浓郁，口味醇厚，色深质浓，但生产周期长，劳动强度大，出品率低。在固态发酵工艺中，又分为全固态发酵工艺和前液后固发酵工艺。全固态发酵工艺是糖化、酒精发酵、醋酸发酵等阶段全部为固态。前液后固发酵工艺为糖化和酒精发酵阶段为液态，醋酸发酵为固态。固态浇淋工艺也应归属固态发酵类。在液体状态下进行的醋酸发酵称为液态发酵法制醋，常见的有表面发酵法、淋浇发酵法、液态深层发酵法、固定化菌体连续发酵法。液态发酵法不用辅料，可节约大量麸皮和谷糠，使环境卫生得到改善，减轻劳动强度，有利于实现管道输送，提高了机械化程度，生产周期较固态法缩短。但其风味、色泽及稠厚度与固态法相比较差，需采取其他方法改善。如果按主要原料是否经过蒸煮来划分工艺，则可分为熟料发酵工艺和生料发酵工艺两大类。生料发酵与熟料发酵工艺一样，既适用于液态发酵，也适用于固态发酵。在所用糖化发酵剂方面，更是多种多样，最常用的有大曲、麸曲、小曲，液化糖化酶制剂、酵母、综合发酵剂和中药植物浸出物等。以上糖化发酵剂有单独使用的，也有两种或数种配合使用的。

1. 固态法食醋生产工艺

麸曲、酵母
↓
薯干（或碎米、高粱等）→粉碎→加麸皮、谷糠混合→润水→蒸料→冷却→接种→入缸糖化发酵→拌糠接种（醋酸菌）→醋酸发酵→翻醅→加盐后熟→淋醋→储存陈醋→配兑→灭菌→包装成品

2. 液态法食醋生产工艺

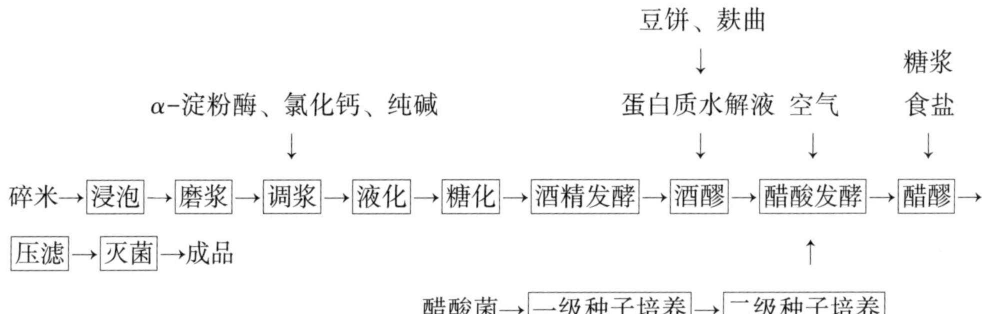

食醋酿造设备主要有物料输送设备、粉碎设备、旋转蒸煮锅、制曲机、制醅机、发酵罐、灭菌设备、包装设备等。

(1) 物料输送设备　食醋酿造的输送机械包括干料输送和湿料输送两类，干料输送主要是原料输送，其设备主要为斗式提升机、刮板输送机和风送设备等几种，湿料输送使用皮带运输机或刮板运输机的效果较理想。

(2) 粉碎设备　原料的粉碎可分为干法粉碎和湿法粉碎两类，食醋的原料粉碎多采用湿法粉碎。湿法粉碎是将固体物料和水一起加入粉碎机中进行粉碎。胶体磨是一种离心式设备，工作原理是剪切、研磨及高速搅拌作用力，磨碎依靠磨盘齿形斜面的相对运动而成，其中一个高速旋转，另一个静止使物料通过齿斜面之间的物料受到剪切力和摩擦力，同时又在高频震动和高速旋涡等复杂力的作用下使物料研磨、乳化、粉碎、均质、混合，从而得到精细的物料。

(3) 制曲机　传统曲团由人工制成，但速度慢，难以满足工业化要求，目前多采用制曲团机做曲团，利用螺旋翼的旋转制作成曲团。

(4) 制醅机　制醅机俗称下池机，是将成曲粉碎，拌和盐水及糖浆液成醅后进入发酵容器内的一种机器。机械化翻醅技术增强了设备利用率，从人工操作转化为自动化操作，大幅提高了生产效率，有利于产品质量控制。由机械粉碎、斗式提升及绞龙拌和兼输送三个部分联合组成。

(5) 发酵罐　食醋生产传统发酵装置为水泥发酵池，目前采用发酵罐，形式多样，有酒精发酵罐、自吸式发酵罐、气升式发酵罐等。如自吸式发酵罐进行液体深层发酵制醋，发酵转化率高，发酵时间短，功率消耗低，节省设备投入等。

(6) 过滤设备　采用板框过滤机进行过滤操作，板框压滤机在生物加工业中使用广泛，如酱油发酵液、食醋发酵液、菌丝体的分离等场合，选用时可参考过滤机选用原则合理选择。

(7) 灭菌设备　食醋灭菌装备可采用蛇管式、板式换热器灭菌，85~90℃，维持50min热杀菌，板式换热器根据传热过程、产品结构、流程配置、流体数量及传热机理等可分为不同类别。按结构可分为可拆卸式、焊接式换热器。其中可拆卸式板式换热器使用范围广泛。

随着生物制剂科学技术的发展，多种酶制剂和酵母被开发出来。其中不乏高活性的糖化酶、蛋白酶和酒精发酵能力强并能生成多种良好香气的酵母。在食醋生产中，大部分大曲、麸曲、小曲等传统糖化发酵剂被多种酶制剂和酵母科学组成的高效发酵剂所取代。固态发酵应重视醋渣的循环利用；液态发酵向微孔通气发酵过渡；食醋生产由熟料发酵向生料发酵发展。

三、 品鉴方法

食醋的感官品鉴应重点关注色泽、状态、气味、滋味四个方面，其品质要求如下。

（1）色泽鉴别　感官鉴别醋的色泽时，可取样品置于试管中在白色背景下用肉眼直接观察。优质醋颜色呈琥珀色、棕红色或白色；次质色泽无明显变化；劣质色泽不正常，发乌、无光泽。

（2）体态鉴别　感官鉴别醋的体态时，可取样品醋于试管中，在白色背景下对光观察其混浊程度，然后将试管加塞颠倒以检查其中有无混悬物质，放置一定时间后，再观察有无沉淀及沉淀物的性状。必要时还可取放置 15min 后的上清液少许，借助放大镜观察有无异物。优质醋液态澄清无悬浮物和沉淀物，无霉花浮膜，无醋鳗、醋虱、醋蝇；次质液态微混浊或有少量沉淀，或生有少量醋鳗；劣质液态混浊，有大量沉淀，有片状白膜悬浮，有醋鳗、醋虱和醋蝇等。

（3）气味鉴别　进行食醋气味的感官鉴别时，将样品置容器内振荡，去塞后，立即嗅闻。优质醋具有食醋固有的气味和醋酸气味，酸味柔和，无其他不良异味；次质食醋香气正常不变或显平淡，微有异味；劣质醋失去了固有的香气，具有酸臭味、霉味或其他不良气味。

（4）滋味鉴别　进行食醋滋味的感官鉴别时，可取少许食醋于口中用舌头品尝。优质醋酸味柔和，稍有甜口，无其他不良异味；次质醋滋味不纯正或酸味欠柔和；劣质醋具有刺激性的酸味，有涩味、霉味或其他不良异味。

第五节　酱文化

一、 起源和发展

酱是起源最早的发酵调味品，古籍中最早写到酱的是《周礼·天官篇》“膳夫掌王之饮食膳馐，……酱用百有二十瓮”；《史记》也有“通都大邑，醢酱千瓮，比之千乘之家”的记载，说明在战国时酱已成为生活的必需品，当时生产主要用鸡、鹿、獐、兔、雁、牛、羊肉和鱼、虾之类的动物性蛋白质为原料，制成食用酱统称为醢酱。到了北魏时，发展成用马豆、小麦等植物性蛋白质为原料生产豆酱，鱼肉制酱则日渐淘汰。公元 533—544 年间，由北魏贾思勰所著的《齐民要术》中则详细介绍了豆瓣酱的制作方法。

北魏首次出现制酱工艺记载，制酱的过程分为三个步骤：原料的加工、制酱曲、发酵制酱。原料的加工要经过三次反复的蒸煮，使原料大豆熟制。制酱曲时将熟制的大豆，与黄蒸、曲末、盐进行充分搅拌混合后，放入到瓮中，在完全密封的状态下进行。在这一时期制作酱曲前，要预先制成麦曲，然后接种到酱曲的制作中，两者是分开来制作的，成为这一时期制酱工艺的一大特色。制作好的酱曲表面会长满黄衣，酿造学将其称为“干酱醅”，俗称“酱黄”，接着将其同黄蒸、盐、水进行混合、搅拌，使其充分融合，发酵制作成为酱。唐代制酱技术获得突破，首先把“豆黄”进行熟制，熟制后将其外表均匀地包裹上生面粉，再次放入到锅中，蒸熟后令其冷却、摊开铺平，三四日左右其表面长满黄衣，将其与盐、水混合放入缸中，密封发酵，七天后开缸搅拌，分别放入油、酒，十天酱即成。元代制酱技术出现革新，酱曲制作采用将熟制的大豆拌入面粉的制曲工艺，即是原料全部制曲的工艺，之后将发酵好的酱曲同盐、水混合制作成酱。至明清时期豆酱酿造业持续发展，制酱原料选择更加广泛，加工制作方法更加多样，生产技术更加成熟。但就制酱工艺而言，在发展过程中只是出现一些细微的变化，没有大的技术变革，整体的工艺过程是相似的。

二、加工技术及其演变过程

很久以前以动物肉为原料制酱。《周礼》中记载不少动物制作的肉酱：獐肉酱 、鹿肉酱、田螺肉酱等。鱼肉类酱有悠久历史，早在春秋时代，它已成为商品。谷物酱（初为豆酱）在汉代以前未见记载，北魏的《齐民要术》中，有酱字出现，但是指的是发酵芽类食品。大概在汉代至北魏这一段时间，中国人发明了谷物酱。在中国古代的制酱过程中，发现了谷物曲，加入其制酱，不仅促进其发酵，还使其产生糖分，再加入酒，生成乙醇与酸味，不断增进风味，后来成为东南亚制酱的主流，因而谷酱代替了鱼酱。进入西汉后，出现了豆酱，即以大豆为原料制作的酱。待到北魏时，酱的生产和制作又有了进一步的发展。到了唐代，使用一次完成的“酱黄”法，将其晒干后，随时都可做酱，直至今天家庭制作酱，基本上沿用此法。当时不仅民间作酱，宫廷也作酱。元明清时期出现了许多不同种类的酱：乌梅酱、蚕豆酱 、小豆酱、糯米酱、造酒酱、造麸酱、芝麻酱、辣椒酱、果仁酱等。新中国成立以前，酱的制作大部分停留在家庭加工，以大豆、面粉等为原料，利用天然发酵制作，加入盐水，在室外瓦缸中，日晒夜露，经过发酵制成黄酱。即使在工厂制作，也是手工式生产。新中国成立以后，改变了原来利用野生霉菌制曲，改为“种曲制造方法”，人工制曲替代自然制曲。发酵方法也由蒸汽保温代替日晒夜露，不受季节限制。到后来的保温速酿和无盐固态发酵、低盐固态发酵、酶法生产甜面酱，实现机械化和自动化，从根本上改变了几千年来制酱的规模和数量。改革开放后，工业化制酱技术得到发展，特别在引进外国先进技术后，质量大有提高。

几种典型的酿造酱加工工艺流程如下。

1. 大豆酱曲法酿制工艺流程

大豆→预处理→与面粉混合→制曲→制酱醅→入发酵容器→自然升温→第一次加盐水→保温 发酵→第二次加盐水→翻酱→成品

2. 大豆酱酶法生产工艺流程

原料拌水、加碳酸钠→蒸料→粉碎→接种（米曲霉）→厚层通风培养→成曲→干燥→粉碎→酶制剂　食盐水

↓　↓

大豆→压扁→润水→蒸熟→冷却→混合制酱醅→保温发酵→大豆酱

↑

面粉→加水拌和→蒸熟→冷却→糖化→酒化→酒醅

3. 甜面酱的生产工艺流程

分为制曲和制酱两步。

（1）制曲工艺流程

面料、水→拌和→蒸熟→冷却→接种→通风培养（或竹匾或曲盘培养）→成曲

↑

种曲（或曲精）

（2）制酱工艺流程

面粉、成曲→入发酵容器→加盐水（可分两次加入）→酱醪保温发酵→成熟酱醪→甜面酱

↑

食盐、水→配制→澄清→盐水→加热

三、 品鉴方法

通过色泽、香气、滋味、色泽、体态等进行品鉴。

（1）色泽鉴别　优质酱类呈红褐色或棕红色，油润发亮，鲜艳而有光泽。

（2）体态鉴别　感官鉴别酱类食品体态时，可在光线明亮处观察其黏稠度，有无霉花、杂质和异物等。优质酱类黏稠适度，不干不懈，无霉花，无杂质。

（3）气味鉴别　进行酱类食品气味的感官鉴别时，可取少量样品直接嗅其气味，或稍加热后再行嗅闻。优质酱类具有酱香和酯香气味，无其他异味。

（4）滋味鉴别　进行酱类滋味的感官鉴别时，可取少量样品于口中用舌头细细品尝。优质酱类滋味鲜美醇厚、入口酥软，咸淡适口，有豆酱或面酱独特的滋味，豆瓣辣酱可有锈味，无酸味、苦味、涩味、焦煳味及无其他不良滋味。

第六节　复合调味品文化

一、 起源和发展

复合调味品是采用多种调味原材料调制而成的具有一定保存性的调味品，又称复合调味料。以油、盐、酱、醋、香辛料等基础原料配合调配各种复合调味品，在我国有着悠久的历史，如春秋战国时期的“易牙十三香”、北魏贾思勰所著《齐民要术》中的“八和齑”都是中国古代复合调味品的雏形与典范，其中“十三香”是香辛料的复合物，距今 2600 多年，流传至今，仍广泛应用，“八和齑”是一种用醋、盐及八种香辛料配制而成的蒜齑复合调味品，在北魏时期流行，至今也有 1400 多年的历史。后来以传统的十三香、五香粉等复合香辛料及以豆酱、蚕豆酱为原料配制各种复合酱，如豆瓣辣酱、鸡肉辣酱、海鲜酱、沙茶酱等花色酱。

纵观中国调味品发展史，大致可以分为四个阶段：一是单一调味品，例如酱油、食醋、酱、腐乳及辣椒、八角等天然香辛料，其盛行时间最长，历经数千年，沿用至今；二是高浓

度及高效调味品，如超鲜味精、5′-肌苷酸二钠（IMP）、5′-鸟苷酸二钠（GMP）、甜蜜素、阿斯巴甜、甜叶菊和木糖等，还有酵母抽提物、水解植物蛋白（HVP）、水解动物蛋白（HAP）、食用香精、香料等。此类高效调味品从 70 年代流行至今；三是复合调味品，诸如鸡精、复合调味酱包、蒜蓉鲜辣酱等。复合调味品起步较晚，进入 90 年代才开始迅速发展。目前，上述三代调味品共存，但后两者逐年扩大市场占有率和营销份额；四是纯天然调味品。目前，在追求健康为主的呼吁下，纯天然调味品所占领的市场份额越来越大。

复合调味品最早的产销活动起源于日本。20 世纪 50 年代末，日本大洋渔业公司开始用南冰洋鲸鱼提取肉汁，开创了以动物性提取物为原料生产复合调味品的先河。20 世纪 60 年代初，日本首先推出在味精中添加核苷酸制成复合调味料"超鲜味精"，使鲜味提高数倍，标志着现代化复合调味料的生产开始。随后日本又通过添加动植物蛋白水解液、酵母抽提物等增鲜剂生产牛肉精、鸡肉精等风味调味料，"麻婆豆腐调料"、"青椒肉丝调料"、"八宝菜调料"等专用于烹调中式菜肴的复合调味料在日本开发也较早，其商品总称为"中华调料"。

到 20 世纪，随着国门的打开，典型的西方复合调味品如番茄酱、色拉酱、芥末酱、牛肉汁等大量传入中国，与中国传统风味结合，使得如今的饮食风味更加多样化、个性化、美味化。

进入 21 世纪，随着社会的进步、科技的发展，单一调味料已经不能满足人们对新口味的追求，并且随着人们生活质量的提高，美味之外，安全、营养、绿色、多样等早已被提上调味品开发日程，多样化、复合化的高品质调味品是当前及未来的发展方向。由于生物技术的进步，开发研制出许多新兴的调味品基料，为复合调味品的发展提供了物质保障。另外，复合调味品不仅可以用于家庭，还可以用于餐饮行业、方便食品、肉制品、休闲食品中，因而其发展迅猛，备受青睐。可以预见复合调味品的市场潜力极大，它对中餐的规范化、标准化流程及工厂化、工业化生产起着至关重要的作用。

二、 加工技术及其演变过程

复合调味经历了初级阶段、半复合调味阶段、全复合调味阶段。调味初级阶段是在 1998 年之前；半复合调味阶段是 1998—2013 年，这一阶段诞生了以鸡精、鸡粉为代表的多种复合调味品；全复合调味阶段是在 2013 年之后。一个调味料可实现多种风味的调配，简单而且使用便捷。全复合调味未来会更加丰富化、产品多样化、市场新奇化。随着人们消费需求的不断升级，复合调味品的真正竞争升级为香辛料复合技术的升级。

复合调味品按其形态可以分为固态、半固态及液态三类。其中，固态复合调味品主要有固态复合香辛料、固态复合腌制料、固态炸粉调味料、固态复合汤料、固态复合风味调味料等（如鸡粉调味料、海鲜粉调味料、各种风味汤及香辛料粉）；半固态复合调味品又称酱状调味料，主要包括复合烧烤酱、复合辣椒酱、麻辣调料酱、油辣子酱、沙拉酱、复合风味酱、蛋黄酱、色拉酱、芥末酱、虾酱等；液态复合调味品主要有鲜味汁、烧烤汁、汤汁（高汤）调味料、炝料、复合调味油等。

1. 固态复合调味品加工工艺流程及控制要点

工艺流程：原辅料→验收→预处理→混合→过筛或造粒→检验→包装→成品。

控制要点：粉状复合调味料的水分含量要控制在 5%左右，因其具有极强的吸湿能力，所以生产环境的相对湿度必须控制在 70%以下。

2. 半固态复合调味品加工工艺流程及控制要点

工艺流程：原辅料→验收→预处理→混合调配→加热灭菌→胶体磨处理→灌装→检验→成品。

控制要点：①乳化质量控制：乳化剂及增稠剂起稳定作用，乳化剂一般添加量约为0.5%，添加方法要适当，增稠剂可选用胶类，需控制好加热温度和加热时间，乳化剂和增稠剂需选用耐酸型；②配料处理：香辛料最好采用冷却粉碎机，筛孔80目以上，使用的豆酱、酱油及香辛料一定要煮沸；③卫生指标的控制：半固态复合调味品的灭菌是必须要注意的，需根据产品的不同选择合适的灭菌工艺。食盐含量在10%以上的半固态复合调味品，可采用热灌装，食盐含量低或蛋白质含量高的酱状复合调味品则宜采用灌装后杀菌的方法。

3. 液态调味品加工工艺流程及控制要点

工艺流程：原辅料→验收→浸取→精制→调配→灭菌灌装→检验→成品。

控制要点：①需除去影响其质量的颗粒物质以保证产品应有的性状，且只有需要增稠的时候才可对其进行增稠处理，不应盲目添加增稠剂；②液体复合调味品含水量大，相对水分活度高，极适合微生物生长繁殖，必须要加强生产中的卫生管理和控制。

复合调味品的加工除采用传统的调配技术外，开发原料和新型复合调味品不断应用新技术。香辛调味品的原始方法是不进行任何加工，直接添加在食品中，或加工成粉末。但香辛料中的挥发性物质没有充分释放出来，调味效果差，另外就是用量大，香味不稳定、香气成分易蒸发损失。目前研究的技术有：真空冷冻干燥技术、超微粉碎技术、微波技术、微胶囊技术、超临界流体萃取技术等。原料的处理及香味成分的提取对复合调味品的加工也至关重要。如超临界流体萃取技术可以实现低温高效萃取有效成分，对风味影响较小；微波辅助萃取技术有利于植物香料细胞壁的破壁，从而提高有效成分的提取率及生物活性的保持；生物酶解技术可以在室温条件下获得水解蛋白，其中所含的大量游离氨基酸能提高复合调味料的鲜度及风味物质浓度；微波干燥、冷冻干燥、真空干燥等技术可以生产出复水性高、营养保存较好的脱水蔬菜等；采用酶工程把生物酶从菌体中提取出来，然后直接利用微生物酶进行酿造，降低原料成本；采用生物传感器技术更好地掌握和控制发酵过程。在复合调味品生产过程中所使用的比较先进的杀菌技术是微波杀菌、臭氧杀菌及微波辐照杀菌，对于生产完成的产品，可应用栅栏技术来确定其保质期。随着微胶囊技术的发展，将复合调味品微胶囊化可以很好的延缓其变质期，并对其香味起着缓释作用，使其包装更方便、香味更持久。很多国家将复合调味品的开发延伸到医药保健领域，将医学领域的最新研究成果应用于复合调味品生产中，拓宽了复合调味品的新产品开发领域。复合调味品的开发与旅游业相结合，使复合调味品向高档礼品化的方向发展。我国复合调味品行业正朝着节约资源、环境友好、清洁生产的方向发展。

三、 品鉴方法

复合调味品的感官鉴别指标主要包括色泽、气味、滋味和外观形态等，其中气味和滋味在鉴别时具有尤为重要的意义，应特别注意。对于固态调味品应目测其外形或颗粒是否完整，所有调味品均应在感官指标上掌握到不霉、不臭、不酸败、不板结、无异物、无杂质、无寄生虫的程度。复合调味品应具有原辅料混合加工后特有的色泽；香味浓郁，无不良气味；具有原辅料的鲜美滋味，无不良滋味。在品鉴过程中，除注意方法、温度、时间、色泽、分量等因素外，还要确保一组样品除品鉴的特性外，其他特性尽可能完全相同。在复合调味品感官评价分析过程中很重要的一项是对风味的评价，在不同评价之间通过使用适合被检产品的附加物来中和味觉印象恢复感觉能力，一般的调味品可采用水、淡茶水、无盐饼干、米饭、馒头等普通辅助剂，而对于浓郁味道或余味较大的高脂类调味酱等则最好采用淡面包、稀释的柠檬汁、苹果、不加糖的浓缩苹果汁来辅助恢复味觉。

第七节　调味品文化与经济

调味品文化是中华民族灿烂文化长河中一颗璀璨的明珠，也是我国饮食文化的一个重要组成部分，源远流长。每一种传统调味品的背后都蕴含着丰富的历史文化。自从人类学会用火来烤制食物，就有了最原始的“烹饪技术”和早期的调味工艺。夏商以后，人们就发现可以用特别味道的食材来组配调味。在史料记载中，调味品最早可追溯到神农氏时代，那时人类学会了制盐，人类对味觉的追求开始从被动地接受转向主动地调和。盐也成为了调味品和饮食文化发展史上的重要开端。根据《春秋・本味篇》记载，早在周代民间就有酱和醋等调味品的生产，生姜、葱、桂皮、花椒等在周代之前已普遍使用，多种谷物配制的酒则在商代以前就出现。西周时期，先民们用麦芽和谷物制作饴糖；还用鱼肉加盐、酒发酵，制成各类调味酱。春秋时期，先人用姜来调味并腌菜、用药。到了战国时期，人们逐渐在五味投放的时候开始讲究先后顺序和用量，并开始使用花椒、茴香。战国时代，楚国已能对甘蔗进行原始加工。西晋时期，在今天的广东、广西一带，是甘蔗制糖最早的地区。东汉时期出现了“沙饴”，呈微小晶体状，是砂糖的雏形。汉代，酿造发酵工艺发展，酿醋和酿酒的技术也日渐成熟，之后，从丝绸之路上运来了香菜、胡椒和大蒜等；人们还学会用大豆、面粉制作豆酱，并把豆酱上层口感好的液体称为“酱清”“清酱”。秦汉以后，先人们对调味的认识更深入，这时的调味已从最初的果腹发展到了养生。唐宋年间就已经形成了有规模的作坊式制糖业，唐太宗还曾派人专门到印度去学习熬糖工艺，制糖技术逐步发展。公元674年有了用滴漏法制取土白糖的工艺，公元766—779年四川遂宁地区出现用甘蔗制取冰糖的工艺。唐宋时期，制糖手工业逐渐兴盛，无论是糖的品种还是质量都已经达到了相当高的水平，相继出现了一些新技术、新工艺，也出现了很多制糖的理论著作。大唐时期，商业的繁荣也促进了饮食业发展，桂皮、花椒、胡椒、葱、酒、茴香都成为了常用的调味品。宋朝时期，开始盛行油炸食物和甜食，人们开始使用油来烹调。元朝时，出现了用黄酱、小麦制作的甜面酱，出现了芝麻油、芝麻酱、腐乳类的调味品。到了明代，原产于美洲的辣椒传到了我国，并很快风靡，人们尝试着用辣椒制作辣椒酱、辣椒盐、豆瓣酱等调味品，并孕育出了独具特色的“川菜”。到了清代，人们的调味习惯就已经和现代人非常接近了，晚清，外国殖民者入侵，也带来了国外的饮食习惯和调味文化，市场上出现了色拉、沙司、吐司和咖喱等。

饮食艺术是以色、香、味俱佳为烹调准则的。中国饮食是通过烹调食物来保持食物的原汁原味，再适量添加酱油、醋、糖、辣椒、香料等调味品来美化食物的口感。《周礼・天官》一书记载了“凡和，春多馥、夏多苦、秋多辛、冬多咸，调以滑甘”根据季节不同进行调味的规律。另外，不同调味品的搭配使用，又与中国传统“和合”思想相结合，形成了极具特色的调和文化。历经千年的沉淀和升华，形成了品种繁多、滋味万千的调味文化，衍生出特色的口味文化，如醋文化、酱文化等。然而，无论是“调和文化”还是“口味文化”，它们都是人们从漫长的饮食实践中总结形成的，是中国饮食文化乃至传统文化系统的重要组成部分。

调味品文化的发展推动着饮食文化的发展，而饮食文化的发展又激发出了人类对味的更加丰富的多样性需求，促进了调味品文化的再发展，两者发展同轨而行。在中国饮食文化中，调味品所占据的地位已经超越了调味范畴，不但达到了养身健体的认识境界，更以中国哲学思想为指导，讲究和谐平衡，这是中国儒家思想“中庸”在烹饪上的体现。中国人将“五位调和”看作是调味的最高标准，味是饮食五味的泛称，和是中国古代哲学思想的精髓，在这里代表饮食之美的最高境界。

调味品与经济密切关联。例如，盐政是中国历朝历代国计民生之要政，除了供给国家正赋之外，还是军备开支的主要来源。所以，盐法一直与关税、钱法、田赋一起成为国家的财赋之源。公元 6 世纪的撒哈拉地区，一两食盐可值一两黄金。那些产盐的地方，往往成为经济、文化和政治的中心。中国山西运城地区之所以成为华夏文明的发祥地，就是得益于拥有烟波浩渺的大盐湖——解池。明清盐商，成了富裕的代名词，“扬州繁华以盐盛”，商人兴办私塾和书院，促进了文化教育事业的发展。随着食品工业和调味品文化的发展、生产力和人民生活水平的提高，调味品拥有了更大的发展空间，调味产业从传统型产业向科技型、技术密集型产业转化。调味品经济快速发展，市场出现了空前的繁荣和兴旺。2018 年，中国调味品市场规模达 3521 亿元，同比增长 6%。从产量结构上看，2018 年产量占比最高的为酱油和食醋，份额分别为 43. 1%和 17. 9%；其次是味精，占比为 8. 8%。从消费结构上看，2018 年销量占比最高的仍为酱油和食醋，两者份额占比达到 39%；其次是味精，占比为 16%，酱料的市场份额逐渐上升，已经达到 11%，鸡精和蚝油的市场份额也在不断上升。《2019 年中国调味品行业分析报告——市场现状调查与投资前景预测》显示，我国主要调味品的市场渗透率已经处于较高位置，尤其是酱醋，其渗透率已经接近 100%，而味精、榨菜、鸡精、辣椒酱等调味品的渗透率也已经超过 50%，蚝油的渗透率较低，只有 22%，但近年来却是增速最快的调味品之一。复合调味品深受普通百姓喜爱，2018 年我国复合调味品市场规模已经达到了 1091 亿元，同比 2017 年增长 12. 5%。

调味品产业的工业化、科技化为中国餐饮和食品产业大发展提供了有力支撑，从而带动了经济的发展。现代调味品产业的发展不应仅仅停留在科技研发上，更应当充分挖掘和发挥其背后所蕴含的特色文化价值，创立饱含民族文化精神的调味品品牌，将中华传统文化的精髓推向世界舞台。

思考题

1. 调味品可分为哪些类别?
2. 列举3种调味品，说明其加工工艺流程。
3. 如何品鉴食盐、酱油、醋、酱的感官品质?
4. 阐述自己对调味品文化的认识。

拓展阅读文献

[1] 范志红．百味溢香——调味品与营养[M]．北京：北京师范大学出版社，2007.
[2] 于新，吴少辉，叶伟娟．天然食用调味品加工与应用[M]．北京：化学工业出版，2011.
[3] 徐清萍．调味品生产工艺与配方[M]．北京：中国纺织出版社，2019.

第十四章 药食文化

CHAPTER 14

[学习指导]

通过本章的学习，了解药食文化的历史演变、食与药的关系、天然产物提取的工艺，思考药食同源的现代启示，思考药食文化与技术和经济的相互关系。

第一节 药食文化的历史演变

远古时期，原始社会生产力水平低下，人们往往为了满足温饱，饥不择食，误食一些有毒或者有剧烈生理效应的动植物，导致明显的药理反应。《淮南子·修务训》中写道："神农尝百草之滋味，水泉之甘苦，令民知所辟就。当此之时，一日而遇七十毒"。神农时代人们只能无毒者可就，有毒者当避，药食不分。

自炎黄"辩百谷，常众草，分气味之良毒"开始，经过几代人的尝试与试验，对动植物有了一定的认识，产生了原始的中药概念，并逐渐把一些天然物产区分为食物、药物和毒物，开始形成了中华民族特有的药食文化。

随着农业和医药业的发展，到了周代，朝廷已设有十分完备的医政体制，有医师、食医、疾医等职官，主要负责调和饮食，兼用药物防疾治病。出现了初步的食养食疗理论，如《周礼·天官·疾医》中记载："以五味、五谷、五药养其病"，说明食与药相辅相成，共同治疗和保养身体健康，形成了"药食同源"思想的雏形。

春秋战国时代，农业得到充分发展，药食原料十分丰富，社会文明环境有利于思想活跃，百家争鸣。以孔子为代表的儒家，从"人本"思想出发，注重饮食，讲求美味，也十分注重养生。在《礼记·内则》中再次提及《周礼·天宫》中四时相和及食物相配食疗养生的理论："凡和，春多酸，夏多苦，秋多辛，冬多咸，调以滑甘"。

秦汉之际，儒家的养生理论与道家、方术家的养生术得以充分融合，出现了大量的药食治病养生理论的著述。其中以《黄帝内经》、《伤寒杂病论》、《神农本草经》最为著名，“药食同源”理论已开始走向完备。

唐代以后，“药食同源”思想逐渐成熟，出现了更为丰富的原料和理论。《黄帝内经太素》中写道：“空腹食之为食物，患者食之为药物”，正是反映了“药食同源”的思想。“药王”孙思邈强调“为医者当先洞悉病源，知其所犯，以食治之，食疗不愈，然后愈药”的治养原则。

“药食同源”思想在宋元得到了全面的发展。出现了很多官颁的“局方”和民间的食方书。比如《太平圣惠方》、《脾胃论》、《饮膳正要》等。尤其是《饮膳正要》是中国食疗保健领域的一部经典著作，对后来营养学研究产生了深远的影响。

到了明清，专门著作尤多，如《本草纲目》、《随息居饮食谱》等。更为重要的是，开始从营养学观点讨论食物的营养价值，从治疗学观点论述食物的治疗作用，并把食物按治疗作用进行分类。对药食理论进行更加深入地完善、实践与发展。

新中国成立后，随着社会经济的发展，人民生活水平发生了翻天覆地的变化，人民对健康的需求也日益增加，食物材料丰富多样；国际化融合，不但有传统中医学的积淀，更得到了食品原料学、现代医学、药学、营养学、中国烹饪学、民俗学等诸多学科的滋养；今后的发展由“以物为本”转向“以人为本”，以人的幸福、安全、健康等为根本，生产高质量、绿色、健康食品，使得“药食同源”，“药食两用”的药食观重放异彩，焕发无限的生机。

第二节　食与药的关系

很多文献中将食物与中药的关系总结为“食为药先，药食同源”。我们可以把它理解为：药脱胎于食，如果从药物学或营养学的观点去看待食物，很多食物又体现一定的药用价值。人们发现很多食物和药物之间没有绝对的界限，既可以用来防病治病，也可作饮食之用，称为“药食两用（或药食兼用）”。日常生活中见到的山楂、山药、枸杞、核桃、黑芝麻等都是按照传统既是食品又是中药材的物质。

关于药食两用目录的版本总结如下：

1987 年版《既是食品又是药品的品种名单》（第一批）共列入 33 种物质。

2002 年《卫生部关于进一步规范保健食品原料管理的通知》，简称 51 号文件，印发了《既是食品又是药品的物品名单》《可用于保健食品的物品名单》和《保健食品禁用物品名单》，在《既是食品又是药品的物品名单》中，共有 87 种药食两用的品种。

2014 年，发布《按照传统既是食品又是中药材物质目录管理办法》（征求意见稿），增加至 101 种，对原料的使用部位及限制应用做了相应说明。并增以下 14 种药食两用物质，包括人参、山银花、芫荽、玫瑰花、松花粉、粉葛、布渣叶、夏枯草、当归、山奈、西红花、草果、姜黄、荜茇。其中，人参（人工种植）、松花粉被批准为新食品原料；布渣叶、夏枯草允许作为凉茶饮料原料使用；西红花、草果、姜黄、荜茇等均可作为食品调味料使用。说明这些物质“药食两用”的身份得到了一定程度的认可。

例如，王老吉凉茶中使用布渣叶和夏枯草，曾经不在药食两用名单中，也不是新食品原料，引起争议。《原卫生部 2010 年第 3 号公告》允许夏枯草、布渣叶作为凉茶饮料原料使用。《中国药典》记载；基源植物和使用部分与《中国药典》记载一致。

在保证既是食品又是中药材物质的食用安全性、广泛性基础上，考虑我国药食同源的传统饮食文化的需求，不断挖掘开发新食品原料、药食同源食品与应用，支持我国健康产业的发展。

第三节 "药食同源"天然产物的提取分离

药食同源天然产物提取分离是药食同源资源挖掘、开发和利用的重要技术手段。随着现代食品、医学、药学、营养学的发展，通过分离纯化、活性追踪、营养评价等技术方法对活性天然产物进行了广泛的研究开发。天然产物不但是有效治疗药物的重要来源之一，也是具有功能性食品开发的物质基础。目前，针对食品中多糖、活性肽、精油、生物碱、黄酮类、皂苷、脂类等功能成分的生产，建立了成套的提取和制备工艺技术。

一、多糖的提取工艺

很多天然多糖具有生理功能和生物活性，是一类重要的生物信息分子，也是合成其他生命有机化合物的前提物质，目前国内外至少对 30 种多糖进行了临床试验。

多糖的提取工艺（图 14-1）影响产品的功能活性和加工特性。常用的多糖的提取方法有热水浸提法、酸浸提法、碱浸提法、酶法。其中，热水浸提法是最为传统和经典的多糖提取方法。影响多糖提取的因素主要包括原料特性、提取工艺条件（料液比、浸提时间等）和分离工艺条件等。为了提高多糖提取的效率或者避免多糖活性的损失，一些新型提取技术如超声辅助提取技术、微波辅助提取技术和超临界流体萃取技术也被应用于多糖的提取。经过提取得到的粗多糖需要通过 Sevag 法、三氯乙烷法和三氯乙酸法进行蛋白质的脱除，以及通过活性炭吸附、树脂吸附、过氧化氢处理进行脱色。其中，活性炭会吸附多糖，造成多糖损失。过氧化氢处理容易造成多糖的部分水解。对于呈负性离子的色素，不能用活性炭脱色，可用弱碱性树脂 DEAE 纤维素吸附脱色。

多糖的分离方法最常用的是水提醇沉法，主要根据多糖在不同浓度乙醇溶液中的溶解度不同。随着乙醇浓度的增加，获得的多糖分子质量逐渐减小；利用多糖溶解性差异的方法还有盐析法、季铵盐沉淀法和金属离子沉淀法。另一方面，柱色谱技术是最有效的分离多糖技术之一，具有高灵敏度、高选择性和高分离率等特点，多糖纯化常用的柱色谱分离技术有凝胶渗透色谱技术和离子交换色谱技术。凝胶渗透色谱技术（又称尺寸排阻色谱技术）是根据多糖的尺寸大小进行分离的方法，因此能够将不同分子质量分布的多糖组分进行分离纯化。离子交换色谱技术则是根据净电荷差异来分离酸性多糖和中性多糖的方法。此外，多糖的分离方法还有膜分离和透析法、超滤离心法、制备电泳法等。有时为了获得单一多糖组分，往往使用两种或两种以上的分离纯化方法。

多糖的分子结构和物理化学性质是其具有生物活性的基础。多糖的总糖测定通常采用苯酚-硫酸法、蒽酮-硫酸法；单糖组成分析多采用气相色谱（GC）、液相色谱（HPLC）和毛

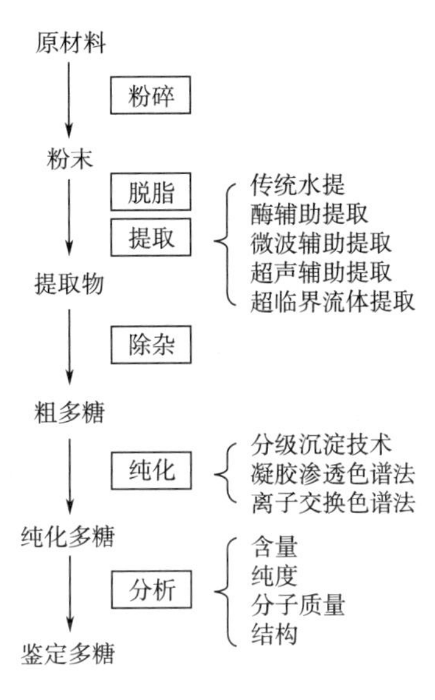

图 14-1　多糖的提取工艺流程

细管电泳法（CE）；糖苷键类型和连接方式多通过甲基化、高碘酸氧化和 Smith 降解、乙酰解、核磁共振和质谱等进行测定。当所得为多糖的单一组分时，可通过物理化学方法对其结构进行鉴定：通过 GC 和气相色谱-质谱（GC-MS）联用技术对单糖组成及各单糖之间的摩尔比进行测定；通过核磁共振光谱（NMR）确定多糖结构中糖苷键构型和重复结构中单糖数量；采用紫外光谱（UV-vis）测定多糖中是否含有核酸、蛋白质和多肽类物质；采用红外光谱（FTIR）对多糖中吡喃糖的糖苷键构型及其他官能团进行鉴定。

二、 活性肽的制备工艺

活性肽一般是由 2~20 氨基酸残基组成，结构介于氨基酸和蛋白质之间的分子聚合物。许多研究验证了活性肽具有抗氧化、抗菌、抗病毒、抗癌、降血压、降胆固醇、神经调节、免疫调节等生物活性。

活性肽的原料来源、氨基酸组成和序列不同，其生物活性也不同，可选择不同的制备方法；同样不同的制备方法也会影响活性肽产品的生物活性。常见的活性肽制备方法有化学合成、微波辅助提取、化学水解和酶水解法。化学合成法通常用于具有明确氨基酸序列组成的目标肽的合成，能够实现活性肽的批量生产，但费时、成本高、环境不友好，而且需要采用质谱确定合成肽的分子质量是否与目标一致，生物活性也需要进一步确认。微波辅助提取活性肽是在传统提取方法的基础上，优化压力、提取次数、料液比等提取工艺参数，产生有效的机械破坏作用，使得活性肽的提取更加有选择性和高效。在传统的食品工业中，化学水解法是广泛使用的生产活性肽的方法，有酸水解和碱水解两种方法。酸水解法能够改变活性肽的结构和功能活性，成本低且高效，但在酸水解过程中通常会产生高温和大量的盐，最常用的酸为硫酸，其他一些酸如硝酸、盐酸、磷酸等也有研究使用。碱水解法常会导致活性肽的功能损失或营养价值损失，后续的脱盐也需要复杂的工艺。酶水解法在食品工业中应用广泛，将动物或植物来源的蛋白质进行酶水解获得具有高附加值的目标肽产品，常用的商业蛋白酶有微生物来源的碱性蛋白酶、中性蛋白酶、复合风味蛋白酶和动植物来源的胰蛋白酶、胃蛋白酶、木瓜蛋白酶、菠萝蛋白酶、枯草杆菌蛋白酶。目前市场上很多活性肽功能食品是通过酶水解法经分离纯化而制备的。

经过酶水解获得的肽产品氨基酸序列复杂多样，与制备工艺条件控制密切相关，往往需要进一步筛选具有特定生物活性的氨基酸序列，得到单一的活性肽组成，因此有效的分离纯化方法和结构分析鉴定十分必要。研究中常用的活性肽分离方法有膜分离、凝胶渗透色谱技术、离子交换色谱技术、反相-高效液相色谱技术等。

近年来，活性肽的氨基酸序列分析最常用的标准方法是液相串联二级质谱（LC-MS/MS）联用技术，这种方法虽然结果非常精确，但费用高、费时。其他一些检测手段如基质辅助激光解吸电离飞行时间质谱（MALDI-TOF-MS）、超高压液相色谱串联二级质谱（UPLC-MS/MS）等也在活性肽的结构分析鉴定中提供了有用的信息。

三、 精油的提取工艺

精油是来源于植物的一类具有一定芳香气味的挥发性油状液体的总称，具有杀菌、抗病毒、抗寄生虫、杀虫等作用，在医药、化妆品、食品和农业领域具有广泛应用。

从植物体内提取精油常用的方法有蒸馏法、压榨法、浸提法。蒸馏法又可按植物原料与水蒸气的接触方式分为水蒸馏法和水蒸气蒸馏法。水蒸馏法（图 14-2）是最简单也是最常用的精油提取方法，植物原料直接浸没入沸水中，然后经蒸发冷凝分离获得不溶于水相的精油成分，这种方法设备安装简单、方法容易实施且具有较高的选择性，目前在工业上仍然有使用。蒸气蒸馏法是一种普遍采用认可的精油提取方法，其与水蒸馏法原理基本相同，不同之处在于植物原料没有与水或溶剂直接接触，水或溶剂蒸气是在外部产生导入到装有植物原料的容器中进行精油的提取，因此，提取持续时间缩短，减少精油成分的化学变化。压榨法是最古老的精油提取方法，在人类发现蒸馏过程很久之前就已经开始使用了。压榨法的优点

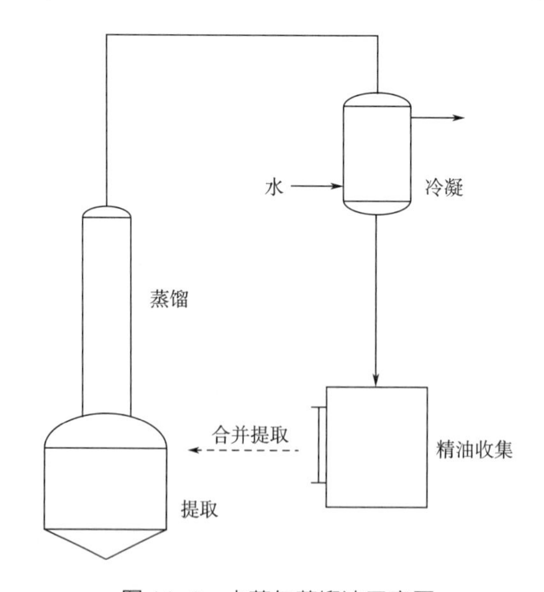

图 14-2　水蒸气蒸馏法示意图

是生产过程几乎没有热量产生，但产量低。柑橘果皮中所含醛的相对热不稳定，可使用机械冷压法进行柑橘果皮油的提取。浸提法是目前为止最简单的提取精油的方法，也是在实验室中经常使用的方法，但是，它的主要缺点是精油终产品中有溶剂或溶剂杂质残留，溶剂浸提废液还会给环境带来危害和压力，因此，在食品或药品的实际生产中几乎不使用。其他用于精油提取的高新技术主要有超临界流体萃取法、超声辅助提取法、微波辅助提取法等。对于上述方法的选择应综合考虑减少提取时间、能量消耗，提高提取率，改善精油质量等方面，针对不同的植物组织部位，选择合适的提取工艺或组合工艺条件进行筛选优化，包括植物与水蒸气的接触情况、含香成分的挥发性和精油所在植物组织中的部位和结构、香气释放的适宜条件、精油成分的热不稳定性等。

经过提取得到的精油都是混合物，还需要进一步净化与分离才能得到单一成分。通过脱色、脱植物蜡质、脱异味等步骤进行净化。采用分馏法（减压蒸馏）、化学法（碱性成分分离、酸性成分分离、中性成分分离、醇类成分分离和酯类、醚类以及烯类成分的分离）、层析法（薄层层析法、柱层析、气相层析法等）以及多种方法配合使用达到分离的目的。

四、 生物碱的提取工艺

生物碱是存在生物体内的一类含氮有机化合物，具有类似碱的性质。大多数生物碱能和酸结合成盐，具有复杂的环状结构，有显著的生物活性和光学活性。食品中很多生物碱都具有一定的生理活性，如萝卜中的芥子碱抗动脉粥样硬化，茄子中的龙葵碱、水苏碱、葫芦巴碱具有强心降压、抗癌、平喘、镇痛等作用，青花椒碱可以抑菌。目前已有超过 12000 种生物碱被研究，可以根据其生物合成途径的前体化合物鸟氨酸、赖氨酸、酪氨酸、色氨酸或非氨基酸前体化合物如盐酸或嘌呤类似物进行分类。以鸟氨酸为前体化合物的有吡咯里西啶类生物碱和托烷类生物碱，以赖氨酸为前体化合物的有哌啶类生物碱和喹诺里西啶类生物碱，以酪氨酸为前体化合物的有异喹啉类生物碱（吗啡），以色氨酸为前体化合物的有简单吲哚类（卡波林）生物碱（β-卡波林生物碱）、喹啉类生物碱（奎宁）和麦角类生物碱，以及从非氨基酸前体化合物为前体的有烟酸来源的生物碱，甾体类生物碱，嘌呤类生物碱。咖啡因和茶碱就是属于甲基黄嘌呤生物碱。由于各种生物碱的结构不同，性质各异，提取分离方法也不同，主要将生物碱的溶解性能作为其提取分离的重要依据之一。

除了少数具有挥发性生物碱可采用水蒸气蒸馏法，总生物碱的提取主要方法有溶剂提取法、离子交换树脂法、大孔吸附树脂法，将生物碱初步地分离为弱碱性、中强碱性和强碱性生物碱、水溶性生物碱三部分，再根据结构中是否有酸性基团（主要是指酚羟基），分为酚性和非酚性两类。溶剂提取法是最为常用的生物碱提取方法主要包括水或酸水-有机溶剂提取法、醇-酸水-有机溶剂提取法、碱化有机溶剂提取法和其他溶剂提取法，同时还可将溶剂提取法与超声波法、热回流法相结合从而提高提取效率；另外，根据具体操作溶剂提取法还可分为浸渍法、渗漉法、热回流法、连续回流提取法和煎煮法。离子交换树脂、沉淀法和大孔吸附树脂法在近年来也广泛应用于生物碱的提取中。

生物碱单体的分离纯化主要是根据待分离生物碱的结构、理化性质的差异进行分离，如生物碱碱性差异、溶解性能差异、特殊官能团差异等，以及利用色谱法进行分离，如吸附柱色谱和分配柱色谱。为了得到单体生物碱，往往需要将上述方法进行相互配合，达到理想的分离效果。

五、 黄酮类化合物的提取工艺

黄酮类化合物在植物中广泛存在，是一大类天然酚类性化合物，形成自芳香氨基酸苯丙氨酸、酪氨酸和丙二酸。最基本的黄酮类化合物结构是由15个碳原子组成，以三个环 C_6—C_3—C_6 为基本骨架结构组成，标记为A、B和C，可发生不同程度或形式的羟基化、甲氧基化、异戊烯化、糖基化等结构变化。截至2000年，已发现的黄酮类化合物超过8000个，包括黄酮类、黄酮醇类、二氢黄酮类、二氢黄酮醇类、异黄酮类、二氢异黄酮类、黄酮-3-醇类、花青素类及其糖苷类，表现出多种多样的生物活性，如抗氧化、抗辐射、抗癌、抗肿瘤、增强免疫力等。

黄酮类化合物的提取工艺流程包括样品预处理、提取、分离和仪器分析。常用样品处理方法有冻干、离心、过滤和空气干燥。提取方法包括溶剂提取法（有机溶剂、水、碱提酸沉）、固相微萃取、超临界流体、索氏提取、基质分散固相萃取、微波及超声波辅助提取法等。分离方法包括固相微萃取、基质分散固相萃取、pH梯度萃取法、逆流色谱法及柱色谱法。检测分析方法主要有液相色谱、气相色谱以及毛细管电泳、薄层色谱、荧光、紫外分光光度法。

为了获得黄酮类化合物单体，需要对总黄酮提取液进一步分离纯化，其分离纯化方法有根据极性大小不同和吸附性差异，利用吸附或分配原理进行分离的柱层析法（固体填料有硅胶、聚酰胺树脂、大孔吸附树脂等）、薄层色谱法、纸色谱法、逆流色谱法等以及双水相萃取分离法，根据酸性前后不同，利用梯度pH法进行分离，根据分子大小不同，利用葡萄糖凝胶柱色谱、膜分离法进行分离，根据分子中官能团性质或利用金属盐络合能力不同等特点，利用活性炭吸附法、金属试剂络合沉淀法等。

六、 皂苷的提取工艺

皂苷又称皂素，是通过皂苷元和糖、糖醛酸或有机酸形成的一类复杂的苷类化合物。皂苷广泛存在于植物中，具有抗菌、抗炎症、抗肿瘤、抗病毒、调节机体免疫力、溶血等多种功能。根据皂苷元的结构可将皂苷分为甾体皂苷和三萜皂苷，它们的结构特征因附着在不同位置的糖单元数量不同而不同，其中甾体皂苷是一类以 C_{27} 甾体化合物与糖链结合的皂苷，三萜类皂苷则是由三萜化合物与糖结合形成的苷类化合物。

从植物中提取皂苷的方法有传统的溶剂提取、索氏提取和回流提取法以及采用超声辅助、微波辅助和加速溶剂萃取技术等强化提取技术。溶剂提取法提取总皂苷常用的溶剂有水、乙醇和甲醇，水和乙醇具有更好的环境友好性，因此在工业生产中常用的总皂苷提取溶剂有水、稀乙醇和乙醇。加速溶剂萃取技术被认为是从植物原料中提取活性成分的一种绿色技术，这项技术是1995年由Dionex公司引进的，又称加压液体萃取、加压溶剂萃取或增强溶剂萃取，当水作为溶剂时，有时称为加压热水提取、亚临界水提取或超热水提取。它是一种自动快速提取技术，在高温高压下使用最少的溶剂，提高溶质在溶剂中的溶解性能和传质性能，提高压力使溶剂保持在沸点以下，从而能够快速、安全和高效地将植物原料中的目标成分提取到溶剂中，提取过程通常在15~25min完成，只需要消耗很少量的溶剂，因此在食品、医药、高分子、环境等领域得到了广泛的应用。

总皂苷中还含有一定量的杂质，需要进一步精制，精制后的皂苷还会含有一些结构相近的混合皂苷，想得到皂苷单体还需要进一步分离纯化方法。常用的皂苷精制和分离纯化方法有透析法、溶剂萃取法、调节溶剂极性沉淀法、重金属沉淀法、氧化镁吸附法、胆甾醇沉淀法、吉拉尔腙法、乙酰化精制法、大孔吸附树脂法、色谱法等。

七、 油脂类化合物的提取工艺

油脂（脂肪和油）是甘油和高级脂肪酸生成的酯，是构成生物体的重要成分，都能够被生物体所利用。油脂是高级脂肪酸的甘油酯类化合物，是甘油和脂肪酸的一酯、二酯和三酯，其中甘油三酯最为重要；类脂是由蜡、磷脂、萜类化合物和甾体类化合物组成。

微生物油脂的提取：将适量菌体加无菌水配制成需要的细胞浓度，置于25℃恒温，进行超声波破碎，细胞内容物完全暴露于萃取溶剂中，进行脂质萃取。

动物油脂鱼油中多烯脂肪酸的提取：可综合采用盐析法、低温冷冻法、尿素包合等方法从鱼油中提取多烯脂肪酸。首先采用皂化盐析法提取总脂肪酸，然后以总脂肪酸重2~5倍量的尿素进行尿素包合，干燥后得多烯脂肪酸。对于质量要求不同的产品推荐使用以下几种方法：

生产DHA+EPA含量≥30%的产品：皂化液常温放置，不进行尿素包合。

生产DHA+EPA含量≥40%的产品：皂化液-1~2℃放置，不进行尿素包合。

生产DHA+EPA含量≥50%的产品：皂化液-20℃放置，不进行尿素包合。

生产DHA+EPA含量≥70%，其中DHA含量≥60%的产品：皂化液常温放置，两次尿素包合，包合液-20℃放置。

生产DHA+EPA含量≥75%，其中DHA含量≥50%，EPA含量≥25%的产品：皂化液-1~2℃放置，一次尿素包合，包合液-1~2℃放置。

（注：①DHA：即二十二碳六烯酸；②EPA：即二十碳五烯酸。）

植物油脂小麦胚芽油的提取：小麦胚芽中富含维生素E，是一种功能性食品。就常用植物油脂提取的方法来看，有机溶剂萃取法和化学处理法虽然工艺设备简单，萃取费用低，但天然维生素E损失大，还存在化学残留问题；吸附法设备较简单，天然维生素E的损失较少，但吸附剂再生困难。超临界流体萃取技术可避免产物氧化，因此可以采用超临界CO_2萃取小麦胚芽油，对其萃取率产生重要影响的因素主要包括萃取时间、CO_2流量、萃取温度和萃取压力。考虑到生产成本及萃取条件，将小麦胚芽油与CO_2分离的较佳条件为：压力6~8MPa，温度45~55℃。

藻类中螺旋藻类脂的提取：为了能从螺旋藻中分离出γ-亚麻酸等不饱和脂肪酸，可用于提取类脂的方法有氯仿-甲醇冷提法和丙酮-水系统热提法。前者优点是冷提，可以减少不饱和脂肪酸的氧化，缺点是溶剂毒性大、操作不便，浸提后乳化现象严重、分层较慢。丙酮-水系统热提法的优点是操作方便、溶剂毒性小、更适合于工业化生产，缺点是在65℃下回流，虽用氮气流保护，但一部分不饱和脂肪酸不可避免地发生了氧化。

第四节　“药食同源”的发展

积极传承发展药食文化，整理、挖掘“药食同源”食品的食用历史，利用现代化工业技术，制造安全高品质“药食同源”食品，适应现代化社会和产业需求，是健康中国建设的重要组成部分。“药食同源”承载了国民对营养健康的需求，产业的可持续发展需要遵循安全和质量两个原则。

一、积极推动新食品原料发展

2016年，香山科学会议“创新驱动新食品资源健康产业发展”专家形成共识，建议尽快启动“新资源食品前沿科学和关键技术研究”重大专项研究；对国宝级文献中食疗食补、药膳古方进行梳理与甄选，普查和筛查国际功能食品中的新原料素材，通过原料创新带动产业发展。这些创新研究将极大地推动新食品原料的发展。

二、注重药食原料和产品质量安全

“药食同源”原料和产品质量安全性已成为其深加工、广泛应用和走向世界所面临的重要问题，加强“药食同源”原料及其产品的安全性评价研究势在必行。影响“药食同源”中安全性的主要因素包括原料本身的毒性、农药残留、重金属污染、有效成分的质量以及不合理使用等。长期乱用、过量使用、食用不当等均属于不合理使用。需要从源头上和生产上确保“药食同源”产品的安全性，科学指导膳食营养健康，推动“药食同源”产业的科学可持续发展，为健康中国建设发挥其应有的价值。

三、注重传统工艺与现代工业技术相结合

传统药食文化中，我们依靠的是对机体的整体调节和辨证施治，现代营养学则强调明确调节机制和膳食平衡，结合现代食品加工技术的发展，为两者都带来了发展和融合。例如，中国传统药食实践成果与现代高效提取分离技术结合，逐渐开辟了一个新的方向——天然产物提取及活性分析。随着市场竞争力的加剧，“药食同源”产业与时俱进、更新理念，技术研发水平提高，产品从低端产品转向高端，从广告策略转向技术和服务策略。提高产品的附加值，实现新产品规模化、产业化经营，满足国内市场需求，逐步走向国际市场。

随着对药食资源的挖掘不断扩大和深入，理论不断完善和丰富，融入在国民的日常生活之中，将推动中华民族特有药食文化的不断创新与发展。

思考题

1. 请从药食两用目录中实例出发，阐述当前挖掘开发新食品原料、“药食同源”食品与应用的意义？
2. 请自己查阅文献，说明如何区别三萜皂苷和甾体皂苷？
3. 思考并理解药食文化未来发展方向？

拓展阅读文献

［1］ Routray W, Orsat V. Microwave-Assisted Extraction of Flavonoids: A Review ［J］. Food and Bioprocess Technology, 2012, 5: 409-424.

［2］ Masci A, Carradori S, Casadei MA, Paolicelli P, Petralito S, Ragno R, Cesa S. Lycium barbarum polysaccharides: Extraction, purification, structural characterisation and evidence abouthypoglycaemic and hypolipidaemic effects. A review ［J］. Food Chemistry, 2018, 254: 377-389.

［3］ Giacometti J, Kovacevic DB, Putnik P, Gabric D, Bilusic T, Kresic G, Stulic V, Barba FJ, Chemat F, Barbosa-Canovas G, Jambrak AR. Extraction of bioactive compounds and essential oils from mediterranean herbs by conventional and green innovative techniques: A review ［J］. Food Research International, 2018, 113: 245-262.

［4］ Chen GJ, Yuan QX, Saeeduddin M, Ou SY, Zeng XX, Ye H. Recent advances in tea polysaccharides: Extraction, purification, physicochemical characterization and bioactivities ［J］. Carbohydrate Polymers, 2016, 153: 663-678.

第十五章

CHAPTER 15

分子美食文化

[学习指导]

通过本章的学习，明确分子美食的概念、了解食物与科学的关系，熟悉主要的分子烹饪加工手段与方式，思考分子美食与文化、经济的关系，了解中国传统美食与分子料理的相似之处及在菜肴制作过程中涉及的科学知识。

第一节　分子美食与分子烹饪

一、　分子烹饪概念

分子美食是通过分子烹饪的手段制作出来的，要了解分子美食，首先需要搞清楚究竟什么是分子烹饪？科学家从事科学研究，厨师在烹饪，但是科学家和厨师可以成为好朋友，因为他们有时候在工作中所采取的手法极为相似。因此，携手合作对于双方都有益。这样更有利于创新，能用新的角度去做研究。食物也是材料，食材也要遵循物理法则，食材分子之间会通过种种反应相互影响，我们可以对这些反应进行分析，甚至提前预料到分子会发生什么样的反应。对其进行研究、诠释、创建新的模式，提出新的方案。这方面的科学研究可以是基础型的，立足于长远目标，也可以是实际应用型的，其研究成果可以尽快投入使用。分子烹饪的成果其实就是一种工具，一套全新的数据及知识，这些数据和知识一直在不断地完善补充，为厨师们的创新菜肴进行服务。

所以，分子烹饪即通过现代科学技术手段，全面了解食材，以便更好的去烹饪食材。这些都需要首先对食材、原料进行细致的研究，然后去实验、训练、总结。与其寻找最美味的食材是哪里产出的，不如去详细的了解食材的结构、成分、营养价值、加工特点，以便采取更加精确的烹饪手法，确保食材保持其原始的滋味。因此，这种烹饪手法才是纯天然厨艺，减少浪费、节约能源，并且能够有针对性地满足消费者的各种需求。比如制作慕斯可以不用蛋清泡沫，不需其他辅助食材，只需要去挖掘食材的本质，发挥烹调手法的基本特性，制作的关键点就是需要弄清楚：慕斯究竟是什么。要想搞清楚这个问题，就需要关注食材本身，并把烹饪深层次的东西挖掘出来，想着该如何利用食材，看它能给人带来什么样的感受。精准的刀法、准确的剂量、恰到好处的火候都对于作品至关重要。

二、分子烹饪的应用

厨艺可以说是关于食物的物理化学。不管在哪个领域，只要把科学研究成果应用到实处，就会为我们的日常生活带来好处。食材可以分成两大类，动物性食物和植物性食物。不管是哪种食材，水对于食材的加工至关重要。在食物加工的时候，人们凭借对火候、压力、时间的把握去做出各种不同的菜肴。这三个参数也是影响菜肴形态和口味最重要的参数。菜肴的调味汁，从物化性质上看属于软介质形态，可以简单地划分为三类：慕斯、凝胶及乳浊液，只要熟练掌握这些工具，绝大多数的菜谱都可以成功做出产品。许多的气泡在液体里弥散开来就形成慕斯，细小的油滴在另一个液体里弥散开来就可以形成乳液，液体在固体中分散开来就形成了凝胶体。掌握这些概念之后，我们才能更加有针对性的去学习美食的制作。想要制作蛋黄酱，就要利用表面活性剂把油滴在水中打散；想要给肉着色，就要巧妙的控制美拉德反应的参数，控制好蛋白质、糖和水的比例，以及烹饪温度和烹饪时间；想要让油酥面团保持松脆的口感，就要让面团中的水分发挥好汽化作用。因此，在烹饪过程中创新就是要善于利用这些参数，将各种各样的口感融合在一起（泡沫状乳浊液、凝胶状乳浊液等），并把各种物理参数都调动起来，这样就可以帮助厨师创造出新的菜品。比如用冷烹法做西式炒蛋、煮立方体溏心蛋、超级海绵蛋糕、不含奶油的巧克力奶糊，不用鸡蛋和黄油制作的巧克力慕斯等等。

三、分子美食学

通过研究食物的物理和化学性质来改变它们口感和味道的学科，被称为分子美食学。分子美食学使人们可以按独特的需求调制食物的口感。分子美食本质是通过观察、认识在烹饪过程中温度变化、烹饪时间长短、不同物质相遇令食物产生各种物理与化学变化，进而分析、重组及再创造，提倡用科学的思维理解烹饪过程。这个流派致力于在传统烹饪的基础上，扩大味道、口感和形态的组合方式，以及将烹饪技术科学化、系统化。就如同原非物理学家的爱因斯坦创造出物理界的新理论，分子美食学最开始的启动者也非职业厨师，而是由一个物理学学者尼古拉斯·柯蒂（Nicholas Kurti）和一个化学学者埃尔维·蒂斯（Herve This）所创立。埃尔维·蒂斯认为分子美食学不是厨艺，也不是艺术，它就是科学，而且只是科学。他甚至认为，厨师可以学习科学知识，可以懂得艺术，但是科学本身是不能和艺术结合起来的。在他看来，艺术创造的是情感，而科学创造的是知识。分子美食学和物理、化学一样是纯粹的科学。它是食品科学的一部分，与食品科学其他领域的不同在于其他的食品科学主要面向工业生产的食品，而分子美食学的对象则主要是家庭和餐馆的厨房。社会上所说的分子美食，其实是分子烹饪的成果。对于普通人来说，这种分类和定义方面的事情并不是那么重要，把二者混为一谈也无伤大雅。实际上，这种概念上的混乱也跟埃尔维·蒂斯有一定的关系。在蒂斯的博士论文中，他列出了分子美食学的五个目标：①收集和研究关于烹饪的传说；②建立现存菜谱的机理模型，阐明烹饪过程中的变化；③在烹饪中引入新工具、新材料和新方法；④应用前三个目标得到的知识开发新菜式；⑤增加人们对科学的兴趣。他把分子美食学定义为纯粹的科学，但是第三和第四个目标只是技术的应用，而第五个则属于教育的范畴。后来他去掉了后面三个目标，只保留了前两条。但是又发现，烹饪的最终目标，毕竟是为了取悦顾客，而“艺术性”和“爱”是实现这一最终目标不可或缺的因素。于是，除了用科学来阐明烹饪中的物理化学变化，还要探索其中“艺术”和“爱”的因素。

第二节　分子美食起源与发展

分子美食学理论诞生可以追溯到20世纪70年代。牛津大学的物理学家尼古拉斯·柯蒂曾发出慨叹：“我们能够测量金星的气温，却不知道蛋奶酥为什么这样好吃，真是悲哀至极”。这位热衷烹饪的物理学教授随后找来物理化学家艾维·提斯在意大利埃里切的工作室里一同研究食物的科学，分子与物理美食学由此诞生，后来被简称为分子美食学。

分子美食发展起到推动作用的相关人物主要有以下几位。

艾维·提斯，法国当代物理化学家，人称分子美食之父，现为法国国家食品农业研究院院士、法兰西学院化学实验室“分子厨艺研究室”主持人。1988年和匈牙利物理学家、英国牛津大学教授尼可拉·库堤共同提出“分子与物理美食”理论，自此致力推广该理论研究；1992年两人在意大利西西里成立“分子厨艺国际工作室”，首次开创由专业厨师和科学家联手研究食物烹调法背后原理之先河；1998年库堤离世，之后提斯将理论名称简化成“分子厨艺”。提斯乐于研究烹饪过程中的一切化学现象，擅于以高明有趣的描述方法启发大众，期许人人在自家厨房简易烹调分子烹饪；每月固定在三星主厨皮耶·加尼叶网站“艺术与科学”单元发表创新作品，在法国厨艺界的地位与加尼叶齐名。著有《分子厨艺——揭开美食奥秘的科学革命》《锅里的秘密》《科学与美食》等作品。

西班牙人费兰·阿德里亚，1962年出生于西班牙。他被认为是当今世上最好的厨师之一。他的餐厅坐落于西班牙海岸边，并且一直都保持着米其林三星的称号。他在巴塞罗那还拥有一家工作坊，以供世界各地的厨师前来学习、研究和交流。费兰·阿德里亚一直是分子烹饪的领军人物。但他自己给他的烹饪方式的定义为解构主义烹饪，他给自己设定的目标是：提供意想不到的口味、温度和组织结构的对比。所以他的菜肴看起来和吃起来都完全是两回事。这种对比带给食用者的惊喜略带一点讽刺和幽默，使他名声大噪。

美国格兰特·阿卡兹，他所经营的阿丽娜餐厅是米其林三星餐厅，世界最佳50餐厅，美国分子厨艺代表餐厅。美国分子厨艺的扛鼎人物，这位年轻主厨自美国烹饪学院毕业后，毛遂自荐进入堪称北美料理麦加的The French Laundry餐厅，深受这位完美主义者长达四年的熏陶。在担任FL副主厨期间又被派往分子厨艺泰斗、西班牙名厨阿德里亚的El Bulli餐厅见习，回美国不久他便离开The French Laundry，因为他已发现自己真正想做的料理，再也不能回头了。他在芝加哥创办的阿丽娜餐厅是美国分子厨艺的最佳代表，主厨阿卡兹被誉为是厨艺界的魔术师，从出道以来他就获奖无数，同时也迅速成为美国少数几位世界有名的厨师，芝加哥论坛报评他的创作为“可以展示现代美术馆里的菜”，因为他一方面利用科技手法解构经典，颠覆味觉，一方面又特别童心烂漫，处处营造熟悉的感官情境以唤起用餐者尘封的儿时记忆。

第三节　分子美食与科学

一、分子美食烹饪技法

分子美食是将科学手段利用在烹饪食品中，从基础科学原理层面认识食物在烹饪过程中发生的变化。分子美食需要改变食物的构造和性质，所以制作分子食物的厨房就如同一个现代科技实验室，拥有众多高科技设备，如匀浆机、冷冻干燥机、蒸汽加热炉、真空蒸馏机、试管、X 射线、激光甚至超声波设备等，来研究和制作美食，使食物量子质变、分子分解、形态转化、香味提纯等。

分子美食的烹饪技法主要表现：一是食物分解与重构，通过真空、速冻、液氮等工艺完成，挖掘出食物原有的核心味道。还可以通过添加剂的使用，如乳化剂、胶凝剂等，将食物进行各种造型的塑造；二是味道、感官搭配。味道配对学说是分子厨艺最经典的学说之一，他们提出，虽然食材不同，但若有相同的挥发性粒子，把它们放在一起食用，便能刺激鼻中同类感应细胞。另外，分子美食还喜欢用科学方法刺激人体感觉细胞以达到一种新的味感，如各种云、雾、冰等在烹饪中的运用，也是为了让食客能有与众不同的感受。

二、分子美食烹饪举例——烤牛腿肉中的食品科学

以烤小牛腿肉为例，物理化学家意识到在烤制过程中存在热梯度问题，即在烤制过程中，小牛腿肉的表面温度与内部温度是不同的，而且温度差别很大，因此其内部结构也会发生不同的改变（凝固、水解作用、水含量保持度等），口感也会相应的发生变化（鲜嫩、色泽、味道等）。一定要严格控制好热梯度：烤制小牛腿外表时，温度一定要高，从而引发出美拉德反应，产生烘焙味道（如咖啡、可可、巴丹杏仁等）以及烤制的味道（如面包、甜脆饼干等），只有在小牛腿肉外表发生了美拉德反应之后，才能够形成烤制肉特有的香味。在高温条件下，烤炉内湿度较低，蛋白质和糖发生反应，形成芳香类物质和色素类物质。要注意美拉德反应跟糖的焦化反应是不一样的，糖焦化中反应底物只有糖，而美拉德反应是糖和蛋白质共同作用产生的。在红烧肉制作过程中，最开始用冰糖炒糖色利用的是焦糖化反应。跟小牛腿肉外部迅速在高温下发生美拉德反应不同，小牛腿肉的内部加工温度不宜过高，只需要在一定温度下让内部结构发生细微的变化，鲜肉的红颜色刚好转变为粉红色，但牛肉的纹路还能够像生肉一样清晰存在。一般情况下，牛肉中间的烹饪温度不应超过 56℃，这个温度刚好低于蛋白质凝固的临界温度，因为肉的表面尚未呈现任何微白的薄膜层，肉组织仍然呈淡红色。牛肉在烹饪时若超过 62℃，蛋白质便开始凝固，形成一个无光泽的网状组织，肉也变成浅淡色。小牛腿肉烤制好之后，从中间切开，可以看到牛肉从里到外的烹饪状态。烹制时间的长短和温度的高低不同做出来的牛肉的状态也是不同的。如果用高温烘烤，牛肉外表迅速变硬，而内部可能只有两成熟。但如果为微火烹制，那小牛腿肉就会变硬难以咀嚼。

因此如何精确地采取手段将小牛腿肉烤的即美味又鲜嫩，是一个严肃的科学问题。这也是分子烹饪致力于研究和解决的问题之一。要解决这个问题，首先就要了解小牛腿肉到底是由什么组成的呢？简单的来说，里面有由蛋白质组成的“肉”和由胶原束组成的“筋”，烹制出好牛肉的诀窍就是让牛肉组织里的蛋白质凝固，形成蛋白质网，与此同时要破坏牛肉中的胶原网，从而让牛肉变得柔软可口。

三、 分子美食中常用工艺介绍

下面简单介绍几种分子烹饪中常用的工艺。

（一） 胶凝与分子美食

胶凝是食品制作过程经常应用的工艺之一，如酸奶、布丁、果冻、奶酪等工业化产品在加工中都会应用。在餐厅里菜品的制作中，通过添加胶凝剂，液体可以被转变成不同稠度的凝胶，从而根据厨师的需要制作出不同造型的食物。蛋清、明胶、琼脂等都是在烹饪中常用的胶凝剂。尤其是琼脂，应用十分广泛，可以让液体变成球形、块状、条状，可塑性十分强。

在日常生活中，其实也随处可见胶凝的例子。比如鸡蛋，在高温的作用下，蛋清中的蛋白质发生变性，蛋白质舒展开来，相互聚拢在一起，形成一个固态的网。当蛋清呈液态时，每个分子都可以随意动作，不会与其他的分子产生关联；而当蛋清向固态转化时，分子间相互连接在一起，从而形成联系紧密的固体结构。

果冻，名副其实就是水果制成的凝胶。同果酱一样，成形之后的果冻在加热时会融化，果酱每加热一次，就会融化，到冷却后又能凝成果酱。这就是人们所说的物理凝胶现象。果酱的物理凝胶与蛋白质凝固在本质上是截然不同的。在果酱的体系中，凝聚力和热力一直在进行竞争。这就像是两块磁铁，一块磁铁的阳极被另一块磁铁的阴极吸引（凝聚力），但是稍微用力，这两块磁铁就会被掰开（热力）。因此，在体系中存在力学的平衡，当果酱凝胶体系中的热力超过凝聚力时，即超过体系平衡的临界值时，果酱或者肉冻就会融化。果酱加热的时候，分子间氢键作用力降低，凝聚力减少。而当果酱冷却的时候，分子间氢键作用力恢复，分子间相互吸引，整个果酱都黏在一起，形成凝胶。

（二） 乳化与分子美食

乳化在食品工业中也是有极为广泛的应用。把水、油两种混溶的介质均匀混合在一起的过程就是乳化，牛奶就是自然界中天然存在的最稳定的乳浊液之一。随着研究的深入和新一代乳化剂大豆卵磷脂的出现，人们还发现了乳化更多的应用，比如做泡沫。大豆卵磷脂，就是获得泡沫的关键因素。现在，大豆卵磷脂已经是分子烹饪中非常常见的一种乳化剂，它能帮助厨师做出味道和颜色都异常丰富的泡沫，比如巧克力泡沫、芝士云等。

以日常生活中最常见的蛋黄酱为例，它就是最基础款的乳化体系。蛋黄酱是水（蛋黄中所含）、食用油和卵磷脂（蛋黄）表面活性分子形成均匀体系的产物。只要确保每种组分的相对比例，确保其均匀的混合在一起，这三种组分融合在一起就会形成乳浊液。卵磷脂是由一条长长的亲脂分子和一个亲水头组成的，亲脂分子链打入油滴里，而亲水头则浮在表面上。在一边往蛋黄上倒油时，一边要用力搅打食用油，把油打成细小的液滴，这样卵磷脂就能逐渐覆盖在油的表面上，这就形成了乳液。总体上来看，乳液胶束表面是亲水的，所以它可以分散在混合物里面。在日常生活中，乳化胶束的应用非常广。如洗衣服或者洗碗时，洗涤液里含的表面活性剂会和油滴形成乳化胶束，油滴的外围围着亲水附属物，因此，很容易被水清洗掉。在化妆品和个人护理用品方面，许多膏霜都含有丰富的油脂和水，这些产品在送达消费者手里的时候都呈乳液形态。

以传统的蛋黄酱为基础，既探讨了成功制作蛋黄酱的秘诀，又挖掘了厨艺的趣味性。可以将这方面的思索再往前推进一步，将一个新的设想纳入其中。如利用蛋清的胶凝化特性制作出色拉酱，不妨将其放到微波炉上烹饪十几秒钟，蛋清就会被烹熟。这款色拉酱还能被烹饪，它会变得软塌么？实际上在凝固的过程中，蛋清将油脂的细微颗粒都封闭住了。这样烹熟的色拉酱可以切成片状。可以考虑用各种香气的食用油去调色拉酱，并利用新的手段去制作从未有人体验过的口感。还可以用融化的巧克力来代替食用油，因为巧克力也是一种油脂，由此做出一款不含面粉的巧克力饼干，在微波炉里烘烤 20s，饼干就熟了。还可以用融化的鹅肝酱来代替食用油，制作鹅肝慕斯。

（三） 球化与分子美食

球化技术其实也是凝胶技术的衍化，只是通过特定的胶凝剂和手段，使其形成各种有滋有味的小球，让人们的感官体验更加深刻。蛋清是一种从化学层面上看不可逆的凝胶，而琼脂、啫喱粉及明胶则是在物理层面上可逆的凝胶。果胶被列入物理明胶的范畴，但其特性取决于溶剂的化学成分，有些果胶（如富含甲氧基的果胶）在酸性媒介里会凝结起来，另一些果胶（如含酰胺基的果胶）在遇到钙时就会呈现胶凝状态。海藻酸钙凝胶被划分为化学明胶的范畴，因为海藻酸盐一旦形成后，就会变得很稳定，即便加热也是不可逆的。正是凭借制作海藻酸盐球体，即让海藻酸盐表面胶化成球，那些分子烹饪大厨们才会在国际上名声大噪。其实表面胶化成球工艺早已应用于制药工业，将药物的活性成分包在胶囊里。费朗·亚德里亚在潜心研究下，将这一工艺移植到美食界，这位大厨将各种口味制成表面胶化的小球，而球的内部确是液体，跟鱼子酱别无二致。另外，液体硅藻和琼脂细面条也是分子烹饪的著名菜肴。从化学角度看，海藻酸盐是一种对酒精和酸度很敏感的聚合物。只要 $pH<4$，海藻酸盐马上就会胶凝化（形成海藻酸），而与钙接触的海藻酸却很难胶凝化，从而无法形成海藻酸盐球。利用这些性质就可以对其进行控制，通过正向球化和反向球化的手段来制作不同的菜肴。将富含钙的配制品注入到海藻酸钠溶液当中，小球的表面便会胶凝化，在海藻酸钠溶液中浸泡 30s~1min，然后用清水将小球冲洗一下，清除多余的溶液。这个技艺比正向球化更难掌握，但它的好处是可以让小球的内芯成液体状，吃到嘴里会有“瞬间爆破”的感觉，给食物带来丰富的层次感。

这是分子烹饪最常见和最著名的技法之一。球化技巧又分正向球化和反向球化，更简单的从制作过程上说，正向是胶进入钙质溶液获得的，反向是添加乳酸钙的液体进入胶溶液形成的。从品尝口感上说，正向球化做出来的球，在入口咬破的时候，有明显的薄脆感。反向球化的效果则是里面充满液体，表皮破了就爆开，必须尽快食用。

除上述几种经典技法以外，液态氮、烟熏技术和低温烹饪等也是当代分子烹饪中常用到的技法。总的来说，分子美食的精髓就在于将食品科学融于美食制作，做出色香味形俱佳的料理。

第四节　中国传统饮食文化与分子美食

一、中国传统饮食文化与分子美食的关系

分子美食是科学与烹饪的精妙结合所创作出的产物。同样，我国博大精深的饮食文化既是一门严肃的科学，也是一种精妙的艺术。虽然分子美食理论的概念由国外学者提出，但是我国传统饮食文化中对科学和美食的推崇是独一无二的。中国传统饮食讲究“色、香、味、形、器”五个方面，中华饮食凭高超的技艺与不凡的文化品位已传遍了全球每一个角落。孙中山先生曾经自豪的总结我国的烹饪文明：“烹调之术，本于文明而生。非深孕文明之种族，则辩味不精，辨味不精则烹调之术不妙，中国烹调之妙，亦足表明进化之深也。”

中国的烹调技艺精湛与丰富在国际上有口皆碑。从分子美食的角度，我国传统菜品中处处渗透着分子美食的身影与技艺。红楼梦中刘姥姥二进荣国府时，吃到一款名为“茄鲞”的菜。刘姥姥尝了这道菜后，道“虽有一点茄子香，只是还不像是茄子”便向凤姐讨教烹饪技法，说也要回去弄着吃，凤姐听了，煞有介事的说：“这也不难。你把才下来的茄子把皮刨了，只要净肉，切成碎钉子，用鸡油炸了，再用鸡脯子肉并香菌、新笋、蘑菇、五香腐干、各色干果子，俱切成丁儿，用鸡汤煨干，将香油一收，外加糟油一拌，盛在瓷罐子里封严，要吃时拿出来，用炒的鸡爪一拌就是。”从分子美食的角度来说，这道菜用将鸡肉、蘑菇、果脯等香味物质通过香油提取出来，渗透到茄丁里面，做出了风味丰富的“茄鲞”，中国烹饪技术的精湛与丰富，即可略见一斑。中国还有道名菜叫“芙蓉蟹黄”，将蛋清加热到65℃，然后放入油锅中，迅速煸炒2~3s，做出来的蛋清香嫩爽滑，味道鲜美，这道菜的关键控制点就在于对菜品加工时温度和时间的把握。中国饮食界有句话叫“三分技术七分火”，讲究的就是科学的烹饪，与分子美食的核心思想不谋而合。

二、烹制火候与科学

我国烹调技艺历史悠久，经验丰富，以选料讲究、制作精湛、品种多样著称于世，是我国宝贵的文化遗产之一。烹调主要有两个方面：“烹制”和“调和”。烹制通俗来说主要就是在菜品制作过程中对火候的把握，在分子美食中体现出来的就是对加热温度和加热方式的要求。分子烹饪中对于温度的把控要求精准，比如做溏心蛋，要在65℃的水浴锅中进行。而中国烹饪对火力、火度、火势、火时的诸因素都极为讲究。为了保持菜肴的鲜嫩，需用旺火，火力要大，火度要高，火势要广，火时要短，不然菜肴就会疲沓变老。有时候，看厨师浑身解数的把油锅在灶口上提上提下，食品在锅里前后左右的翻滚，以至用铁勺打击着铁锅，发出清脆的有节奏的响声，这些动作，实际上都是在发挥烹饪中最关键的技术——掌握火候、力求适度。煨煮技法则需用文火（慢火），火大则原料干瘪甚至枯焦。有些菜肴需收汤紧汁的，则需要先武火（急火），后文火，不然就会夹生。总之，中国菜肴的成败就看火候的得当与否，中国菜千奇百品，风味迥异，运用不同的火候是最主要的原因之一，也是中国厨师最为关注的点。

（一） 识别火候

对于厨师来说，火候的掌握是其基本功之一，也是厨师技能中最为重要的技术。在实践中，厨师制作菜肴过程中，根据火焰高低以及火焰颜色不同，可将火候分为微火、小火、中火、旺火四种，在不同的菜肴之中，所运用的火力也是不同的，具体因食材而定。

1. 旺火

旺火在烹饪之中是最强的火力，通常情况下呈现出猛火、急火、武火、冲火的状态，此种火力可用于抢火候菜肴的快速烹饪，比如常见的爆、炒、炸等方式。旺火主要的作用便是缩短食材在锅中的时间，从而有效避免食材的营养成分流失，能够保证食材的营养和味道的鲜美。如肝 、肚尖等，因食材本身较脆，所以适合用旺火进行爆炒，如果不用旺火用温度较低火候的话，便会使其失去嫩脆的口感和风味。

2. 中火

中火又称武火，主要用于煮、炸、烧、溜等烹饪手段，比如炸脆皮，如果使用旺火，食材容易产生碳化反应，食材中的一些营养成分会在旺火的温度之中流失，从而失去营养价值，即便食材在锅中受热时间较短，但是依然无法达到脆皮的效果。

3. 小火

小火又称文火或慢火，在一般情况下主要用于炖和焖，小火本身的特点明显，它可以有效保持原料形态，保持原料的质地鲜嫩。比如焖鸭，需要将原料进行处理之后，使其成为半成品，然后加入适当的调味品和清水，之后将其放入容器中，用小火慢加热，直到酥烂。运用这种烹饪手段，可使鸭酥烂可口，但又不会损失它的形状，而且汤味浓、醇，若用旺火或中火便会出现汤干肉老的情况，影响菜肴质量。

4. 微火

在一般情况之下，微火常用于已经成熟菜肴的保温以及入味，能够调节上菜的时间。

（二） 火候与菜肴的色

1. 焯水

在烹饪过程中，一般情况下都会通过焯水或走红的方法来固定菜肴原有的色泽，焯水一般用在以植物为食材的菜肴之中，因为蔬菜中叶绿素的含量较多，在锅中加热的过程中，因叶绿素中含有镁离子，所以镁离子会与草酸进行融合，产生化学反应，蔬菜便会变为黑色、暗色。若不直接对蔬菜进行加热，而是用沸水煮，那么便会保留蔬菜的色泽，而这个水煮的时间需要控制在10s左右，而且水温应保持在100℃左右，不可过低，也不可过高，时间不可短，也不可长，否则蔬菜本身的风味会有所下降，而且本身的色泽也会变暗，影响菜肴的美观。

2. 走红

走红多用在以动物为食材的菜肴之中，走红分两种：一种为水走红，另一种油走红，这是按照走红的介质来区分的。

水介质走红需要在锅中放入经过焯水或走油的原料，然后加入鲜汤、香料、料酒、酱油，用中火进行加热，达到菜肴所需要的颜色为止。比如：卤猪蹄在制作的过程中，先用大火将卤汁烧开，温度需达到100℃，然后用中火进行加热，时间在1h左右，如此一来，这道菜肴的口感和味道会达到最佳。若加热的时间过长，那么，卤猪蹄便会出现过烂的情况，影响口感，而卤汁中色素成分流失也较大，还会影响到菜肴的美观，所以加热时间必须保持在

1h 左右。若在制作的过程中，加热温度过低，加热时间过短，那么猪蹄便会过硬，没有熟透，而色泽不会很鲜艳，还是会影响菜肴的美观与口感。

用油介质走红的过程，便是在食材的表面用料酒或饴糖进行涂抹，之后加入酒酿汁、酱油、面酱，将食材放在油锅中上色，主要是通过使其在锅中产生化学反应，从而达到菜肴的质量水准。比如：炸橘皮扣肉这一道菜需要对肉类食材进行上色，之后需要大火七八成热油温，时间需控制在 1~3min，如此一来，菜肴的上色才会彻底，否则便是一道失败的作品。

（三） 火候与菜肴的香

任何食材都有其固有的营养成分，而且有的成分只能够在加热中体现出来，将其转变为一种香气，等开锅的那一刻便会散发出来，沁人心脾，达到让人垂涎三尺的地步。所以，为保持菜肴的香味，火力的大小与时间长短至关重要，比如：蔬菜、水果的香气很淡，所以在烧制的过程中，一般采用大火烧制，而且油温要高，时间应控制在 2~3min，若没有达到时间，食材的香气便会减弱，影响菜肴质量。例如，高级奶汤的特点为色白、香气浓郁、味道鲜美、汤色浓白，所以在烧制的过程中便必须用大火，先用大火烧开，然后降到中火，让汤在锅中保持沸腾的状态，2h 为最佳，如此一来，汤才能呈现出乳白之色。若火候没有达到要求，或者加热时间不够，便会让食材中的蛋白质无法进行分解，香气便无法散发出来，若火力太大，使汤剧烈沸腾，这样做出的高级奶汤便会散发出异味，而非食物原有的香味。

（四） 火候与菜肴的味

中国菜肴很有讲究，并且本身的质量内涵非常丰富，但是味道依旧是菜肴中最重要的，菜肴是为满足口腹、味蕾的，所谓“食无定味，适口者珍”便是如此。火候与菜肴的口味有直接关系，并且口味也是甄别菜肴是上乘还是下乘的关键所在。例如，酥鲫鱼这道菜是将小鲫鱼放入锅中，用小火慢烧，火力微小，并且需要 5~6h 的时间加热，这样做出的酥鲫鱼才能达到鲜醇味美、入口即化的状态。本来食用价值不高的小鲫鱼在烹饪中，运用小火慢加热的方法，便成为一道上乘的美味，可见火候掌握的重要性。再如油爆肚尖这一道菜，选用的猪肚尖肉厚的部位，然后在其上划花刀，目的是能够使它的受热面积扩大，然后放入锅中，用旺火热油爆炒，油温应控制在八九分程度为最佳，加热时间仅需要 3~4s，不可过长。此菜入口脆嫩，用大火烧制，而且油温也需要达到最高，由此可见，火候对菜肴口味的重要性。

（五） 火候与菜肴的形

做菜时，火候的掌握对菜肴的形态有决定性因素，比如滑溜里脊丝这道菜，成品的滑溜里脊丝不仅味道鲜香，而且形态饱满、富有光泽，制作的过程当中，油温需控制在 100~120℃，如若温度太高，便会影响上浆原料在滑散前凝结成块状，若温度太低，会出现脱浆的情况，以上这些都会影响到菜肴的形态和口感。再如高丽香蕉这道菜，成品一般情况下呈现出蓬松感、饱满状态，里面充满气体，在制作的过程中，应将油温控制在 60℃左右，原料挂上蛋泡湖，然后一一入锅，慢慢将油温提升，达到 130℃为止，通常这个时候蛋泡糊内部的温度一般会达到 75~80℃左右，成品一般呈现出鹅蛋黄色，而且处于膨胀状态。若在制作的过程中温度太低，油炸时间过长，便会出现不能够充分胀发的情况，而且成品大多呈现出暗淡的色彩，干瘪不耐看。如油温太高的话，蛋泡糊便会变性质，发僵发硬，影响美观、影响口感。

（六） 火候与菜肴的质感

菜肴的质感其实便是菜肴的口感，“嫩”不仅是菜肴质感之一，而且还是衡量菜肴质量的标准，比如芹菜，特点便是脆内色绿，所以在烹饪的过程中需要进行焯水，也就是用旺火将锅中之水煮沸，然后将其放入，使其质感变嫩，而且无筋无丝，若用小火，水不沸腾，并且芹菜在水中长时间浸泡，会使其颜色变黄，本身的质地变老，煮出的芹菜筋多丝多，使芹菜失去脆嫩的效果。再如白斩鸡这道菜质地鲜嫩，制作的过程中需要用沸水来煮，锅中之水再沸时便可转为微火，此种方法通俗来讲，应属于半汤半煮，接近浸泡的加热方法。食材在沸水下锅时，其表皮骤然受到高温的洗礼，其内的蛋白质会在沸水影响下进行收缩，如此一来，内部的鲜味便不会流出。其中的主要原因是，动物原料在温火之中会有吸水的情况发生，但是将其放到沸水之中则不会出现吸水的情况，鸡肉只出水而不进水，肉在沸水中煮熟之后，质地会变老，所以在制作白斩鸡的过程中，只能将其在微火上进行浸泡，才能够达到这道菜皮脆柔嫩的效果。

（七） 火候与刀工

人们评价一道菜肴，习惯性从菜肴的色、香、味、形、质五个方面来进行鉴定，其中对这五个方面具有决定性因素的便是刀工与火候。比如松鼠桂鱼这道菜，若厨师本身的刀工技术不熟练，花刀便会出现大小不均匀以及深浅不一的情况，成品便无法达到这道菜本身的香脆标准，与此同时，糖醋汁便很难渗透，或鱼本身出现香脆不均和酸甜不适的情况，从而影响到菜品的整体质量，影响味道。除此之外，炸原料的油温应控制在130℃左右，如果太旺，会使油温过高，原料会在高温下烧焦，如若油温太低，则原料蛋白质变性会比较缓慢，而且难以成形，由此可见，火候与刀工应相互协调、相辅相成，所以，菜肴烹制的关键离不开火候，更离不开刀工。

中国烹饪中对火候的精确要求同分子美食制作中通过对食材进行系统性地科学研究而精确地控制加工过程如出一辙，处处体现出了我国传统烹饪的科学态度。

三、 调味与科学

烹而无调只能做熟，如果想烹的口味、品相好，成为一种艺术，那就要靠“调”了。“调”即利用烹料的配合与各种烹的手段，把菜品做成色香味俱全，给人美好的享受。这在分子美食学中也是同“美食”两字所相映的，“美食”既讲究“口味美”，又要“品相美”。分子美食中除了科学量化的加工手段外，也利用各种添加剂对食物进行改造，如前文中所提的胶凝剂、乳化剂等，对食物进行新的塑形，我国传统菜肴制作中的“调”，可以分为调味和调形。在我国烹饪的“调”法中有“勾芡”工艺，在勾芡前，锅中原是质地不一、颜色不同、口味尚未完全融合的单一物料，可一经勾芡，一种统一和谐的艺术效果即呈现在面前。勾芡的学术概念是：借助淀粉在遇热糊化的情况下，具有吸水、黏附及光滑润洁的特点。在菜肴接近成熟时，将调好的粉汁淋入锅内，使卤汁稠浓，增加卤汁对原料的附着力，从而使菜肴汤汁的粉性和浓度增加，改善菜肴的色泽和味道。勾芡主要是利用小麦淀粉、红薯淀粉、玉米淀粉，菱、藕淀粉，荸荠淀粉等对食物进行的加工处理。在分子美食中体现在利用各种食品添加剂对烹饪进行提味塑形。

中国人很讲究吃，也很会吃，更能品出其中滋味。即使是同样的食材，经过不同的烹饪方式，唇齿间流淌的味道也不同。中国人喜好美食，不如说更多是沉醉于味道带给味蕾的绝妙享受。

中国人讲究“五味调和”，调和的过程即是“调味”，而经过“调味”，即形成了中华饮食中的众多“味型”，诸如酸、甜、苦、辣、咸、鲜等不同的体验。醋的酸，糖的甜，苦瓜的苦，辣椒的呛，盐的咸，味精的鲜，都是形成众多美味不可或缺的因子。

由于人口众多、地域广阔、地理条件不一等因素，形成了中华民族多元的饮食习惯和饮食文化，其表现形式之一就是味道。在古时便有“北方重咸鲜，蜀地好辛香，荆吴喜甜酸”的记载；经过漫长的发展，不同地域的菜系逐渐成熟，具有了各自独属的风味。

很多人喜欢川菜、湘菜，着迷的不外乎是那辣的刺激，从舌尖到心头，火热的激情蔓延开来；如果不是好辣之人，倒是可以品一品清鲜平和的淮扬菜，咸甜浓淡适中，风味清鲜，略带甜味，江南的风味不难觅其踪迹；而粤菜则讲“五滋”、“六味”，香、松、软、肥、浓，酸、甜、苦、辣、咸、鲜，均在其中，各种滋味并非单纯叠加，食客足以品出个中的“清而不淡，鲜而不俗，嫩而不生，油而不腻”。

味道最基本的分类，即酸甜苦辣咸鲜。辣味因刺激口腔黏膜所产生，严格来说，并不能称其为“味”，但中国人早已形成“辣”为基本味的认知，所以“辣”也成为中国人的基本味；酸味是呈酸物质在水中解离出的氢离子对味蕾刺激产生的感觉；甜味是含生甜基团及含氨基、亚氨基等基团的化合物对味蕾刺激产生的感觉；苦味是生物碱、糖苷对味蕾的刺激；咸味是中性盐在刺激味蕾，其中氯化钠能产生较为纯粹的咸味，其他盐会带有苦味；鲜味是氨基酸、核苷酸、酰胺、三甲基胺、有机酸等物质对味蕾刺激产生的感觉。调味即对这些基本味的组合搭配，经过调配，以符合人们饮食习惯。不同的单一味之间存在微妙的关系，主要有味的对比、味的相乘、味的相减、味的转化等现象。味的对比是两种或两种以上的呈味物质，进行适宜的配比，会产生使其中某一种呈味物质强度增强的效果。比如俗语中所说的“要想甜，加点盐”；味的相乘，是指同类型的呈味物质共同使用时，味强度远远超过两者分别使用时产生效果的相加，此现象即为味的相乘。比如，甜味剂甘草本身甜度是蔗糖的50倍，但共同使用时，甜度是蔗糖的100倍；味的相减，指两种或两种以上的呈味物质以一定浓度混合时，使其中一种或几种味觉减弱的现象。比如食醋和蔗糖一起使用，糖醋味较淡时，甜味能缓和酸味，糖醋味较浓时，醋能缓和甜味。饺子咸了，蘸些醋解咸就是对味的相减的应用；味的转化是指先后食用不同的呈味物质，味觉器官受到刺激后，产生一种新的味觉感受的现象。比如喝了盐水，再喝白开水会感觉有些甜，吃过甜味食物再喝酒，感觉酒有苦味等。以上提到的酸甜苦辣咸鲜等滋味，均是单一味型。中国的食物多为复合味型，单一味型经过合理搭配后即成，而且有的单一味型只有和其他单一味型搭配，才能体现其风味，比如，鲜味必须与咸味同时存在，才能体现出鲜味。

复合味型由两种或两种以上单一味型组合搭配而成。在中国，对于味型的命名，有的以滋味命名，有的以主要呈味物质命名。以咸味为基础味可调制出酱香、豉香、椒盐等味型；以甜味为基础味可调制出挂霜、蜜汁、拔丝、酸甜、咸甜、甜辣等味型；以酸味为基础味可调制出甜酸、果酸、醋酸等味型；以辣味为基础味可调制出麻辣、酸辣、糊辣、香辣等味型；以苦味为基础味可调制出陈皮、茶苦、苦杏等味型。川菜中常用的有家常味型、鱼香味型、麻辣味型、椒麻味型、酸辣味型、红油味型、椒盐味型等；鲁菜中常用的有酱香味型、葱香味型、蒜香味型、酸辣味型、五香味型、麻香味型、糖醋味型、酸辣味型等；粤菜中有果汁味型、糖醋味型、橙汁味型、鲜汁味型、酸甜味型等；淮扬菜追求本味，较多咸鲜味型。中国人深谙调味之道，所以能幻化出种种味型。这种对食物美好滋味的不懈追求，体现出中国人对食物的虔诚，更体现了中国烹饪对科学的极致追求。

四、 科学美与传统美

如果说分子美食是利用科学手段做出来的现代美，那我国传统饮食就是意境丰富的典雅美了。品尝我国的美食，不仅一饱口福，也可以一饱眼福，既有可以直观观察到的实体美，也有可以领会的意境美。单从菜名上就可以领略一二。艺术化的菜名古已有之，有的用藻丽的词句使菜名富有诗情画意，如孔府菜中有一道“乌云托月”的汤菜，做法是把紫菜撕成一片一片，置鸽蛋于紫菜之上，兑入鲜美可口的清汤，使紫菜鸽蛋漂浮其上，犹如乌云拖月之状。这些奇妙的富有文采的联想多出于文人雅士。这类菜名有的是直接借助隽永的诗文名句，点缀诗情画意，如“推沙望月”“掌上明珠”“百鸟归巢”“佛跳墙”等。有的是把食品加以夸张和想象，安上一个华贵的名称，提高宴席的级别，如“龙凤呈祥”，是以雄鸡、牡羊代替的，孔府菜中的“当朝一品锅”，无非也是全鸡全鸭之类，还有“凤凰卧雪”、“宫门献鱼”“龙凤赏月”等。

第五节 中国的分子美食与文化

虽然国内的分子烹饪还在初步发展中，但分子美食其实离我们并不遥远。简单的说，那些经常吃到的零食——棉花糖、跳跳糖、酸奶、奶酪、豆腐，其实都可以算作广义分子烹饪的范畴，堪称“亲民版分子料理”。所以盘子里的这道菜是不是被划到“分子烹饪”的范畴并不是最重要的。如果说分子烹饪对普通人有什么贡献，那就是帮助大家了解怎么吃、怎么制作是（科学上）正确的方法，并且促进烹饪以及品尝科学化，吃到更美味的食物以及更加健康的生活。下面以几种制作简单的传统食品来介绍中国传统食品中的“分子美食”与文化。

一、 糖瓜

明清时代民间盛行用“灶糖”祭灶，也就是人们说的“糖瓜”，糖瓜是古老的传统名点，既是春节年节食品又是祭祀用品（祭灶神）。过去讲腊月二十三那天要祭灶王，买些用麦芽糖做的祭灶糖如糖瓜、关东糖供着，既有在他升天到玉皇大帝那儿禀报时，请他多多美言之意，又有以糖黏上灶王爷的嘴不让他多说之心。北京有这么一句歇后语：“灶王爷升天——好话多讲”。糖瓜其实就是用麦芽糖做的一种“分子食品”。“糖瓜”是用黄米和麦芽熬制成的黏性很大的糖，把它抽为长条型的糖棍称为“关东糖”，拉制成扁圆形就称作“糖瓜”。黄米面和麦芽按一定的比例混合后进行发酵，放在锅里蒸馏，蒸好后放进另一口锅里发酵，然后将发酵好的糖稀盛到另一口锅里开始熬糖。熬糖火候很重要，需要不停地搅拌，将里面的水分全部蒸发完，糖稀的颜色从土黄变成微黄才适合制作糖瓜。最后将制作好的糖稀放在泥盆里冷却。糖稀凝成团状，在特制的架子上来回拉上二十几次，让糖分更均匀一点。快速地将拉好的糖放在早已准备好的案板上用力拉伸，用剪刀快剪，一个个透着亮光的糖瓜就落在了案板上。冷却时的低温不仅能让糖瓜凝固得很结实且外形饱满，而且吃起来香酥甜脆。

二、 鱼丸

鱼丸又称“鱼包肉”，用鳗鱼、鲨鱼或者淡水鱼剁蓉，加甘薯粉（淀粉）搅拌均匀，再包以猪瘦肉或虾等馅制成的丸状食物，是富有沿海特色风味小吃之一。并且鱼丸是福州、闽南、广州、江西抚州一带经常烹制的特色传统名点，属于粤菜或闽菜系，又称“水丸”，古时称“汆鱼丸”。因为它味道鲜美，多吃不腻，可作点心配料，又可作汤，是沿海人们不可少的海味佳肴。鱼丸多以鲜黄鱼、马鲛鱼、鳗鱼、小参鲨为主料。剁碎鱼肉，加适量姜汁、食盐、味精，捣成鱼泥，调进薯粉，搅匀后挤成小圆球，入沸汤煮熟。其色如瓷，富有弹性，脆而不腻，为宴席常见菜品。鱼丸从分子美食的角度来看，就是利用鱼肉蛋白加以淀粉，形成富有弹性的凝胶。也可以看做是我国的一道传统分子美食。

三、 豌豆黄

豌豆黄是北京传统小吃，也是北京春季的一种应时佳品。通常将豌豆磨碎、去皮、洗净、煮烂、糖炒、凝结、切块而成。豌豆黄就是利用豌豆中的蛋白质和琼脂，使其形成凝胶做成的食品，也就是利用了分子美食学中的“胶凝”工艺。成品后，外观浅黄色，味道香甜，清凉爽口。清宫的豌豆黄用上等白豌豆为原料做成，民间的糙豌豆黄儿是典型的春令食品，常见于春季庙会上。它的主要制作工艺如下：将干豌豆去皮、洗净、用清水浸泡 4h 以上；将泡发的豌豆放入锅中，加豌豆体积 3 倍的水，煮至豌豆软烂，晾凉；将煮软的豌豆和适量清水放入料理机中磨细，倒出豌豆茸过筛，这样可以更加细腻；琼脂泡软，放入小锅中加少许水煮至融化；将过滤好的豌豆茸放入锅中，加白糖和溶化的琼脂翻炒，去处多余的水分；将豌豆茸倒入平底的容器内，加盖湿布晾凉，再用保鲜膜包好，放入冰箱内冷藏，吃的时候切块装盘，可以淋上糖桂花或蜂蜜。

四、 豆花

豆花是一道著名的特色传统小吃，也可以看做是中国传统的分子美食，它主要利用分子美食制作中的胶凝工艺。豆花制作须先将黄豆浸泡，依品种或个人喜好浸泡 4~8h，黄豆吸饱水分后再加以打浆、滤渣、煮滚，复降温至 90℃。最后步骤称为“冲豆花”，将豆浆冲入凝固剂后再静置 5~15min，即形成了美味软滑的豆花。豆花的技巧就出于豆浆与凝固剂融合的温度控制，以及冲豆花的速度与技巧。豆花是中国传统食品在现代分子美食的中的一个简单的体现。

五、 三不黏

三不黏又称桂花蛋，是河南安阳地区的传统美食之一，相传起源于清代。据说，这“三不黏”的名称由来，是因为乾隆下江南时，品尝了桂花蛋，赞不绝口，于是赐名为“三不黏”。后来，一直到了清末，这道小吃的做法才由深宫流入民间。三不黏是用鸡蛋、淀粉、白糖加水搅匀炒成的。它不仅色彩金黄，味道甘美，更令人称奇的是它不黏盘子、不黏筷子、不黏牙齿，这也正是它称为“三不黏”的缘由。三不黏其实利用的就是“乳化”作用，油和水在鸡蛋中卵磷脂和加热的作用下形成均一的体系。烹制关键点：

用新鲜鸡蛋，不能有一点蛋清。使用洁白的绿豆淀粉；

顺一个方向调打，不然蛋白质分子排列混乱，菜不易成功；

此菜火候要求掌握好，要做到大火熬至糊状，中小火推搅炒，双手并用，一手搅炒，一手淋油，一刻不闲，至少要搅炒四五百下。颜色由淡黄至浅黄转成土黄色，蛋黄与猪油、淀粉溶为一体，一般炒 8~9min 才算成功；

制作此菜易黏锅，要随时用炊帚擦净黏在锅边的蛋液，或可熬至糊状时换锅。

六、 拔丝甜点

拔丝菜肴是我国传统的席间甜菜，而拔丝的技艺也是利用科学在美食中的体现。拔丝又称拉丝，是从古代熬糖法演变而来的。明朝《易牙遗意》一书中记载元代“麻糖”制法时说：“凡熬糖，有牵丝方好。”清代始出现拔丝菜肴的名称，如“拔丝山药”。拔丝菜肴最初流行在中国北方。现在，全国各地均有拔丝技法。拔丝就是将原料经炸制后投入热熔的糖浆中翻拌，食用时能拔出糖丝的成菜方法。这类菜吃时有绵绵不断的丝，香甜爽脆，趣味盎然，深受人们的喜爱。

拔丝菜流程：

选料→初加工→改刀→制糊→挂糊→炸制→复油（复炸）→熬糖→装盘→上桌（与凉开水一起）

175℃是拔丝的最佳温度，拔丝所用的糖是蔗糖，拔丝菜肴的熬糖浆是关键性技术环节。拔丝的原理是以白糖在加热到一定温度时具有延伸性来做依据的，因白糖在一定的温度下有熔化和凝固的特点，在高温下可以熔化为液体和流体浆状；当白糖在高温下挥发尽水分时，就可以变成流体浆状。蔗糖在加热条件下随温度升高开始熔化，颗粒由大变小，当温度上升到 160℃时，蔗糖由结晶状态逐渐变为黏液状态；若温度继续上升至 180℃，蔗糖就会骤然变成稀薄液体，黏度较小；此时正是蔗糖的熔点。而糖的温度达到 175℃左右时，即可拔出丝来，在这种温度下投入原料是拔丝的最佳时机。如果糖温超过 180℃，糖的颜色就会变重，产生苦味。当温度下降后，糖液开始稠厚，逐渐失去液体的流动性，当温度下降至 160℃左右时，糖液呈胶状黏结，借外力可出现细丝，这就是“出丝”，如果温度继续下降，糖液会变成浅棕黄色，无定型透明玻璃体。所以，糖浆熬得欠火或过火，都拔不出丝来；糖浆欠火，食时黏牙，糖浆过火，食时味苦。

七、 挂霜

挂霜一词在宋代时已始见文字记载。那时称“糖霜”，如“糖霜玉蜂儿”。明代史籍《宋代养生部》一书中，记载了这样的一种操作方法：白糖加热溶化后，“投以果物和匀，宜速离火，俟其糖少凝……”所谓“俟其糖少凝”，字义上是指要稍等片刻，使糖凝固。如果是拔丝的菜肴，拔丝后不需等糖浆凝固，只有挂霜的菜肴，在“投以果物和匀”后，才要等到糖浆凝固成菜。因此，“俟其糖少凝”的“凝”字，可能是由于离开火位，糖浆温度降低，以致再度结晶，在原料表面形成一层白霜。如果这种解释不错的话，那么这种方法与现今挂霜的方法就大体相似了。挂霜，是指加工的原料经油炸后，放入经水熬成的糖浆中，离火拌匀，并使糖液再度结晶，菜肴表面凝成一层洁白糖霜的烹调方法。挂霜的菜肴具有洁白如雪、香甜松软的特点。挂霜菜肴在 20 世纪 80 年代末 90 年代初还是比较流行的。在中餐烹饪中，挂霜的方法虽然应用较少，但因方法特殊，且有较强的技术性，因此被各地中餐厨师所接受和认定。适宜挂霜的原料一般是硬果类，比如腰果、杏仁、花生米等。原料在挂霜前都需炸制，如用腰果、花生米等原料，经加工后可直接炸制；如用苹果、香蕉等原料，一般要切成块或条，然后用鸡蛋蛋白、湿淀粉等调匀，放清油中炸熟至脆，再进行挂霜。挂霜的菜肴其技术关键是糖浆的熬制。这种糖浆的熬制与拔丝菜肴糖浆的熬制有所不同，因为拔丝菜肴的成菜标准是要夹起后牵出糖丝来，而挂霜菜肴的成菜标准是要表面凝成一层白霜。之所以有这样不同的效果，主要是熬制糖浆的方法不同。挂霜的菜肴必然使糖浆出现“翻沙”的现象，白糖的“翻沙”，就是使糖浆再度结晶在原料的表面的过程。要使锅内熬制的糖浆再度结晶，主要取决于锅下火力的温度和锅中糖水化合的浓度。在白糖和水化合的过程中，随着水分逐渐减少，糖液浓度增加，而锅下的火力温度又不能使糖液继续溶化时，就产生了糖体结晶（即“翻沙”现象）。

如果在熬制糖浆的过程中，温度和糖、水的比例超过了这种溶解度的范围，糖浆中就会出现过饱和溶液，致使晶核形成。而温度下降越快，溶解度就越低，晶核产生的速度即越快，数量也越多。而且，当晶核产生后，还会很快成长。这个成长的过程与糖浆中出现的过饱和溶液成正比，与晶核的生长速度成反比，白糖结晶时颗粒的大小决定于晶核产生的速度和晶核成长的快慢。一般情况下，当晶核产生速度超过晶核成长速度时，白糖结晶的颗粒就会细小而均匀；当晶核产生速度低于晶核成长速度时，白糖结晶的颗粒就会较粗而不均匀。当熬制挂霜菜肴的糖浆时，如果糖多水少，达不到水对糖的溶解度，而锅下火力的温度又不能使糖继续溶化时，就会使糖液过浓，致使晶核产生的速度加快，数量也过多，大量的白糖结晶颗粒由于间距过密，就会产生凝结现象，形成大的颗粒或片。反之，当糖多水少的情况下，如果加热时间过久，火力又加大，白糖的结晶颗粒就会产生聚合现象，使黏裹在原料表面的糖浆形成胶状物的硬壳。如果黏裹糖浆的原料不能及时降温，晶核就会很快成长而变大，原料的表面就不会出现“白霜”，而是形成了胶状物的硬壳，达不到成菜的质量要求。

根据上述的白糖结晶原理，在熬制挂霜菜肴的糖浆时，要掌握以下三点要领：①糖和水的投放比例要合适，以保证水对糖的合理溶解度，防止晶核在锅中形成，使糖浆在原料放入之前，一直处于流体的状态。②为控制糖浆中的水分过快挥发，锅下的火力温度应较熬制拔丝菜肴的糖浆时低些。这样做，也有技术上的要求，即保证糖浆颜色的洁白，防止糖浆煳边。③当糖浆中的水分逐渐挥发，气泡由大变小，且糖浆呈现紧稠时，即刻放入炸过的原料，同时将锅离开火，轻轻翻动挂浆的原料；待糖浆挂匀原料后，需用筷子轻轻拨动。这时，随着锅内温度的下降和翻锅时热气的散失，糖浆开始在原料的表面结晶，糖浆的颜色顿时变得洁白。当见到糖浆的颜色即要变白时，“翻沙”现象的出现即成，应马上停止对原料的拨动。让糖的结晶充分地在原料上体现。如果这时还在拨动原料，容易将在原料上的白糖结晶体拨掉，而影响挂霜的质量。除此之外，原料在炸制时要油清温低，以保证原料炸后的颜色白净，同时要保持原料炸后的温度，掌握白糖对原料的用量比例。在当今的创新制法中，可以在挂霜中加入咖啡、橙粉等来变化口味。

总之，从分子美食学我们认识到了，食品科学技术的发展催生分子美食，分子美食丰富食品科技。分子美食是用科学的方式去理解食材分子的物理或化学变化和原理，这是一种超越了人们的认知和想象，可以让食物不再单单只是食物，而是成为视觉、味觉、甚至触觉的新感官刺激的烹调概念。分子烹饪的理论研究了食物在烹调过程中温度升降与烹调时间长短的关系，再加入不同物质，令食物产生各种物理与化学变化，在充分掌握之后再加以解构、重组及运用，做出颠覆传统厨艺与食物外貌的烹调方式。

分子美食是科学、烹饪与艺术的结合，我国传统饮食中无处不渗透着对科学的追求和对文化的推崇，中国饮食的艺术魅力和境界，已经超越饮食本身，在美味的基础上创造了独有的艺术之美，既有可以直接观察的实体美，也有可以意会的意境美。二者水乳交融，构成了中国饮食的高级艺术境界。

思考题

1. 什么是分子美食？分子烹饪最常用哪些处理手段？你喜欢的菜肴中可能有分子烹饪中哪些技法？

2. 思考科学技术的发展与烹饪之间的关系，尝试用科学的角度去阐述一种简单食物制作的原理，如沙拉酱。

3. 中国传统饮食文化、技艺与分子美食是否有相通之处，请简单阐述你的理解。

拓展阅读文献

埃尔韦．蒂斯．分子厨艺：探索美味的科学秘密（科学新视野）［M］．郭可，傅楚楚，译．北京：商务印书馆，2016.

第十六章 酒文化

CHAPTER 16

[学习指导]

通过本章的学习，了解酒的概念、分类、特征、加工方法及品味方法，思考酒文化与技术和经济的相互关系。

第一节 酒的起源与发展

古人云“酒里乾坤大，壶中日月长”，就是指酒文化，它作为一种特殊的文化形式，在传统的中国文化中有独特的地位。中国古人将酒的作用归纳为酒以治病，酒以养老，酒以成礼、酒以成欢，酒以忘忧，酒以壮胆六类。

一、 酒的起源

酒最基本的功用是体现在其饮食功能上，在中国人传统的饮食文化里酒是必不可少的，人们说“无酒毕竟不成席”就是为了强调酒在饮食中的重要性。

我国酒的历史，可以追溯到上古时期。《史记・殷本纪》中就有关于纣王“以酒为池，悬肉为林”、“为长夜之饮”的记载；《诗经》中“十月获稻、为此春酒”和“为此春酒，以介眉寿”的诗句等都表明我国酒之兴起已有超过五千年的历史了。据考古学家证明，在近现代出土的新石器时代的陶器制品中已有了专用的酒器，说明在原始社会，我国酿酒已经很盛行。但是关于酒的起源却有很多种说法，其中代表性的包括：杜康（少康）造酒说、仪狄造酒说、上天造酒说、猿猴造酒说和自然造酒说。

二、 造酒传说

1. 杜康造酒说

杜康造酒说这个说法流传比较广泛，在白水县有一条杜康沟。沟的起源处有一眼泉，四周绿树环绕，草木丛生，名“杜康泉”。县志上说“俗传杜康取此水造酒”，此泉水质清冽甘爽却是事实。清流从泉眼中汩汩涌出，沿着沟底流淌，最后汇入白水河，人们称它为“杜康河”。但是有人反对“杜康造酒说”，因为，他们认为不能仅仅依据传说就确定是谁发明了酒，因此，有人提出了“仪狄造酒说”。

2. 仪狄造酒说

传说仪狄是夏禹时代的一位善酿美酒的匠人、大师，他总结了前人的经验，完善了酿造方法，终于酿出了质地优良的酒醪。史书记载“禹之女命仪狄造酒，禹饮而甘之，曰：后世必有因此而亡国者，遂疏仪狄而绝旨酒”。所以有人就据此认为是仪狄发明了酒。但人们就提出疑问了，既然是“禹之女命仪狄造酒”，即禹之女已经知道有酒了，说明酒一定是已经存在了，所以，也就不存在“仪狄”发明酒了。因此，有人提出了自然造酒说。

3. 上天造酒说

“天有酒星，酒之作也，其与天地并矣”。自古以来，我们的祖先就有酒是天上“酒星”所造的说法。我国有很多古籍记载着这一带有神话色彩的传说。距今 3000 多年的《周礼》一书中已详细记述过天上“酒旗星”的存在。我国古代天文学家创造了“二十八宿”的说法，它始于殷代而确立于周代。关于“酒旗星座”的说法，《晋书》中记载：“轩辕右角南三星日酒旗，酒官之旗也，主宴饮食”。轩辕，中国古称星名，共 17 颗星，其中 12 颗属狮子星座。酒旗三星呈“一”形排列，南边紧傍二十八宿的柳宿 8 颗星。酒自“上天造”之说，无科学论据，只是文学渲染夸张而已。

4. 猿猴造酒说

猿猴不仅嗜酒，而且还会“造酒”，这在我国的许多典籍中都有记载。清代文人李调元在他的著作中记叙道：“琼州（今海南岛）多猿……。常于石岩深处得猿酒，盖猿以稻米杂百花所造，一石六辄有五六升许，味最辣，然极难得。”清代的另一种笔记小说中也说：“粤西平乐（今广西壮族自治区东部，西江支流桂江中游）等府，山中多猿，善采百花酿酒。樵子入山，得其巢穴者，其酒多至娄石。饮之，香美异常，名曰猿酒”。看来人们在广东和广西都曾发现过猿猴“造”的酒。无独有偶，早在明朝时期，这类的猿猴“造”酒的传说就有过记载。明代文人李日华在他的著述中也有过类似的记载：“黄山多猿猱，春夏采杂花果于石洼中，酝酿成酒，香气溢发，闻娄百步。野樵深入者或得偷饮之，不可多，多即减酒痕，觉之，众猱伺得人，必嬲死之”。可见，这种猿酒是偷饮不得的。

5. 自然造酒说

在自然界里，每年都会有大量植物的果子和种子成熟后从植物上掉落，堆积在一起，时间长了就会发酵变质，这个过程中就会有酒产生。因此，酒是自然界里原本就存在的，而不是哪个人发明的。而仪狄造酒说和杜康造酒说之所以广泛流传，可能由于酒的革新者对酒的酿造工艺技术的进步做出了巨大贡献，他们所造的酒比以往更好，所以才让人们记住了他们。

三、 酒与考古发现

考古人员发现过很多与酒相关的遗迹、酿酒器具、饮酒器具及活文物，如“陵阳河遗址”“国宝窖池”“水井坊”“道光二十五”“国酒文化”等。

1957 年山东莒县发现陵阳河遗址，为大汶口文化中晚期遗址，距今约 4800 年。1979 年在遗址6号墓和17号墓各出土一套酿酒陶器，包括大口尊、过滤漏缸、接酒用陶盆，储酒用陶瓮等。

1996年，泸州老窖400年老窖池群，经国务院专家组全方位考证，被国务院颁布列为国家级文物保护单位，被誉为“国宝窖池”

1996年，在辽宁锦州市凌川酿酒总厂北厂区挖掘出150多年前清代道光年间穴藏的木酒海4个，其中盛装的4吨酒液为白酒，为迄今发现储存时间最长、数量最多的穴藏白酒，其穴藏时间为道光二十五年。

1998年8月，成都全兴酒厂水井街生产车间地面下发现古代酿酒遗址，1999年3~4月，四川省文物考古研究所联合成都水井街酒坊开展了全面考古发掘，揭示晾堂3层，酒窖8座，灶坑5座，灰坑4个，蒸馏器基座1座及大量陶瓷器物百余件，其中出土的印有“天号陈”的瓷片属明末清初时期，可能是“天号陈”酿酒烧坊。2001年6月25日，水井坊遗址由国务院正式公布为第五批全国重点文物保护单位。有一个6000年前的酒坛，是“镇店之宝”——水井坊古酒坛，有一只青花牛眼杯，底足直径2cm，口径4cm，足高是杯身高的五分之一，杯身有鱼纹。

四、 中国历史与酒

酒文化博大精深，在中国历史中随处可见酒的身影。

战国时期，有“鲁酒薄而邯郸围”的典故。大体意思是楚宣王会见诸侯，鲁国恭公后到并且酒很淡薄，楚宣王甚怒。于是发兵与齐国攻鲁国。当时梁惠王一直想进攻赵国，但却畏惧楚国乘虚而入，这次楚国发兵攻鲁，便不必再担心被人背后下手了，于是放心大胆地发兵包围邯郸，赵国因为鲁国的酒薄不明不白地做了牺牲品。

西汉时期，有“文君当垆”的典故。据《史记·司马相如列传》记载：“临邛有一富家卓王孙之女文君新寡，因爱慕司马相如，与司马相如私奔到四川成都，家徒四壁，无以为生，二人到临邛，尽卖其车骑后，买了一酤酒。而令文君当垆，司马相如也与保庸杂作，涤器于市中”。这个故事后来成为夫妇爱情坚贞不渝的佳话。历史上临邛也成为酿酒之乡，名酒辈出。东汉时期，有“将军百战竟不侯，伯郎一斗得凉州”（苏轼）。由于东汉时我国还未掌握葡萄酒的酿造技术，所以葡萄酒非常珍贵。有“孟佗以葡萄酒一斗遗（贿赂）张让，却被任命为凉州刺史”的记载。足以证明当时葡萄酒的珍贵。

晋代，“竹林七贤”指的是晋代七位名士：阮籍、嵇康、山涛、刘伶、阮咸、向秀和王戎。他们放旷不羁，常于竹林下，酣歌纵酒。其中最为著名的酒徒是刘伶。刘伶自谓：“天生刘伶，以酒为名，一饮一斛，五斗解酲”。《酒谱》讲述刘伶经常随身带着一个酒壶，乘着鹿车，一边走，一边饮酒，一人带着掘挖工具紧随车后，什么时候死了，就地埋之。阮咸饮酒更是豪放，他每次与宗人共饮，总是以大盆盛酒，不用酒杯，也不用勺酒具，大家围坐在酒盆四周用手捧酒喝。猪群来饮酒，不但不赶，阮咸还凑上去与猪一齐饮酒。

唐朝是文化最发达的朝代，也是酒和诗兴盛的朝代，最著名的有李白的“唯有饮者留其名”，“五花马，千金裘，呼儿将出换美酒”的豪爽大气，“举杯邀明月，对影成三人”是和好朋友在一起时的放荡张狂，最后李白也是在“将进酒，杯莫停”的醉态中坠湖而亡。白居易有“绿蚁新醅酒，红泥小火炉，晚来天欲雪，能饮一杯无”；李白也描写饮好酒还需酒具好的名句，如“兰陵美酒郁金香，玉碗盛来琥珀光”；王维描写惜别之情，如“劝君更尽一杯酒，西出阳关无故人”；罗隐诉述酒以解忧的名句，如“今朝有酒今朝醉，明日愁来明日愁”。

宋朝有杯酒释兵权的典故，这则故事说的是宋代第一个皇帝赵匡胤自从陈桥兵变一举夺得政权之后，总担心他的部下有一天也会效仿他，所以，想解除手下一些大将的兵权。于是安排酒宴，召集将领等饮酒，叫他们多积金帛、田宅以遗子孙，歌儿舞女以终天年，从此解除了他们的兵权。宋太祖的做法后来一直为其后辈沿用，但这样一来，兵不知将，将不知兵，虽然成功地防止了军队的政变，但却削弱了部队的作战能力。以至宋朝在与辽、金、西夏的战争中连连败北。

明清是酒文化呈现相对最全面、最精彩的年代，如中国文学的无上珍品《红楼梦》中有关宴饮、酒仪、酒德和各阶层人物的醉态描写等都写得十分精彩。经统计，在全书一百二十回中有九十一回提到了酒，可见酒在当时的流行程度。

第二节　酒的加工与分类

随着历史的前进，时代的发展，酒的种类越来越多；酒有很多种分类方法，最简单的一种是根据酒是否经过蒸馏和混配，把酒分为酿造酒、蒸馏酒和混配酒。酿造酒不经过蒸馏，其酒精含量一般低于20%，世界上有三大酿造酒，分别是葡萄酒、黄酒和啤酒；蒸馏酒是指经过了蒸馏，其酒精含量较高；混配酒是以酒精、蒸馏酒、酿造酒为酒基，加入动植物性辅料、药材、矿物或其他食品添加物，调制而成的酒，如鸡尾酒、力娇甜酒、英国琴酒、味美思酒（苦艾酒）等。

一、白酒

我国白酒蒸馏技术的发展与历史上的炼丹术关系密切，其源头可以追溯到公元2世纪（图16-1）。据可查的文物记载表明，我国蒸馏酒面市的时间最迟也应出现在唐代，距今已有近2000年的历史。而现代意义上的白酒，也就是用蒸馏法酿制的烧酒，出现在元代。李时珍在《本草纲目》记载：“烧酒非古法也，自元时始创。其法用浓酒和糟，蒸令汽上，用器承取滴露，凡酸坏之酒，皆可蒸烧。其清如水，味极浓烈，盖酒露也”。全国各地因人文、地理、环境、气候以及采用原料、发酵容器、发酵周期等不同，造就出各种风格的白酒。比如驰名国内外的茅台酒、五粮液、杏花村汾酒、泸州老窖、口子窖等。

图16-1　名优白酒

白酒为中国特有的一种蒸馏酒，是世界八大蒸馏酒（白兰地 Brandy、威士忌 Whisky、伏特加 Vodka、金酒 Gin、朗姆酒 Rum、龙舌兰酒 Tequila、日本清酒 sake、中国白酒 Spirit）之一。白酒又称烧酒、老白干、烧刀子等，酒质无色（或微黄）透明，气味芳香纯正，入口绵甜爽净，酒精含量较高，经储存老熟后，具有以酯类为主体的复合香味。白酒是以粮食、谷物为主要原料，用大曲、小曲或麸曲及酒母等为糖化剂，经蒸煮、糖化、发酵、蒸馏而制成的饮料酒。根据发酵剂与工艺不同，蒸馏白酒可分为四大类：大曲酒、小曲酒、麸曲白酒及液态白酒。

二、黄酒

黄酒为世界三大古酒之一，源于中国，并且只存在于中国，可称独树一帜（图 16-2）。黄酒的起源可以追溯到春秋时期，当时的《吕氏春秋》就已经出现了对黄酒的记载。黄酒产地较广，品种很多，著名的有绍兴女儿红、花雕酒、江西九江封缸酒、无锡惠泉酒、广东珍珠红酒、兰陵美酒、秦洋黑米酒、上海老酒等。

图 16-2　黄酒

黄酒是指以稻米、黑米、玉米、小麦等为原料，经过蒸料，拌以麦曲、米曲或酒药，进行糖化和发酵酿制而成的各类黄酒。黄酒的分类：根据含糖量的不同，黄酒可分为干黄酒；半干黄酒；半甜黄酒；甜黄酒；浓甜黄酒。另外，加香黄酒是以黄酒为酒基，经浸泡（或复蒸）芳香动、植物或加入芳香动、植物的浸出液而制成的黄酒。

三、葡萄酒

图 16-3　葡萄酒

葡萄酒的历史可谓源远流长，要追溯其究竟始于何时似乎是不可能的（图 16-3），根据考古发现，葡萄酒大约出现于公元前 7000 年—公元前 5000 年，源自小亚细亚至中东一带。研究证实，葡萄在记载以前，人们已经食用了，而葡萄日久成浆，在自然界的一定条件下容易变成酒，史前人已懂得将它作为饮料。在古代的埃及和巴比伦，均可找出有关葡萄酒象形文字的资料。

我国葡萄酒起源于何时呢？葡萄是西汉张骞出使西域带回内地后，

才开始在国内广泛引种的。葡萄酒的酿制法于唐太宗时期由西域传入长安。后人传说来自西域高昌国。高昌在唐代的辖地西包库车，东抵哈密东境，北越天山，南接于阗，几乎囊括今天的整个新疆地区。

葡萄酒的科学定义是以鲜葡萄或葡萄汁为主要原料，经全部或部分发酵酿制而成的，含有一定酒精度的发酵酒。葡萄酒按色可以划分为红葡萄酒，白葡萄酒，桃红葡萄酒；若按照葡萄酒中含糖量来划分，可以划分为干葡萄酒，半干葡萄酒，半甜葡萄酒，甜葡萄酒；若按二氧化碳的含量来分，可以分为静止葡萄酒和起泡葡萄酒，比如，香槟酒属于起泡葡萄酒。

四、 啤酒

啤酒的起源有两种观点。观点一：啤酒起源于公元前 7000 年的中东和古埃及地区，后传入欧洲，19 世纪末传入亚洲。主要依据古埃及神话传说，据说神为惩罚人类，曾派遣疫病女神下凡，欲将人类毁灭。可是，人类把掺有红色草药的啤酒放在门前，女神误以为是人血，便大饮而醉，返回天上，人类也就逃过了一劫。因这个神话故事，所以每当疫病流行的时候，人们都要饮用加有红色草药的啤酒，以强身防病。观点二：啤酒起源于古巴比伦，依据考古发现，公元前 4000 年伊拉克北部出现的雕刻版画中画着 2 个用大容器在喝着“啤酒”的人。

图 16-4　啤酒

啤酒的科学定义：是以麦芽、水为主要原料，加啤酒花，经酵母发酵酿制而成的、含有二氧化碳的、含有气泡的，低酒精度的发酵酒（图 16-4）。啤酒又称“液体面包”，具有丰富的营养价值。啤酒按生产方式来分，可以分为熟啤酒、生啤酒、鲜啤酒和特种啤酒；有的按照啤酒色泽，可以把啤酒可以分为淡色啤酒、浓色、黑色、其他啤酒四类啤酒。

第三节　饮酒的礼俗

一、 重大节日饮酒习俗

我国有重大节日的饮酒习俗。

（1）春节　古代在春节有饮屠苏酒的习俗。相传古时，有一人住在屠苏庵中，每年除夕夜里，他都会给邻里一包药，让人们将药放在水中浸泡，到春节时，再用药水兑酒，合家欢饮，使全家人一年中都不会染上瘟疫。

（2）清明节　人们一般将寒食节与清明节合为一个节日，有扫墓、踏青的习俗。这个节日饮酒不受限制。清明节饮酒有两种原因：一是寒食节期间，不能生火吃热食，只能吃凉食，饮酒可以增加热量；二是借酒来平缓或暂时麻醉人们哀悼亲人的心情。古人对清明饮酒赋诗较多，唐代白居易在诗中写道：“何处难忘酒，朱门美少年，春分花发后，寒食月明前”。杜牧在《清明》一诗中写道：“清明时节雨纷纷，路上行人欲断魂；借问酒家何处有，牧童遥指杏花村”。

（3）端午节　人们在端午节为了辟邪、除恶、解毒，有饮菖蒲酒、雄黄酒的习俗。据文献记载：唐代光启年间（885—888 年），有饮菖蒲酒的事例。菖蒲酒是我国传统的时令饮料，而且历代帝王也将它列为御膳时令香醪。明代刘若愚在《明宫史》中记载："端午节时，饮朱砂、雄黄、菖蒲酒、吃粽子。"由于雄黄有毒，现在人们不再用雄黄兑制酒饮用了。

（4）中秋节　在中秋节，无论家人团聚还是挚友相会，人们都离不开赏月饮酒。我国用桂花酿制露酒已有悠久历史，2300 前的战国时期，已酿有"桂酒"，唐代酿桂酒较为流行，有些文人也善酿此酒，宋代叶梦得在《避暑录话》就说刘禹锡是酿制桂花酒的高手。

（5）重阳节　重阳节又称重九节、茱萸节，为每年农历九月初九日，有登高饮酒的习俗。历代人们逢重九就要登高、赏菊、饮菊花酒，明代医学家李时珍在《本草纲目》一书中，有常饮菊花酒可"治头风，明耳目，去痿，消百病"的记载。

（6）除夕　除夕俗称大年三十夜，为每年农历一年中最后一天的晚上，人们有别岁、守岁的习俗。"屠苏酒"、"椒柏酒"原是正月初一的饮用酒品，后来改为在除夕饮用。宋代苏轼在《除日》一诗中写道："年年最后饮屠苏，不觉来年七十岁"。除夕午夜，全家聚餐又称团圆酒，向长辈敬辞岁酒这一习俗延续到今。

二、 酒德与酒礼

历史上，儒家的学说被奉为治国安邦的正统观点，酒的习俗同样也受儒家酒文化观点的影响。儒家讲究"酒德"两字，有"饮惟祀"、"无彝酒"、"执群饮"、"禁沉湎"等规定。"饮惟祀"规定只有在祭祀时才能饮酒；"无彝酒"是指不要经常饮酒，平常少饮酒，以节约粮食，只有在有病时才宜饮酒；"执群饮"是指禁止人民聚众饮酒；"禁沉湎"是指禁止饮酒过度、酗酒。所以说儒家并不反对饮酒，用酒祭祀敬神，养老奉宾，都是德行。

儒家同样讲究"酒礼"。中国人的好客在酒席上发挥得淋漓尽致。人们吃酒时常见的一些敬酒方式，主要有文敬，回敬，互敬，代饮，罚酒等。其中文敬是传统酒德的一种体现，即有礼有节地劝客人饮酒；回敬是客人向主人敬酒；互敬是客人与客人之间的"敬酒"，为了使对方多饮酒，敬酒者会找出种种必须喝酒的理由，若被敬酒者无法找出反驳的理由，就得喝酒。在这种双方寻找论据的同时，人与人的感情交流得到升华；代饮是指既不失风度，又不使宾主扫兴的躲避敬酒的方式；罚酒是中国人"敬酒"的一种独特方式。"罚酒"的理由也是五花八门。最为常见的可能是对酒席迟到者的"罚酒三杯"。

亲朋好友在一起畅饮时，常用酒令以助兴。酒令是我国特有的宴饮的艺术，是我国酒文化的独创。它用来活跃气氛、调节感情、促进交流、斗智斗巧、提高宴饮的文化品位。通常的情况是：与席者公推一人为令官，负责行令，大家听令；违令者、不能应令者，都要罚酒。"令"分为游戏令、赌赛令、文字令三大类。游戏令包括传花、猜谜、说笑话、对酒筹等（即据酒筹上所刻文字限定罚酒人）；赌赛令包括投壶、射箭、掷骰、划拳、猜枚等；文字令包括嵌字联句、字体变化、辞格趣引等。另外，文字令还分捷令与限时令，捷令要求令官倡令后斟酒至某人处时即刻应令；限时令用点香、奏乐等方式限定时刻，到时不能接令者，则按例罚酒。

三、 婚姻饮酒习俗

我国婚姻饮酒习俗主要包括以下内容："女儿酒"最早记载为晋人嵇含所著的《南方草

木状》，说南方人生下女儿才数岁，便开始酿酒，酿成酒后，埋藏于池塘底部，待女儿出嫁之时才取出供宾客饮用。这种酒在绍兴得到继承，发展成为著名的“花雕酒”；“会亲酒”是订婚仪式时要摆的酒席；“交杯酒”是我国婚礼程序中的一个传统仪节，在古代又称“合卺”；“回门酒”，结婚的第二天，新婚夫妇要“回门”，即回到娘家探望长辈，娘家要置宴款待，俗称“回门酒”。

四、酒与中国文学

酒几乎渗透到我们日常生活的方方面面，所以酒这种文化载体被历代文人所青睐，写进了作品，有的甚至成了千古绝唱。《诗经七月》中有“七月获稻，为此春酒”。曹孟德《短歌行》“对酒当歌，人生几何?”、“何以解忧，唯有杜康”的写酒名句。唐宋时期我国文坛空前活跃，历数唐宋诗词名家，几乎没有一人不与酒结下深缘的。“诗仙”李白又称“醉圣”，是个“百年三万六千日，一日须倾三百杯”的人。他的古体诗《将进酒》写得脍炙人口，流芳百世。杜甫在《醉八仙》中赞他为“李白斗酒诗百篇，长安市上酒家眠，天子呼来不上船，自称臣是酒中仙”。苏东坡有“我醉拍手狂歌，举杯邀月”的名句。欧阳修的《醉翁亭记》更是千古流传的咏酒杰作。就连弱不禁风的李清照，其咏酒名句也层出不穷：“浓睡不消残酒”、“三杯两盏淡酒，怎敌他晚来风急”。

作为市井风俗画的小说对酒文化的描写比古诗文更丰实精彩。如《西游记》中孙悟空醉后大闹天宫，《三国演义》中曹操煮酒论英雄、关云长温酒斩华雄，《水浒传》中的“鲁智深大闹五台山”、“武松景阳冈打虎”、“智取生辰纲”、“林教头风雪山神庙”等精彩章节都与酒结下了不解之缘。

第四节　酒类品评

不同种类的酒，其特点以及品评方法都是有差别的，所以不能用一种酒的品评方法去照搬其他的酒，实际上它是存在较大差异的。

一、黄酒的品评

黄酒的品评包括两个方面，一个是物理化学指标，一个是感官指标；其中物理化学指标是用特定的仪器按照国家标准来检测的，是硬性规定，必须先送样检测，合格后方能参评；感官指标主要包括是色、香、味、格这四个方面，具体做起来包括四步，分别是眼看色、鼻闻香、口尝味、最后用脑判格调。在品酒之前，第一步是倒酒。倒酒是很有讲究的，首先将酒倒入酒杯，倒入量为酒杯的2/5~2/3，不要太满，也不要太少。倒好酒之后，就可以进入品酒的环节。

品酒的第一步是眼观色，通过视觉对黄酒的颜色进行评定，一方面观察颜色是不是纯正，纯正黄酒应该是橙黄色、橙红、黄褐，或者是红褐色；第二是看它的浊度，是不是澄清透明的，澄清透明的就是相对较好的，如果是很浑浊，就说明这个酒是有问题的，颜色的判断占整个感官评价的总的比列是10%。第二步，鼻闻香，用我们的鼻子来品评这个酒的香气：第一闻，先静闻，要让酒保持静止状态，这时主要是闻酒的芳香的强烈程度和协调性；然后是第二闻，动闻，摇动或转动酒杯后，让酒的香气充分地散发后，品评酒的精细的和谐程度，若感觉酒中一些杂味，就需要进行第三次闻，细细的品味这个酒有没有杂味。鼻闻香所指的酒的香气在品评中一般占总评分的25%，好的黄酒有一股强烈而优美的特殊芳香。第三步，口尝味，这牵扯到我们舌头特点，舌头上有味蕾，味蕾可以感受到各种味道，但是不同的部位感受的着重点不一样，比如，舌尖主要品评甜味，舌两侧品评酸味，舌后侧品评苦味。所以在品酒时，应当从舌尖开始把品酒，一般来说3~5mL就可以了，然后酒从舌尖向舌的两侧和后部，通过口腔的蠕动，让它逐渐地延展进入，在这个过程中，品尝甜、酸、辛、苦、涩等各种味道。当香味充满口腔时，感受酒的流动性、圆润性、和谐性、持久性等一系列感觉。当体会充分时，便可将酒咽下。此时应使香气从喉部冒出，并经鼻腔或口腔喷出，感受其回味。第二口第三口要看情况而定，如果第一口品尝中，发现不愉快或不协调之处，那就要再喝一口仔细品味，直到把疑虑解决之后停止。口尝味，这个步骤，大约占感官评分的50%。品评时候，要注意黄酒的基本口味有甜、酸、辛、苦、涩等，黄酒应在优美香气的前提下，具有糖、酒、酸调和的基本口味。好的黄酒必须是香味幽郁、质纯可口、尤其是糖的甘甜、酒的醇香、酸的鲜美，以及曲的苦辛配合和谐，余味绵长。

当对黄酒的颜色、香味和它入口后的风味都有所了解，就需要做最后一步，也就是脑判格，即用我们的大脑来判定酒的格调、风格。黄酒的风格是指黄酒组成的整体，它全面反映酒中所含的基本物质和香味物质。由于黄酒生产过程中，原料、曲和工艺条件等不同，酒中组成物质的种类和含量也有所差别，因而可形成各种不同特点的酒体。在评酒中黄酒的风格占总评分的15%。风格判断要把色、香、味各方面的状况综合起来，经过思维判断，确定其典型性或特有风格，有时需要与类似的酒进行比较，以确定其风格特点。

二、白酒的品鉴

白酒又称蒸馏酒，它是以富含淀粉或糖类成分的物质为原料、加入酒曲酵母和其他辅料经过糖化发酵蒸馏而制成的一种无色透明、酒度较高的饮料。人们在饮酒时很重视白酒的香气和滋味，目前对白酒质量的品评是以感官指标为主的，即是从色、香、味三个方面来进行鉴别的。

1. 色泽鉴别

白酒的正常色泽应是无色透明、无悬浮物和沉淀物的液体。将白酒注入杯中，杯壁上不得出现环状不溶物。将酒瓶倒置，在光线中观察酒体，不得有悬浮物、浑浊和沉淀。冬季如白酒中有沉淀可用水浴加热到30~40℃，如沉淀消失为正常。用未经涂蜡的铁桶盛放呈酸性的白酒，铁质桶壁容易被氧化、还原为高铁离子或低铁离子的化合物，从而使酒变成黄褐色。使用含锌的铝桶也会使之与酒类中的酸类发生氧化作用而生成氧化锌，使酒变为乳白色。

2. 香气鉴别

在对白酒的香气进行感官鉴别时，最好使用大肚小口的玻璃杯，将白酒注入杯中稍加摇晃，即刻用鼻子在杯口附近仔细嗅闻其香气。或倒几滴酒在手掌上，稍搓几下，再嗅手掌，即可鉴别香气的浓淡程度与香型是否正常。白酒的香气可分为：溢香——酒的芳香或芳香成分溢散在杯口附近的空气中，用嗅觉即可直接辨别香气的浓度及特点；喷香——酒液饮入口中，香气充满口腔；留香——酒已咽下，而口中仍持续留有酒香气。

一般的白酒都应具有一定的溢香，而很少有喷香或留香。名酒中的五粮液，就是以喷香著称的；而茅台酒则是以留香而闻名。白酒不应该有诸如焦煳味、腐臭味、泥土味、糖味、酒糟味等不良气味。

3. 滋味鉴别

白酒的滋味应有浓厚、淡薄、绵软、辛辣、纯净和邪味之别，酒咽下后，又有回甜、苦辣之分。白酒的滋味评价以醇厚无异味、无强烈刺激性为上品。感官鉴别白酒的滋味时，饮入口中的白酒，应于舌头及喉部细细品尝，以识别酒味的醇厚程度和滋味的优劣。白酒的变味：用铸铁（生铁）容器盛酒会使白酒产生硫的香味。用腐烂血料涂刷后的酒篓盛放酒，会产生血腥臭味。有的在流动转运过程中用新制的酒箱装酒，也会发生气味污染而使酒液带有木材的苦涩味。酒度鉴别，白酒的酒度是以酒精含量的百分比来计算的。各种白酒在出厂的商标签上都标有酒度数，如60°是表明该种酒中含60%酒精量。

白酒总的特点是酒液清澈透明、质地纯净、芳香浓郁、回味悠长、余香不尽。白酒产业由原来发展扩大内需为主导，已变成随中国的崛起，随着“一带一路”走向世界，向世界传播中华酒文化。

总之，分享快乐的理念、文化和生活方式是中国酒文化的核心。酒文化博大精深且与时俱进，是中华民族的优秀文化遗产，希望大家深入了解酒文化，向全世界讲好中国酒故事，向世人展示中国酒的魅力，通过酒文化提高、增强文化自信，把酒文化发扬光大。

思考题

1. 酒是如何产生的？
2. 酒的产生对社会产生的影响是什么？
3. 结合黄酒和白酒的品鉴方法品评啤酒和红酒。
4. 谈谈您家乡的酒及酒文化。

拓展阅读文献

[1] Zheng X W, Han B Z. Baijiu（白酒）, Chinese liquor: History, classification and manufacture [J]. Journal of Ethnic Foods, 2016, 3 (1): 19-25.

[2] 徐兴海. 中国酒文化概论 [M]. 北京：中国轻工业出版社，2010.

第十七章

CHAPTER 17

快餐文化

[学习指导]

通过本章学习，了解快餐的历史和文化以及其中几种特色中西式快餐的制作方法，思考快餐发展与社会发展之间的相互关系。

第一节　快餐概述

一、 快餐的历史

快餐是指由商业企业快速供应、即刻食用、价格合理，以满足人们日常生活需要的大众化餐饮。由此可见，标准化、快速、方便、便宜等成为快餐最具特点的标签。同时在快节奏的生活方式下，越来越多的人已不再将快餐作为暂时解饱的小吃，而渐渐地作为主食而流行起来。快餐已不仅仅是一顿饭那么简单，而已成为了一种生活方式。快餐的发展与人们的生活节奏和生活方式是密切相关的。人们生活节奏加快，生活水准提升，我们不但要工作、学习，还要有丰富的业余生活，所以每天没有时间、也不愿意花很多的时间用于一日三餐，但又不能饿着肚子，快餐由此而出现，解决了这一矛盾，也填补了餐饮业的一大空白。

快餐最早出现于德国，英语称为“quick meal”或“fast food”。快餐在20世纪30年代随着食品工业的迅速发展，劳动者的收入逐年提高，寻求简单、方便的饮食成为了寻求新奇和有能力实现家务劳动社会化的劳动者的迫切要求；同时，高度的机械化发展也促使传统的手工方式烹饪向着工程化烹饪转变，提高了食品加工的技术，出现了大量快餐企业以标准化、规模化、工业化的手段，制作出简单，方便、快捷的食品来满足消费者的需求。方便、灵活的销售方式也为快餐提供了发展的巨大潜能，24h的营业时间给人们提供了更加宽裕的就餐时间；柜台点餐，稍等片刻，购买完成的过程简单又便利。同时快捷的外卖就餐形式让人们的就餐变得更加灵活随意。

但快餐也不完全是“舶来品”。我国古代就有对“快餐”的相应记载，那时称为“立办”。“立办”的形成可以追溯到我国的唐朝。对此，在《国史补》中李肇有着这样的记载，当时唐德宗任命吴凑为“京兆尹”，由于事出突然，并没有给他留出充足的时间用于制作一整套的宴席与其亲友饯行。因此他做出了一个决定，他要求在邀请的客人到来之前，即完成对整套宴席的制作，让宾客到来之时，美酒佳肴就已准备妥当，这样的做法与当时客人先到，在逐次上菜的就餐形式大为不同。因此有人就问这是怎么回事？吴府的人回答道：“两市日有礼席，举铛釜而取之，故三五百人之馔，可立办也”。“立办”这种快餐形式，到了宋代，在开封、杭州等大城市的市场上已经很流行，这样即使没有时间做饭，也可以来一顿“咄嗟可办”来解决饱腹的问题。除此之外，大量的关于古代快餐的描述也出现在大量的古籍中，如《都城纪胜》、《梦粱录》、《乡言解颐》都有我国关于“快餐”比较早的记载。

现在，我国的快餐行业，在保留自身特色的同时，也吸收了一些外国快餐的元素，形成了我国现有的快餐饮食方式。在北京、上海、深圳等一线城市，快餐已经成为白领主流午餐，“洋快餐”迅速在国内发展，连锁店铺分布全国各地，销售额迅速上升，这无疑刺激和带动了我国整个快餐行业的发展。慢慢的，快餐业不再是像汉堡、炸鸡、披萨这样的“洋快餐”独树一帜，而是出现了像拉面、小吃、馄饨等这样中式快餐的百家争鸣的局面。中式快餐的发展极大地扩展了快餐的领域，从此快餐业快速增长，市场份额不断扩大。我国现在的快餐分布从原来的一二线城市向三四线城市乃至乡村发展，也逐步从东部的发达沿海城市，向西部城市拓展。快餐因其方便、便宜、快捷的特点，已成为广大群众出差、旅游、商务往来等在外活动就餐不可缺少的一种需求。虽然自从改革开放以来，“洋快餐”不断地进入中国市场，在国内的“洋快餐”连锁店已经超过千万家。但中式快餐仍然占据着我国快餐业的主要地位。由此可见，发展迅速并保持高度发展的快餐业是我国国民经济发展和餐饮业发展的新的增长点，并且以食品工业为基础的快餐业，利用自身规范化、自动化、工业化的技术优势以及高效有力的管理方式，将带领餐饮业走向现代化，与休闲消费、旅游消费、购物消费等共同成长与发展。

二、 快餐的分类

我国的快餐种类繁杂，特色各异，主要包括由外国引入的西式快餐“洋快餐”以及根据我国传统美食逐步发展的中式快餐。

像炒饭、盖浇饭、排骨米饭等中式套餐，汤面、炒面、拌面以至于类似的米粉米线的面条类，包子、蒸饺、烧麦、煎饼等面点类，以及像南瓜饼、蝴蝶虾、珍珠奶茶、果汁等饮料及小吃类都属于中式快餐的范畴。

而薯条、炸鸡、汉堡、披萨等以及相应配套的饮料、果汁及冷饮等都是属于西式快餐的范畴之内。

三、 快餐的营养

快餐，与其他传统饮食一样，首先要保证营养，维持人体活动所需要的营养成分与能量。因此，快餐中大多会含有谷类、肉类、蛋类、蔬菜、乳制品等成分，为人体提供蛋白质、糖类、脂肪、维生素以及能量等，但是由于中西方饮食习惯的不同，使得“洋快餐”与中式快餐的营养特点存在差异。洋快餐在制作过程中，经常要以烘烤、煎炸的方式进行加工处理，以及为提高产品的良好风味、刺激食欲，对盐、糖等的需要量较大，使得产品不免会有高油高糖高盐的营养特征。中式快餐的营养均衡，以植物性食材为主，主食为谷物，多以蔬菜辅助，少以肉食，减少了不少的高热量，高脂肪的食材，膳食纤维、维生素、矿物质的摄入量较高，同时以蒸、煮等代替了一部分油炸或烧烤等烹饪方式，不过在现代快餐营养的选择中，要鼓励营养均衡，降低在制作过程中油、糖、盐的摄入量，适当补充水果、蔬菜的比例，同时对快餐的需求要适可而止。

第二节　典型的中外快餐食品

一、汉堡包

快餐中的汉堡作为现代西式快餐的典型代表，在全球获得广泛流行。最早的汉堡其制作方式非常简单，主要是两片小圆面包和一块牛肉肉饼组成；现在的汉堡，在圆面包中除了添加牛肉饼，还可以添加黄油、芥末、番茄酱、沙拉酱等调味料增加风味，也可以在其中加入番茄片、洋葱、蔬菜、酸黄瓜等食材，调整营养和口味。

当看到汉堡包的时候，是不是很容易联想到和汉堡这个城市有关？是的。汉堡包的原名来源于德国西北部的重要城市汉堡，它是世界闻名的繁忙港口，每天来往于那里的人很多，在 19 世纪中叶，居住在那里的人们喜欢把牛排捣碎成一定的形状，再进行烹饪食用。之后随着大量的德国移民向美国的转移，这样的一种吃法被传播到了美洲。1836 年，这道传统的德国美食就进入了美国人的菜单，取名为“汉堡牛排”（hamburg steak）；那时汉堡牛排的制作方法已经和现在的汉堡包中牛肉饼的制作方法很相似了，就是用碎牛肉和洋葱与胡椒粉拌在一起，腌制之后进行烹饪。到了 20 世纪晚期，美国人对“汉堡牛排”的做法进一步改良，将其与小圆面包一同食用的方法，把它送进了快餐店，风靡全球。

随着大量汉堡快餐连锁店的发展，汉堡包的制作已经与传统的制作方式大为不同，大量的连锁店采用流水线的方式，采用简单、重复的方式制作食物，食物的制作方式被标准化，加工时间和成本也大大的降低，销售价格更加容易被接受，提高了产品的销售量。同时配有薯条，炸鸡，汽水，沙拉等，使得套餐内容更加丰富，营养更加全面。就这样，一种不同于以往的汉堡包制作和食用方法，一种新式的快餐诞生了。

二、炸鸡

炸鸡是由调味的面糊包裹的鸡块并采用煎炸的烹饪方法制作的一款美食。面糊给鸡块表面添加了爽脆的外皮，同时也保留了鸡肉香美的肉汁。

炸鸡口感松脆，多汁，香味十足。炸鸡常常搭配辣酱或辣椒，口味以辣和咸为主。在一些快餐店，由于采用煎炸的烹饪方式，此道菜肴富含油脂，通常会配有土豆泥、肉汁、通心粉、沙拉、玉米或饼干等作为配菜，搭配食用。

制作炸鸡最重要的一步就是对鸡肉的选择，一般来说，购买的整鸡需要进行分割处理，不能对一整只鸡进行烹饪加工。通常采用鸡肉的白肉和暗肉部分，白肉部分是鸡的前胸和翅膀部分（鸡胸肉选用时通常被分成两块），而暗肉部分则是从鸡的后腿和大腿部分。准备好油炸的鸡块通常包裹在由面粉、鸡蛋或牛乳组成的面糊中，也可以适量添加面粉或面包屑。当鸡块烹饪时，从鸡肉内部流出的汁水会被由面粉组成的覆盖层吸收，形成一个美味的外壳，通过添加盐、黑胡椒粉、辣椒粉、大蒜粉或洋葱粉等调味料进行调味。为保证炸鸡肉质的口感，可以先将鸡肉涂抹或浸泡在乳酪中，乳酪的酸度可以改善肉质，让鸡肉吃起来更嫩，更加多汁。一开始，炸鸡的烹饪采用猪油来炸；现在，玉米油、花生油、菜籽油、大豆油或其他植物油逐步替代猪油，经常在炸鸡的制作过程中使用。但是，由于橄榄油的味道通常被认为太浓，同时它的烟点过低，不适合用于传统的炸鸡。

现在炸鸡烹饪技术主要有三种：煎炸、油炸和烤制。煎炸（或浅煎）需要一个结构坚固的煎锅，通过将鸡肉放置在不会完全浸没鸡肉的油脂上进行油炸。一般来说，将油脂加热到足够的温度，就会在鸡肉的外部形成封闭的外壳。一旦这些肉块被油脂加热形成了外壳密封，内部温度就会保持不变。直到鸡块接近完成，温度才会逐步升高，表面发生褐变反应，将其变为所需的颜色。油炸需要一个油炸锅或其他设备，鸡块可以完全淹没在加热的油脂中。油炸的过程基本上是把食物完全放在油里，然后在很高的温度下烹调。油脂在油炸锅中加热到所需的温度，并在整个烹饪过程中保持恒定的温度。烤制使用压力锅来加速烹饪制作过程。鸡肉内部的水分加热后变成蒸汽，并增加锅中的压力，从而降低烹饪所需的温度。同时，蒸汽也可以将鸡肉煮熟，并仍然可以让鸡肉在保持酥脆的外皮下保持湿润和嫩滑。

三、 披萨

披萨是一道意大利名菜，是由一个圆形、扁平的小麦面团在高温下烘烤而成。通常会在面团上根据客人的需求覆盖西红柿、奶酪和各种其他配料（如蘑菇、洋葱、橄榄等）。在意大利，如在餐厅正式用餐，披萨一般是不进行切割的，顾客用刀叉食用。但是在非正式场合，如快餐，披萨被切成楔形，用手拿着吃。现在，披萨在许多国家都很受欢迎，成为世界上最受欢迎的食品之一，也是欧洲和北美常见的快餐，在披萨店和提供地中海美食的餐厅都有销售，许多公司现在也出售冷冻披萨，搭配酱汁和基本配料，消费者在家里的烤箱里烘烤后即可食用。

在配料方面，面团和配料一起放在桌子上，在其上完成面团的制作、成形和配料。随着披萨的大规模生产，整个过程可以完全自动化，但大多数餐馆仍然使用标准和特制的披萨准备桌。现在的比萨店甚至可以选择高科技的比萨制作台，将大量生产元素与传统工艺结合起来。

披萨的烘烤多种多样，披萨饼可以在热源上方有石砖的烤箱里烤，也可以在电动甲板烤箱、传送带烤箱里烤，甚至可以采用家用的平底锅进行烘烤。如果是比较高档的餐厅，也可以在木制或燃煤砖烤箱里烤。在露天烤箱中，披萨可以用一种长桨划入烤箱，直接在热砖上烘烤。在使用前，通常在长桨上撒上玉米粉，让披萨很容易在上下滑动，送入烤箱。在家制作时，可以在常规烤箱中的披萨石上烘烤，以重现转烤箱的效果，但是如果直接在金属烤箱中烘烤会使热量过快的传递到外壳上，导致烧焦。

四、 拉面

在我国的中式快餐中，面食是中国最为普遍的传统美食，而如果提及一碗面的话，作为中国传统美食的拉面就当仁不让，作为深受大家喜爱的传统面食之一，它的文化与发展，可以认为是传统中式快餐的一个典型。

首先，它的分布十分的广泛。比如，兰州市面馆的密度极大，整个兰州市大大小小遍布了近 900 多家面馆，平均每家店铺每天至少也要卖出近百碗面，相当于每 4 人当中就有 1 人每天要吃一碗面。不仅在兰州，兰州拉面馆在全国其他大中小城市也随处可见。这足以说明拉面的普及和受欢迎程度。它现在已经成了人们生活的一部分。

拉面作为中国传统名食，它注重传统的面、汤、肉以及配料的外观特点，色香味美。同时也讲究手工拉面技法，每一道工序，从熬汤、和面、拉面，煮面、捞面、盛汤到调料，步步都需要精湛手艺。正是对产品外观和制作技法的高要求，使得拉面可以一直保持较高的制作水平。

随着时代的发展，传统的堂食拉面要满足现阶段社会的快速发展，慢慢的拉面具有了自己的快餐标签。首先是高效性：拉面的制作完全采取流水线方式，制作一碗拉面从抻扯到装碗的时间约为 1min；一个熟练的拉面师傅每分钟可拉面 8~10 份，保证出面速度，突出了快餐快的特点。其次，在保证产品的统一性上面，以长期以来的经验和行业默契保证了每碗面的计量标准，面的净重量在 250g 左右。盛面的碗保持统一标准，决定了汤的容量也可计量。面的口感、数量，汤的成色、味道的基本标准一般不会有过多改变，突出了快餐标准化的特点。

五、 米线

米线是一种来自于我国云南省的米制品。它通常采用无麸质的大米制作而成。在云南，米线的制作过程可谓是独一无二的。在许多地区，米线可以至少被制作成两种厚度（直径 1.5mm 和 4mm）出售。米线，这种传统的美食的制作方式也有很多种。首先是对米粉的制作，通常情况下，大米通过浸泡、研磨和揉制，在通过固定的模具挤压成相应的形状，米粉可以以新鲜的形式使用，也可以干燥后储存备用，待食用时，沸水煮熟即可。米线可以炒制也可以做成汤面。炒米线，操作起来十分迅速，在夜市的路边摊十分受到消费者的欢迎，鸡蛋，西红柿，肉类，洋葱和辣椒常常搭配食用。我国汤粉中最为有名的要数“过桥米线”了。在我国的云南省，常常以汤粉的形式在各大饭店、小餐馆，甚至是路边摊出售，是一种深受欢迎的早餐。通常情况下，米线不像拉面一样，将所有的材料放进碗里，而是提供一定范围的配料，客人在食用时，自己将其加入到碗里。一般情况下，先是米线放入汤里，也有的时候配料先于米线先放入汤中。肉在米线之后放入汤中，可以是大块的也可以是片状的，根据消费的习惯添加。其他配料和调味料主要包括辣椒、薄荷、大蒜、胡椒、酸菜，西红柿等，搭配千变万化，形成味道丰富的米线饮食。

第三节 快餐的发展

在吸收外来概念的基础和发展上，快餐的需求逐步向多样化、个性化的方向发展，给了快餐企业更多的发展空间。现阶段快餐产业向着特色化和网络化发展。快餐在发展过程中，中式快餐因其产品为中国传统饮食，而容易被国内消费者接受，而“洋快餐”，为了能够在中国千亿美元的快餐市场上有所突破，将“本土化”战略提上议程，为迎合当地消费者的口味，将各种粥品、烧饼、饭团等中式饮食引入菜单，更加强了“中菜西用”的特色中西组合快餐发展起来，丰富着快餐的品种。随着我国互联网的迅速发展，打破了传统餐饮模式，推动快餐市场增长，在快餐产业中引发了一场消费变革风暴。快餐、互联网、物流相互结合，在线订餐和物流送餐采用“线上到线下（online to offine，O2O）”的营销模式，降低了运营成本，提高了便利程度，为顾客带了时尚、健康、便捷、独特的用餐体验。现阶段，市面上的快餐品种万千，它们在极大地丰富了我们的物质生活的同时，也迎合着快节奏的生活方式，无论是传统的中式快餐品种，还是从国外传来的西式快餐，都在影响着我们的生活，影响着我们文化。同时，随着时代的发展，快餐也将与现代科技一同形成新的交叉产业文化，继续发扬快餐快捷、便利、标准化的特征。

思考题

1. 常见的快餐分为几类？有哪些具体的产品？
2. 快餐发展的历史条件有哪些？
3. 现阶段快餐的发展方向是什么？

拓展阅读文献

［1］薛兴国．吃一碗文化［M］．北京：中国人民大学出版社．2007.
［2］周海鸥．食文化［M］．北京：中国经济出版社．2011.

参考文献

［1］杨震宇．中国饮食文化发展的四大高峰［J］．现代企业教育，2010：123.

［2］李理特．弘扬中华食文化振兴农业和食品产业［J］中国食物与营养 2005：4-7.

［3］徐兴海．食品文化概论［M］．南京：东南大学出版社，2008.

［4］中共中央宣传部．习近平总书记系列重要讲话读本（2016 年版）［M］．北京：学习出版社，人民出版社，2016.

［5］赵征，张民．食品技术原理［M］．北京：中国轻工业出版社，2014.

［6］Rick Parker. Introduction to Food Science（影印版）［M］．北京：中国轻工业出版社，2005.

［7］王建林．当代食品科学与技术概论［M］．兰州：兰州大学出版社，2005.

［8］中国科学院中国植物志编辑委员会．中国植物志［M］．北京：科学出版社，1993：18.

［9］周显青．稻谷精深加工技术［M］．北京：化学工业出版社，2006.

［10］高洁，文雅，熊善柏，等．中国米食文化概述［J］．中国稻米，2015，21（1）：6-11.

［11］庞乾林，林海，阮刘青．传承稻米之路弘扬稻米文化［J］．农产品加工，2006（6）：58-59.

［12］张文兰．俄罗斯面包的习俗文化［J］．学理论，2012：168-169.

［13］楚炎沛．从焙烤展览会看日益创新的面制品产业［J］．现代面粉工业，2017：18-21.

［14］刘汉江．焙烤工业实用手册［M］．北京：中国轻工业出版社，2003.

［15］［日］旭屋出版社书籍编辑部（编）．王昭恺，译．陆留弟，校．美味面包［M］．上海：上海译文出版社，2001.

［16］刘玉忠．馒头的起源及其文化意蕴探微［J］．河南工业大学学报（社会科学版）．2010. 6（3）：6-9.

［17］张玉忠．新疆出土古代农作物简介［J］．农业考古，1983，（1）：122-126.

［18］张德慈．谷类及食用豆类之起源与早期栽培［J］．农业考古，1987，（1）：273-283

［19］赵学敬．论馒头文化与馒头用粉［J］．粮食加工，2013. 38（3）：15-17

［20］李里特．论馒头食文化的弘扬和创新［J］．粮食与食品工业．2008. 15（5）：54-56

［21］楚炎沛．从焙烤展览会看日益创新的面制品产业［J］，现代面粉工业，2017，4：18-21

［22］李里特．关于传统主食工业化问题的思考［J］．农产品加工，2003（3）

［23］侯自赞．中国特色茶文化历史演进［J］．合作经济与科技，2019（02）：21-23.

［24］念晓．现代普洱茶加工工艺与传统加工工艺的分析探讨［J］．广东化工，2018，45（21）：69-73.

［25］鲍晓华，董维多，马志云．普洱茶加工工艺的演变［J］．中国茶叶，2006，28（5）：40-41.

［26］付裕坤．听觉、视觉与味觉的统一与融合—论品茶环境的音乐选择［J］．福建茶叶，2018，40（10）：128-129.

［27］宋博媛．茶道中的阮乐美学品鉴［J］．福建茶叶，2016，38（04）：115-116.

［28］陈宗懋．中国茶经［M］．上海：上海文化出版社，1992，1-18.

［29］林燕萍．武夷岩茶“岩韵”成因分析与品鉴要领［J］．武夷学院学报.2018，37（05）：6-10.

［30］夏涛．中国茶史［M］．安徽：安徽教育出版社，2008.

［31］陆羽．茶经［M］．北京：中国纺织出版社，2006.

［32］李启彰．茶器之美［M］．北京：九州出版社，2016.

［33］王迎新．山水柏舟一席茶［M］．广西：广西师范大学出版社，2017.

［34］王建荣，阮浩耕．中国茶艺［M］．山东：山东科学技术出版社，2002.

［35］张箭．咖啡的起源、发展、传播及饮料文化初探［J］．中国农史，2006（02）：22-29.

［36］王莉．我国咖啡生产及贸易发展状况［J］．中国热带农业，2009（02）：22-24.

［37］黄家雄，李贵平，杨世贵．咖啡种类及优良品种简介［J］．农村实用技术，2009（01）：42-43.

［38］胡路．云南咖啡产业发展战略研究［D］．云南大学，2014.

［39］甘广达．咖啡及其特性的浅析［J］．广东科技，1998（07）：29-30.

［40］杜娟．巴西“咖啡王国”的畸形繁荣［J］．世界热带农业信息，2017（Z1）：21-24.

［41］王欣．咖啡大全［M］．哈尔滨：哈尔滨出版社，2007.

［42］林莹．爱上咖啡［M］．北京：中央编译出版社，2010.

［43］李辉尚，陈明海，李里特．我国传统大豆食品工业发展现状及对策措施［J］．中国食物与营养，2008，2（1）：26-29.

［44］李里特．大豆产业的振兴与传统豆制品的开发［J］．农业产业化，2005，4：13.

［45］曾艳，朱玥明，张建刚，岳晓平，孙媛霞．大豆发酵食品中的活性肽及其生理功能研究进展［J］．大豆科学，2019，38（1）：159-166.

［46］时玉强，鲁绪强，马军，刘军，刘汝萃．大豆蛋白在传统豆制品中的应用［J］．中国油脂，2017，42（3）：155-157.

［47］马美湖．蛋与蛋制品加工学（第二版）［M］．中国农业出版社，2019. 1.

［48］马美湖，葛长荣，杨富民，徐明生．动物性食品加工学（第二版）［M］．北京：中国农业出版社，2017. 8.

［49］马美湖．禽蛋蛋白质［M］．北京：科学出版社，2016. 2.

［50］周光宏，罗欣，徐幸莲等．中国肉制品分类［J］．肉类研究，2008，10：3-5.

［51］周芳伊，张泓，黄峰等．肉制品风味物质研究与分析进展［J］．肉类研究，2015，7：34-7.

［52］李翠萍．国内外肉制品加工业的现状及发展趋势［J］．中外食品工业，2013，11：70-1.

［53］宋华静．肉品营养与搭配、平衡与健康［J］．肉类工业，2014，2：49-51.

［54］Fidel Toldrá，Leo M. L. Nollet. Advanced Technologies for Meat Processing，Second Edition［M］．New York：CRC Press，2017.

［55］Fidel Toldrá. Lawrie s. Meat Science，Eighth Edition［M］Duxford：Elsevier Sci Ltd，2017.

［56］周光宏．肉品加工学［M］．北京：中国农业出版社，2008.

［57］张柏林，裴家伟，于宏伟等．畜产品加工学［M］．北京：化学工业出版社，2008.

［58］张书义等．奶业科普百问［M］．北京：中国农业出版社，2017，11.

［59］刘希良等．中国乳业发展史概述［J］．中国乳品工业，2002，5：162-166.

［60］杨辉等．中国乳制品文化的前世今生［J］．中国乳业，2018，3：16-22.

［61］娜日苏．察哈尔蒙古族饮食文化形成因素探析［J］．前沿，2018，1：84-89.

［62］周亚成．哈萨克族的食奶习俗及其文化［J］．民俗研究，1995，2：28-33.

［63］Judy Ridgway. 奶酪鉴赏手册［M］．上海：上海科学技术出版社，2011.

［64］凌汝鑫．一览世界奶酪市场［J］．中国食品工业，2008（7），34-35，37.

［65］Greg Miller，Dean Sommer，Rusty Bishop，Angélique Hollister. 美国奶酪参考手册［M］．U. S. Diary Export Council，2007.

［66］崔柳．奶酪品鉴大全［M］．沈阳：辽宁科学技术出版社，2009.

［67］赵红霞．蒙古族奶皮子和奶豆腐的工艺研究及营养价值分析［J］．中国乳业，2008（4）：40-42.

［68］赛娜编．爱上巧克力［M］．北京：中国宇航出版社，2004. 1.

［69］（英）露莎妲（著），林怡君（译）．巧克力全书［M］．台北：猫头鹰出版社，2005.

［70］（英）尚塔尔·考迪（Chantal Coady）（著），葛宇（译）．巧克力鉴赏手册［M］．台北：猫头鹰出版社，2001.

［71］陈佳莉．科学家预言巧克力 30 年后灭绝［J］．上海科技报．2018. 2. 2. 第 007 版

［72］刘十九．康熙曾将巧克力当西药［J］．小康．2016：92-93.

［73］林华．康熙皇帝与巧克力［J］．中外文化交流与比较，1997：32-34.

［74］黄昉苨．巧克力入宫［J］．文艺风，2016，10：34-35.

［75］雷克鸿．巧克力行业发展呈现四大趋势［J］．中国食品．2017. 第 006 版．

［76］朱肇阳．中国巧克力制品发展倾向［J］．中外食品．2002. 8：34-35.

［77］徐若滨．巧克力市场发展转型迫在眉睫［J］．新农村商报，2017. 11. 8. 第 A14 版．

［78］Rick Parker. Introduction to Food Science（影印版）［M］．北京：中国轻工业出版社．2005. 7

［79］桦萍．复合调味品的设计、生产及发展趋势［J］．中国调味品，2017，42（11）：163-165.

［80］赵桦萍．香辛调味品及其加工技术研究进展［J］．中国调味品，2018，43（1）：180-183.

［81］王式玉．复合调味品在餐饮行业应用中存在的问题与对策［J］．中国调味品，2018，43（5）：185-188.

[82] 王明明. 中式烹饪中复合调味料发展的研究 [J]. 中国调味品, 2018, 43 (9): 192-196.

[83] 张勇, 鞠丽丽. 调味品行业现状与发展趋势分析 [J]. 食品安全导刊, 2018 (9): 51.

[84] 曹岚, 杨旭. 我国调味品文化的发展历程及文化遗产保护 [J]. 中国调味品, 2013, 38 (11): 117-120.

[85] 汪文忠. 我国盐文化与酱文化的发展与互动关系 [J]. 现代盐化工, 2014, (4): 4-5.

[86] 石英飞. 中国盐文化: 墙内开花, 墙外也香. 中华读书报 [N], 2013-10-9 (18).

[87] 董菁. 中西盐文化论略. 重庆科技学院学报 (社会科学版), 2015, (4): 93-96.

[88] 尚冰. 食盐的质量鉴别. 中国质量技术监督, 2009, (4): 65.

[89] 赵建民.《齐民要术》制酱技术及酱的烹饪应用 [J]. 扬州大学烹饪学报, 2008 (4): 14-20.

[90] 张海震, 于春风. 浅论《山家清供》中菜肴制作特点与饮食养生思想 [J]. 东方食疗与保健, 2008, (9): 10.

[91] 周家达, 陆敏, 尚润玲等. 中国传统酱油的复兴之路. 中国调味品. 2014, 39 (2): 139-140.

[92] 陈野, 刘会平. 食品工艺学 (第三版) [M]. 北京: 中国轻工业出版社, 2014.

[93] 可叮咚. 鉴别酱油质量有窍门 [J]. 广西质量监督导报, 2012, (7): 37-38.

[94] 赵荣光. 中国醋的起源与中国醋文化流变考述 [J]. 饮食文化研究. 2005, (3): 10-17.

[95] 邹东恢, 邹丰谦, 郭宏文. 食醋的加工特点与设备选型及展望 [J]. 中国调味品, 2017, 42 (8), 67-70

[96] 马学曾. 食醋酿造技术发展趋势刍议 [J]. 中国调味品, 2002, (12): 3-6.

[97] 东江. 调味品史话调味品的历史起源 [J]. 1998, (2): 8-9.

[98] 王哲, 王思明. 传统发酵技术在东北豆酱加工中的利用与发展 [J]. 中国农史, 2017, 36 (2): 118-124.

[99] 贾蕙萱. 中日酱文化的异同 [J]. 扬州大学 烹饪学报, 2008, (1): 1-10.

[100] 何立涛, 刘瑞钦. 酶法制酱 [J]. 中国酿造, 2005, (4): 50-51.

[101] 赵桦萍. 复合调味品的设计、生产及发展趋势 [J]. 中国调味品, 2017, 42 (11): 163-165.

[102] 李晓贝, 冯涛, 杨炎等. 复合调味料的开发与研究进展 [A]. 中国上海 2013 全国香料香精化妆品专题学术论坛, 2013: 126-130.

[103] 王雪梅. 我国复合调味品的发展趋势 [J]. 2014, 39 (4): 132-134.

[104] 黄富军, 楚炎沛. 感官评价在调味品中的应用和注意事项 [J]. 中国调味品, 2013, 38 (6): 115-117.

[105] 曹岚, 杨旭. 我国调味品文化的发展历程及文化遗产保护 [J]. 中国调味品, 2013, 38 (11): 117-120.

[106] 刘征宇. 中国传统调味品文化初探 [J]. 中国调味品. 2011, 36 (12): 27-29.

[107] 罗根海. 树立提高生命质量的药食观——关于传统文化药食观几个特点的思考 [J].

中医药文化 1995, 4: 7-10.

[108] 金炳镐, 李自然. 中国的食疗药膳文化 [J]. 黑龙江民族丛刊. 2001, 4: 86-93.

[109] 徐怀德. 天然产物提取工艺学 [M]. 北京: 中国轻工业出版社, 2018.

[110] Chen Y, Yao FK, Ming K, Wang DY, Hu YL, Liu JG.. Polysaccharides from Traditional Chinese Medicines: Extraction, Purification, Modification, and Biological Activity [J]. Molecules 2016, 21: 1705.

[111] Wang XQ, Yu HH, Xing RG, Li PC. Characterization, Preparation, and Purification of Marine Bioactive Peptides [J]. Biomed Research International 2017, 9746720.

[112] Reyes-Jurado F, Franco-Vega A, Ramirez-Corona N, Palou E, Lopez-Malo A. Essential Oils: Antimicrobial Activities, Extraction Methods, and Their Modeling [J]. Food Engineering Reviews 2015, 7: 275-297.

[113] El Asbahani A, Miladi K, Badri W, Sala M, Addi EHA, Casabianca H, El Mousadik A, Hartmann D, Jilale A, Renaud FNR, Elaissari A. Essential oils: From extraction to encapsulation [J]. International Journal of Pharmaceutics 2015, 483: 220-243.

[114] Koleva, II, van Beek TA, Soffers A, Dusemund B, Rietjens I. Alkaloids in the human food chain - Natural occurrence and possible adverse effects [J]. Molecular Nutrition & Food Research 2012, 56: 30-52.

[115] Stalikas CD. Extraction, separation, and detection methods for phenolic acids and flavonoids [J]. Journal of Separation Science 2007, 30: 3268-3295.

[116] Cheok CY, Salman HAK, Sulaiman R. Extraction and quantification of saponins: A review [J]. Food Research International 2014, 59: 16-40.

[117] 于卓男, 林树鹏, 张红磊. 药食同源产品产业发展现状与思考 [J]. 中国保健营养 2016, 26 (11): 547-548.

[118] 拉斐尔·奥蒙. 未来食材的 N 种玩法 [M]. 北京: 中信出版社, 2017.

[119] Geoffrey Campbell-Platt. Food science and technology [M]. New Jersey: John Wiley & Sons, 2011.

[120] Zheng X W, Han B Z. Baijiu. Chinese liquor: History, classification and manufacture [J]. Journal of Ethnic Foods, 2016, 3 (1): 19-25.

[121] 三叶. 美食中国 [M]. 北京: 中国城市出版社. 2005.

[122] 庞杰, 刘湘洪. 食品文化简论 [M]. 北京: 中国轻工业出版社. 2012.